自主机器人导论

INTRODUCTION TO AUTONOMOUS ROBOTS

[美]

尼古劳斯·科雷尔
(Nikolaus Correll)

布拉德利·海斯
(Bradley Hayes)

克里斯托弗·赫克曼
(Christoffer Heckman)

亚历山德罗·龙科内
(Alessandro Roncone)

著

宋锐 王超群 —— 译

Mechanisms, Sensors, Actuators, and Algorithms

人民邮电出版社

北京

图书在版编目（CIP）数据

自主机器人导论 /（美）尼古劳斯·科雷尔
(Nikolaus Correll) 等著；宋锐，王超群译. -- 北京：
人民邮电出版社，2025. --（图灵新知）. -- ISBN 978
-7-115-65302-4

Ⅰ．TP242

中国国家版本馆 CIP 数据核字第 20248RY048 号

内 容 提 要

  自主机器人指可以对环境做出反应，而非仅遵循预先编好程的动作指令的机器人。本书为大学本科生学习自主机器人设计和控制所需的基础知识提供了可靠的学习资源。作者使用类测试和可访问的方法来呈现循序渐进的开发概念，以及广泛的现实世界实例和机制、传感和驱动、计算和不确定性方面的基本概念。在整本书中，作者平衡了硬件（机构、传感器、执行器）和软件（算法）在机器人自主教学中的影响。通过阅读本书，你不仅能学到机器人力学、动力学和算法等领域的知识，还能跟随本书中的项目一步步开发自主机器人。

  本书可作为高等院校机器人相关专业的教材和参考书，也可供相关技术人员参考。

◆ 著	[美] 尼古劳斯·科雷尔（Nikolaus Correll）
	[美] 布拉德利·海斯（Bradley Hayes）
	[美] 克里斯托弗·赫克曼（Christoffer Heckman）
	[美] 亚历山德罗·龙科内（Alessandro Roncone）
译	宋　锐　王超群
责任编辑	王振杰
责任印制	胡　南

◆ 人民邮电出版社出版发行　北京市丰台区成寿寺路11号

邮编　100164　电子邮件　315@ptpress.com.cn

网址　https://www.ptpress.com.cn

三河市君旺印务有限公司印刷

◆ 开本：800×1000　1/16

印张：15　2025 年 5 月第 1 版

字数：334 千字　2025 年 5 月河北第 1 次印刷

著作权合同登记号　图字：01-2023-1556 号

定价：79.80 元

读者服务热线：(010)84084456-6009　印装质量热线：(010)81055316

反盗版热线：(010)81055315

版权声明

©2022 Nikolaus Correll, Bradley Hayes, Christoffer Heckman, and Alessandro Roncone.

This work is subject to a Creative Commons CC-BY-NC-ND license.

Subject to such license, all rights are reserved.

No part of this book may be reproduced in any form by any electronic or mechanical means (including photocopying, recording, or information storage and retrieval) without permission in writing from the publisher.

英文原版由 The MIT Press 出版，2022。

本书简体中文版由 The MIT Press 经博达创意代理有限公司授权给人民邮电出版社有限公司独家出版，未经出版者书面许可，不得以任何方式或途径复制或传播本书内容。

版权所有，侵权必究。

献给 Arthur、Tatiana、Benedict、Siwester、David、Leonardo、Lily 和未来的机器人使用者

译者序

在人类探索未知的征途中，机器人技术如同一股强劲的东风，推动着科技与文明的边界不断向前拓展。移动机器人作为这一领域的佼佼者，其发展历程不仅是一部技术的编年史，更是人类智慧与创造力的生动写照。深入研究和理解移动机器人的导航技术，不仅是推动机器人技术发展的关键所在，也是探索未来智能社会的重要途径。

机器人从卡雷尔·恰佩克和艾萨克·阿西莫夫小说中塑造的形象，到能跑能跳的人形机器人鲜活地站在我们面前，仅仅用了不到100年的时间而已。回溯至20世纪中叶，当第一台真正意义上的移动机器人——斯坦福研究院的Shakey首次亮相时，它或许还显得笨拙而简单，但正是这第一步的迈出，为后来的移动机器人技术铺就了坚实的基石。

随着时间的推移，移动机器人技术逐渐走向成熟与多样化。在工业自动化领域，日本的ASIMO机器人以其卓越的平衡能力、灵活的肢体动作和智能的人机交互，成了机器人技术进步的象征。波士顿动力公司的SpotMini机器人则以其强大的地形适应能力和稳定的导航性能脱颖而出。

随着科技的不断发展，移动机器人已经成为人工智能和机器人技术中的热门话题之一。它们在工业生产、医疗保健、农业、探险和救援等各个领域发挥着越来越重要的作用。本书正是机器人发展历程的见证与总结，它详细介绍了移动机器人导航的基本原理、算法设计、系统架构等核心知识。本书的翻译旨在将这些宝贵的知识带给更广泛的读者群，以促进移动机器人技术在中国的发展与应用。

本书是美国科罗拉多大学博尔德分校的尼古劳斯·科雷尔（Nikolaus Correll）教授等人多年教学和科研工作的积累。各位作者有着多年机器人课程的教授经验。本书内容覆盖面广，涵盖了自主机器人领域的导航、感知、操作、机器学习等各类内容，介绍了机器人领域的基础算法。本书主要包括机构、感知和驱动、计算、不确定性、附录五个部分，从基础的力和运动机制讲起，进一步描述了各类抓取和执行机构。在此基础上，本书介绍了传感器和执行器，奠定了机器人自主化的硬件基础。为了实现机器人自主化，作者详细介绍了计算机视觉、人工神经网络等相关基础知识和算法，重点阐述了为实现机器人导航和作业所必需的定位、建图、路径规划、任务执行等具体算法，并对其中的不确定性问题进行了讨论。

此外，本书还给出了理解相关知识所需的线性代数、概率论等基础知识。本书对自主机器人概念进行了深入浅出的讲述，语言精练，可以帮助本领域机器人研究者和从业者实现对相关知识和概念的快速理解。此外，本书配有相应的课后思考题，可以辅助读者在学习完知识点后有针对性地进行思考。本书某些算法的 MATLAB 代码已可以在网络上获取，可以帮助读者进行相应的编程训练。

在翻译本书的过程中，我们尽全力保持原著的风格，同时根据中文读者的阅读习惯进行了调整。本书由宋锐、王超群主译，翻译工作得到了尼古劳斯·科雷尔教授的亲自指导。在此感谢王银川、靳李岗、王路、王尧、王喆等博士研究生同学的辛苦校稿工作。此外，本书翻译还得到了"面向新工科的机器人工程本科专业系列教材建设"基金的大力支持。

本书可以作为机器人工程专业、自动化专业、计算机专业高年级本科生、硕士生和博士生相关课程的参考书，也可为相关领域的工程从业人员提供关键概念的宏观参考。

限于译者的经验和水平，本书翻译难免存在一些错误和缺点，欢迎各位读者批评指正！

2024 年 9 月 1 日

序　言

　　本书为具有线性代数和概率论知识的学生介绍与自主机器人相关的算法。机器人是机械工程、电气工程和计算机科学等多学科交叉的新兴领域。随着计算机越来越强大，让机器人变得智能成为人们关注的主要焦点，而机器人研究是非常有挑战性的前沿领域。虽然有许多关于机器人动力学和力学的教科书可供本科生使用，但能够提供广泛算法视角的图书大多只有研究生才能读懂。本书并不是为了"成为另一本更好的教科书"，它最初是专门为教授美国科罗拉多大学计算机科学系三年级和四年级本科生机器人技术而写就的。

　　尽管标准的人工智能技术被认为属于"人工智能"的范畴，但它并不足以解决涉及不确定性的问题，例如机器人在现实世界中的交互。本书使用简单的三角函数来建立机械臂和移动机器人的运动学方程，然后介绍传感器、路径规划，最后介绍不确定性。此外，通过正式定义误差传播，引入机器人定位问题，从而引出对马尔可夫定位及粒子滤波的讨论，最后是扩展卡尔曼滤波以及同步定位与地图构建的介绍。

　　本书的重点并不是关注特定子问题的最先进解决方案，而是通过反复出现的例子来探究问题的本质，并逐步介绍相关的概念及其外延。本书所描述的解决方案不一定是最好的，但它们很容易被理解并在机器人领域得到广泛使用。例如，里程计和线拟合分别用于解释正向运动学和最小二乘解，并在随后作为讲解定位中的误差传播和卡尔曼滤波器的演示案例。

　　值得注意的是，本书是明确与机器人平台无关的，因而可反映基本概念的适用性。你可以在附录中看到一系列基于项目的示例课程，从大多数配备摄像头的差速轮式机器人可以实现的解迷宫竞赛，到机械臂的操作实验，这些都可以完全在仿真中进行，来讲授大多数核心概念。

　　本书主要在 GitHub 上写作和发表，主要由我以及在计算机科学系的同事布拉德利·海斯、克里斯托弗·赫克曼和亚历山德罗·龙科内合著完成。他们每个人都多次教授"机器人学导论"和"高级机器人学"课程，以及与他们研究的机器人子领域相关的专题课程。他们不仅拓展了相关领域的技术深度，而且在如何引人入胜和灵活地讲授课程方面也具备多年经验。

本书是在知识共享 CC BY-NC-ND 4.0 国际许可证下发布的，该许可证允许任何人复制和共享源代码。但是，编译后的版本和代码均不得用于创建可商用的衍生品。我们选择这种形式是因为它似乎在其他人可以贡献的免费教科书资源和其他人可以参考的连续性课程之间保持了最佳平衡。在此非常感谢麻省理工学院出版社和我们的编辑 Elizabeth Swayne 对这一前瞻性做法的支持。

没有我们之前其他学者的出色工作，写作本书是不可能的，值得一提的是 John Craig 的《机器人学导论》以及 Roland Siegwart、Illah Nourbakhsh 和 Davide Scaramuzza 的《自主移动机器人导论》，以及无数我们从中学习和借鉴了例子及符号的其他图书和网站。我们还特别感谢 Brian Amberg、Aaron Becker、Bachir El-Kadir、James Grime、Michael Sambol、Cyrill Stachniss、Subh83 和 Ethan Tiran-Thompson，他们在网上制作了讲座视频片段和动画。

我还要感谢科罗拉多大学博尔德分校作者的共享实验室的研究生 Mike Miles 和 Harel Biggie 的仔细阅读和贡献。最后，我还要感谢 GitHub 用户 AlWiVo、beardicus、mguida22、aokeson、as1ndu、apnorton、John Allen、jmodares、countsoduku、choffmann、chrstphrdlz 以及 Haluk Bayram 的拉取请求和评论，你们对这个项目的兴趣是我们最大的回报之一。

尼古劳斯·科雷尔

美国科罗拉多州博尔德市

2022 年 2 月 8 日

目　　录

译者序
序言

第1章　引言 ……………………………………1
　1.1　智能和实例 …………………………1
　1.2　路径规划问题 ………………………2
　1.3　Ratslife：自主移动机器人的一个
　　　 例子 ……………………………………3
　1.4　自主移动机器人：一些核心的挑战 …4
　1.5　自主抓取：一些核心的挑战 …………5
　本章要点 ……………………………………5
　课后练习 ……………………………………5

第一部分　机　　构

第2章　运动、操作及其表现形式 …………8
　2.1　运动和操作的例子 …………………8
　2.2　静态稳定性和动态稳定性 …………10
　2.3　自由度 ………………………………11
　2.4　坐标系和参考系 ……………………14
　　2.4.1　旋转矩阵的定义 ………………16
　　2.4.2　点从一个参考系向另外一个
　　　　　 参考系的映射 ………………18
　　2.4.3　变换的级联 ……………………19
　　2.4.4　姿态的其他表示 ………………19
　本章要点 ……………………………………21
　课后练习 ……………………………………21

第3章　运动学 ………………………………22
　3.1　正向运动学 …………………………23
　　3.1.1　简单机械臂的正向运动学 ……23
　　3.1.2　Denavit-Hartenberg 表示法 ……25
　3.2　逆向运动学 …………………………27
　　3.2.1　可解性 …………………………28
　　3.2.2　简单机械臂的逆向运动学 ……28
　3.3　微分运动学 …………………………30
　　3.3.1　正微分运动学 …………………31
　　3.3.2　差速轮式机器人的正向
　　　　　 运动学 ………………………32
　　3.3.3　类汽车转向机构的正向
　　　　　 运动学 ………………………37
　3.4　逆微分运动学 ………………………38
　　3.4.1　移动机器人的逆向运动学 ……39
　　3.4.2　移动机器人的反馈控制 ………41
　　3.4.3　欠驱动和过度驱动 ……………42
　本章要点 ……………………………………43
　课后练习 ……………………………………43

第4章　力学 …………………………………45
　4.1　静力学 ………………………………46
　4.2　运动-静力学对偶 ……………………47
　4.3　可操作性 ……………………………48
　　4.3.1　速度空间中的可操作椭球 ……48
　　4.3.2　力空间中的可操作椭球 ………49
　　4.3.3　可操作性的考虑 ………………50
　本章要点 ……………………………………50
　课后练习 ……………………………………50

第5章　抓取 …………………………………51
　5.1　抓取理论 ……………………………51
　　5.1.1　摩擦力 …………………………51
　　5.1.2　多重接触和变形 ………………53

5.1.3　吸力 ································· 54
5.2　简单的抓取机构 ····························· 54
　　5.2.1　单自由度的剪刀式夹爪 ········· 54
　　5.2.2　平行夹爪 ······························ 55
　　5.2.3　四连杆平行夹爪 ···················· 56
　　5.2.4　多指手 ································· 57
本章要点 ··· 57
课后练习 ··· 57

第二部分　感知和驱动

第6章　执行器 ···································· 60
6.1　电动机 ··· 60
　　6.1.1　交流电动机和直流电动机 ······ 60
　　6.1.2　步进电动机 ···························· 62
　　6.1.3　无刷直流电动机 ···················· 62
　　6.1.4　伺服电动机 ···························· 63
　　6.1.5　电动机控制器 ························ 63
6.2　液压和气动执行器 ························· 64
　　6.2.1　液压执行器 ···························· 64
　　6.2.2　气动执行器和软体机器人 ······ 64
6.3　安全注意事项 ································ 65
本章要点 ··· 65
课后练习 ··· 66

第7章　传感器 ···································· 67
7.1　术语 ··· 68
7.2　测量机器人关节构型的传感器 ······· 70
7.3　测量自运动的传感器 ······················ 70
　　7.3.1　加速度计 ································ 71
　　7.3.2　陀螺仪 ··································· 71
7.4　测量力的传感器 ····························· 72
　　　　压力或接触 ································ 73
7.5　测量距离的传感器 ························· 74
　　7.5.1　反射 ······································· 74
　　7.5.2　相移 ······································· 75
　　7.5.3　飞行时间 ································ 76
7.6　感知全局姿态的传感器 ·················· 76
本章要点 ··· 77
课后练习 ··· 77

第三部分　计　算

第8章　视觉 ·· 80
8.1　将图像作为二维信号 ······················ 80
8.2　从信号到信息 ································ 81
8.3　基本图像操作 ································ 83
　　8.3.1　基于阈值的操作 ···················· 83
　　8.3.2　基于卷积的滤波器 ················ 84
　　8.3.3　形态学操作 ···························· 86
8.4　从视觉中提取结构 ························· 87
8.5　计算机视觉和机器学习 ·················· 89
本章要点 ··· 89
课后练习 ··· 89

第9章　特征提取 ································ 91
9.1　特征检测实现信息精简化 ··············· 91
9.2　特征 ··· 91
9.3　线特征识别 ···································· 92
　　9.3.1　最小二乘直线拟合 ················ 93
　　9.3.2　拆分合并算法 ························ 94
　　9.3.3　随机抽样一致性算法 ············ 95
　　9.3.4　霍夫变换 ································ 95
9.4　尺度不变特征变换 ························· 96
　　9.4.1　概述 ······································· 96
　　9.4.2　使用尺度不变特征的目标
　　　　　识别 ·· 98
9.5　特征检测和机器学习 ······················ 98
本章要点 ··· 98
课后练习 ··· 98

第10章　人工神经网络 ······················· 100
10.1　简单感知器 ·································· 101
　　10.1.1　简单感知器的几何解释 ······ 102
　　10.1.2　训练简单感知器 ·················· 102
10.2　激活函数 ······································· 103
10.3　从简单感知器到多层神经网络 ······ 104
　　10.3.1　人工神经网络的正式
　　　　　　描述 ······································ 105
　　10.3.2　训练一个多层神经网络 ······· 106

10.4 从单个输出到高维数据·········107
10.5 目标函数与优化···············108
    10.5.1 回归任务的损失函数······108
    10.5.2 分类任务的损失函数······109
    10.5.3 二元交叉熵和分类交叉熵·········110
10.6 卷积神经网络···············110
    10.6.1 从卷积到二维神经网络······112
    10.6.2 填充和步长···············112
    10.6.3 池化·····················113
    10.6.4 张量扁平化···············113
    10.6.5 CNN 简单示例············114
    10.6.6 二维图像数据之外的 CNN···114
10.7 循环神经网络···············114
本章要点·······················115
课后练习·······················116

第 11 章 任务执行···············117
11.1 反应式控制···················117
    反应式控制器的局限性············119
11.2 有限状态机···················120
11.3 分层有限状态机···············122
    分层有限状态机实现···············124
11.4 行为树·······················124
    11.4.1 节点定义和状态···········124
    11.4.2 节点类型···············125
    11.4.3 行为树执行···············126
    11.4.4 行为树实现···············127
11.5 任务规划·····················127
    通用问题求解器和 STRIPS········128
本章要点·······················129
课后练习·······················130

第 12 章 地图构建···············131
12.1 地图表示·····················132
12.2 稀疏地图构建的迭代最近点算法···133
12.3 八叉树地图：体素全连接地图构建···135
12.4 RGB-D 地图构建：曲面全连接地图构建···136

本章要点·······················138
课后练习·······················139

第 13 章 路径规划···············140
13.1 构型空间·····················140
13.2 基于图搜索的路径规划算法·····141
    13.2.1 迪杰斯特拉算法···········141
    13.2.2 A*算法·················143
13.3 基于采样的路径规划算法·······144
13.4 不同环境尺度下的路径规划·····148
13.5 覆盖路径规划·················149
13.6 总结与展望···················149
本章要点·······················150
课后练习·······················150

第 14 章 操作···················152
14.1 非抓取操作···················152
14.2 选择正确的抓取···············153
    14.2.1 为简单的夹爪寻找好的抓取方法···153
    14.2.2 为多指手寻找良好的抓取方法···155
14.3 拾取和放置···················156
14.4 轴孔装配问题·················157
本章要点·······················159
课后练习·······················159

第四部分 不确定性

第 15 章 不确定性和误差传播·······162
15.1 作为随机变量的机器人学中的不确定性···162
15.2 误差传播·····················163
    15.2.1 示例：线拟合···············164
    15.2.2 示例：里程计···············165
15.3 最佳传感器融合···············167
    卡尔曼滤波器·······················168
本章要点·······················168
课后练习·······················169

第16章 定位 170

16.1 启发性的例子 170
16.2 马尔可夫定位 172
 16.2.1 感知更新 172
 16.2.2 动作更新 173
 16.2.3 例子：马尔可夫定位在拓扑地图上的应用 173
16.3 贝叶斯滤波器 176
 例子：贝叶斯滤波器在网格地图中的应用 177
16.4 粒子滤波器 178
16.5 扩展卡尔曼滤波器 181
 用卡尔曼滤波估计里程信息 181
16.6 总结：基于概率图的定位 183
本章要点 183
课后练习 184

第17章 同步定位与地图构建 185

17.1 概述 185
 17.1.1 地标 185
 17.1.2 特例一：含有一个地标的环境 186
 17.1.3 特例二：含有两个地标的环境 186
17.2 协方差矩阵 187
17.3 EKF SLAM 187
 17.3.1 EKF SLAM 算法介绍 188
 17.3.2 多传感器融合 190
17.4 基于图的SLAM算法 190
 17.4.1 SLAM：一个最大似然估计问题 191
 17.4.2 基于图的SLAM的数值方法 193
本章要点 194
课后练习 194

第五部分 附 录

附录A 三角学 196

附录B 线性代数 198

附录C 统计学 202

附录D 反向传播 209

附录E 如何书写一篇研究论文 214

附录F 示例课程 218

参考文献 225

第 1 章
引　言

2021 年是机器人诞生 60 周年。第一款商业机器人叫作 Unimate，于 1961 年取得发明专利，在 1966 年的《今夜秀》(*The Night Show*) 中首度亮相。当时，这个机器人做了几件令人惊奇的事情：它打开一瓶啤酒并倒了一杯，把高尔夫球放进球洞里，甚至指挥了一个管弦乐队。它做到了我们希望一个机器人能做到的所有事情。它灵巧、准确，甚至富有创造力。随着近几十年来科技的进步，今天的机器人应该具备怎样令人难以置信的能力？它们必须能够完成哪些事情？

有意思的是，我们直到最近才研发出相关技术，让机器人能够自主地做到当年 Unimate 在电视里所展示的那些事情。Unimate 确实做到了那些事情，但它所有的运动都是预先编程好的，工作环境也是精心搭建的。直到随着更廉价、更强大的传感器的出现和计算机算力的极大提升，机器人才能自己做到检测物体、规划抓取动作，以实现抓取和操作物体。然而，距离机器人像人类一样完成这些任务，还有很长的路要走。

本书介绍设计和控制自主机器人背后的计算机基础知识。当机器人可以对环境做出反应（而非仅遵循预先编程好的动作）的时候，它就可以被认为是**自主的**。为了实现自主的目的，需要大量先进技术的帮助，包括信号处理、控制理论、人工智能等。这些技术与机器人的机械、传感器和驱动器紧密交织在一起。设计自主机器人需要深入地了解算法及其与物理世界的接口。

本章的目标是介绍机器人学家所面对的共性问题以及如何解决这些问题。

1.1　智能和实例

我们对于大脑和计算机工作方式的理解深深地影响了我们对于"智能行为"这一概念的认识：智能是在我们头脑中的。事实上，很多看起来智能的行为都可以通过非常简单的原理实现。例如，一个机械发条玩具可以通过使用与其运动方向呈直角旋转的飞轮和脚轮来避免从桌子的边缘滑落。一旦脚轮和桌面脱离了接触，也就是发条玩具到达了桌子的边缘，飞轮就会启动然后将发条玩具拉向右侧（见图 1-1）。

扫地机器人可能会以截然不同的方式解决同样的问题：它使用朝下的红外传感器来检测像台

阶那样的边缘，然后发送相应指令转弯避障。考虑到需要机载电子设备，这是一种更高效但也更复杂的方法。

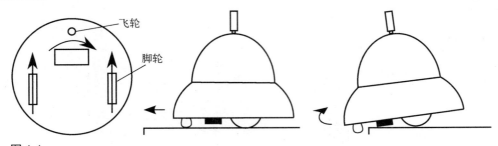

图 1-1
发条玩具纯粹依靠机械控制实现不会从桌子边缘滑落。飞轮旋转方向垂直于发条玩具的运动方向。当脚轮离开桌子边缘的时候，飞轮一碰到桌面就会立刻触发右转

以上示例提供了不同的方法来实现智能行为，类似的取舍也存在于路径规划中。比如，蚂蚁只须选择已经有更多信息素（蚂蚁之间交流的化学物质）的路径，就能找到巢穴和食物源之间的最短路径。选择最短路径后，蚂蚁不仅可以快速向食物源运动，也可以快速返回巢穴，这期间，它们的信息素就会在最短路径上快速积累（见图 1-2）。但是蚂蚁并不执着于这一种解决方案。每隔一段时间，蚂蚁都会尝试一条更长的路径，直到最终找到新的食物源。在群体层面上，看似智能的行为基本上是通过偶尔失效的信息素传感器实现的。现代工业机器人则以完全不同的方式解决问题：它首先将环境用包含障碍物的地图表示出来，然后采用某种算法规划一条路径。

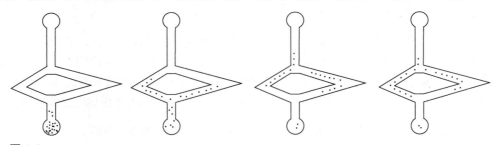

图 1-2
蚂蚁寻找从其巢穴（底部）到食物源（顶部）之间的最短路径。从左至右：蚂蚁最开始对于左右分支路径没有明显偏向性，都会通过这两条路径往返。但是蚂蚁在最短路径上移动更快，一旦新的蚂蚁从巢穴中返回，更多的信息素就会在最短路径分支上积累

实现某种期望行为的最佳解决方案取决于设计者可用的资源。接下来将研究一个更复杂的问题，对于这个问题，存在许多效率不一的解决方案。

1.2 路径规划问题

想象一下这样一个场景：你是一个机器人，正处在一个像杂乱的仓库、医院或者写字楼一样

的迷宫中，这里藏着一个装满金币的箱子，可惜目前你没有这个迷宫的地图。如果找到了箱子，你一次只能拿几枚金币，把它们带到出口处你停车的位置。

> 考虑一个能够让你在最短的时间内收获尽可能多金币的策略。思考你将用到的感知和认知能力。再考虑一些替代策略：如果不能使用这些能力，你该怎么办？比如，如果你的视力很差或者你的记忆力很差，你该怎么办？

这正是机器人面临的问题。机器人是一个使用传感器和计算资源推理自身所处环境的移动机器。当前的机器人远远达不到人类所具有的处理能力，因此值得我们去思考，如果缺乏一些重要的感知和计算能力，机器人应该采取什么样的策略来考虑问题。

在继续讨论传感系统受限的机器人的可行策略之前，我们依赖从算法研究中学到的东西，简要考虑一个特定策略。你需要在不重复遍历的前提下探索整个迷宫。你可以使用深度优先搜索（depth first search）技术来完成，但需要能够绘制环境地图，还需要通过识别地点和在地图上进行航位推算（dead reckoning）来在环境中定位。一旦找到了金币，你需要规划返回出口的最短路径，这样你就可以沿最短路径往返，直到收获所有的金币。

1.3　Ratslife：自主移动机器人的一个例子

Ratslife 是一个小型机器人迷宫比赛，由 Cyberbotics 公司的奥利维埃·米歇尔（Olivier Michel）研发，它为本书中的一系列主题提供了示例。Ratslife 的环境可用乐高积木、硬纸板或者木材构建，比赛可以由任意两个移动机器人参与，最好其中一个机器人有识别环境中标记的能力，比如带有摄像头的简单差速轮式机器人或者智能手机驱动的机器人教育平台。图1-3展示了一个可以由人工材料构建的环境，并解释了一些机器人比赛的实际情况。

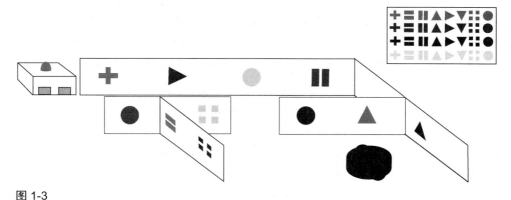

图 1-3
采用乐高积木、硬纸板、木材构建的包括一个或多个充电站的简单迷宫环境。迷宫环境采用独特的标记，可以被一个简单的机器人所识别

在 Ratslife 比赛中，两个小型机器人在寻找 4 个隐藏在迷宫中的"喂食器"的过程中相互竞争。一旦有机器人找到喂食器，它就接收"能量"，可以再运行 60 s，喂食器变得暂时不可用。过了一会儿，喂食器重新变得可用。喂食器可以由裁判（同时负责计时）控制，或者通过机械或电子的方法为比赛构建简单规程。

到现在为止，你对如何用自己的能力解决 Ratslife 比赛问题应该已经比较清楚了。你可能也想到一些备用策略以防你的一两个传感器不能使用。以下是机器人的一些可用策略，根据机器人可能使用的功能的复杂度升序排序。

- 想象你有一个机器人可以运动（驱动）并在碰到墙壁后反弹，由此产生的随机行走策略最终会让机器人找到喂食器。由于允许的时间有限，机器人的能量可能很快就会耗尽。
- 想象机器人有一个传感器，让它能估计到墙壁的距离。这个传感器可以是一个触须、红外距离传感器、超声距离传感器或者激光测距仪。机器人可以使用这个传感器持续追踪它右边的墙壁。使用传感器策略解决迷宫问题，它将最终引导机器人到达除了内部孤立区域外的所有地点。
- 想象一个可以用视觉识别简单特征的机器人，它有能够躲避墙壁的传感器，还有一个用来跟踪其车轮旋转的"里程计"。利用这些能力，机器人潜在的获胜策略将是探索整个环境，用视觉识别环境中的标记，创建一个包含所有喂食器位置的地图，计算喂食器之间的最短路径并在它们之间往返。从策略上讲，在喂食器前面等候，并在机器人没电之前接近喂食器可能是明智的。

1.4 自主移动机器人：一些核心的挑战

通过计算自己的步数，并通过使用环境的不同特征来确定自己的方向，就能够将传感器信息拼接在一起以绘制环境，这被称为"同时定位和建图"（simultaneous localization and mapping，SLAM）。这里主要的挑战是机器人所要执行的步骤长度是未知的（轮式机器人可能会打滑或车轮的形状稍有不同），另外也不太可能 100%准确地识别某个地点（即使是人也会犯错）。为了能够把一些已有的算法应用到真正的机器人上，我们需要对以下问题的答案有基本的理解。

- 机器人是如何移动的？车轮的旋转是如何影响机器人在世界中的位置和运动速度的？
- 为了达到一个期望的位置，我们如何控制车轮的运动速度？
- 让机器人感知其自身状态和所处环境，可以用什么传感器？
- 如何从海量的传感器数据中提取结构信息（例如世界的特征）？
- 如何在世界中定位？
- 如何表达误差？在面对不确定性的时候如何推理？

为了回答上述这些问题，我们需要依赖三角学、微积分、线性代数、概率论和算法的相关知识。贯穿本书的概念包括基本三角函数、导数和积分、矩阵表示法、贝叶斯公式和概率分布。机器人是让这些概念具有应用意义的绝佳工具！

1.5 自主抓取：一些核心的挑战

想想上次你动手工作的时候，如用键盘打字、在纸上书写、把纽扣缝在衬衫上、使用锤子或者螺丝刀等。你会注意到，这些活动需要多种多样的灵活性（即精确操作物体的能力）、力的结合和传感能力。你也会注意到一些任务可能超出了你本身的能力范畴，例如将纱线穿过织物中的孔、拧螺丝，或者把钉子钉进木头，但是使用正确的工具可以轻松完成这些任务。

现在的机器人手臂远远达不到像人手一样的灵活性。但是，借助合适的工具［机器人学者口中的"末端执行器"（end-effector）］，某些任务由配备了这些工具的机器人完成，可能比有能力的人完成得更快、更准。跟解决移动机器人的问题类似，抓取问题需要你思考如何正确结合机械设计和相关论证。例如，用镊子抓取一个细小的零件可能不太方便，但是用吸附机构就很容易实现。又如，在末端执行器处使用漏斗状机构时，可以"盲目"地拿起几乎看不见的试管。然而，这些技巧会限制机器人的功能性，你必须把问题和用户需求当成一个整体来思考。

本章要点

- 问题的最佳解决方案取决于可用平台的感知、驱动、计算、通信能力。通常，你可以用最少的资源来解决问题，但会影响机器人的性能，如速度、准确性或可靠性。
- 机器人的问题和纯粹人工智能的问题，特别是那些不处理不可靠感知和驱动的问题，不太一样。
- 传感器、驱动器和通信链路的不可靠性需要系统地概率化建模和在不确定条件下的推理能力。

课后练习

1. 解决 Ratslife 比赛问题，你需要什么样的传感器？思考简单的和接近最优的解法。
2. 在你家里哪些设备可以被认为是机器人？为什么？
3. 机械钟是机器人吗？为什么？
4. 最近什么行业因为机器人而发生了革命性的变化？什么行业首先引入了机器人？什么行业正在因机器人而转型？
5. 当你要抓取一个物体的时候，需要什么样的传感器？列举出来并说明什么是必备的，什么是可选的。

6. 思考机器人清理你的地板或者割草时，它们有用到什么路径规划方法吗？规划是必需的吗？为什么？
7. 全自动驾驶的汽车需要什么样的传感器？先思考一下汽车需要知道什么样的信息，然后讨论可以收集这些信息的传感器。
8. 使用你选择的机器人进行简单的线跟随练习。线的宽度是如何影响机器人传感器的布置的？它的曲率如何影响机器人的最大速度？
9. 使用你选择的机器人，部署一个采用简单跟墙操作的 Ratslife 比赛问题解决策略。传感器的几何学是如何影响机器人的表现的？你发现自己需要调整哪些参数？

第一部分

机　构

第 2 章

运动、操作及其表现形式

自主机器人是具有感知、计算、通信和驱动能力的系统。本章重点讲述驱动（actuation），即机器人移动和操作的能力。在本章，我们专门将机器人的"运动"（locomotion）和"操作"（manipulation）能力区分开来，"运动"是指机器人自主移动的能力，"操作"是指机器人移动环境中物体的能力。这两种能力密切相关：在运动过程中，机器人通过电动机对所处环境（如地面、水、空气等）施加力来移动自身；在操作过程中，机器人通过电动机对物体施加力，使物体相对于外部环境移动。当然，这两个过程可能并不需要用不同的电动机来实现，比如昆虫，它们的六足不仅可以用来运动，也可以拿起或者操作物体。简而言之，本章的主要目标如下。

- 介绍运动和操作的概念以及它们的对偶性。
- 解释静态稳定性和动态稳定性。
- 介绍"自由度"的概念。
- 介绍坐标系及其变换。

2.1 运动和操作的例子

运动包含很多不同的动作方式，包括滚动、行走、奔跑、跳跃、滑动（波动式运动）、爬行、攀爬、游泳、飞行等。在能量消耗、运动学、稳定性和机器人所必备的其他相关性能等方面，实现这些动作方式的机构是千差万别的。另外，运动的定义是宽泛且不确切的。比如，"游泳"可以用多种不同的推进方式来实现，而在地面上的滑动，仅经过一些改进，也可以实现形式上类似"游泳"的运动。

机器人的运动学（kinematics）是指机器人各部分相对于其他部分和环境的移动方式。运动学（具体讨论参见第 3 章）仅涉及机器人各部分的位置和速度（位置的一阶导数）。根据不同的应用需求，人们希望使用更深层次的概念：动力学（dynamics）。动力学主要涉及加速度（位置的二阶导数）和加加速度（位置的三阶导数）。

从商业角度来说，最为普遍的一种运动形式是滚动。这一定程度上是因为，到目前为止滚动提供了最高的能量速度比（见图 2-1），这使车轮的使用成为历史上最伟大的科技突破之一。随着汽车和自行车的普及，滚动也成为一种被广泛应用的运动形式。因此，人类不断调整自身的生活环境，使环境中具有尽可能多的光滑表面，如道路和建筑物内的地面等。相比之下，没有动物进化出轮状驱动装置，因为这样的形状并不适用于天然草地、森林地表、高山或洞穴之类的自然环境。轮式机器人在这些环境中的表现不尽如人意，但是腿足式机器人可以灵活应对这些环境。

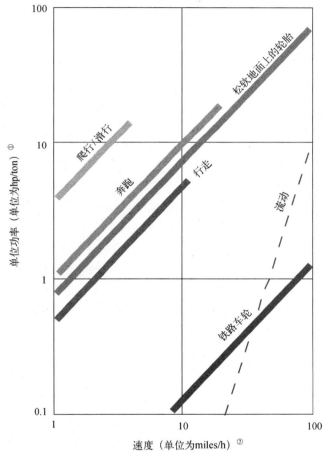

图 2-1
各种运动方式的能耗和速度变化情况
资料来源：Siegwart（2011）和 Todd（1985）

> 你能找到上述机器人类别（腿足式机器人与轮式机器人）的具体实例吗？辨别它们使用的不同类别的驱动装置。

---

① 1 hp（马力）约为 0.74 kW（千瓦），1 ton（吨）等于 1000 kg（千克）。
② 1 mile（英里）约为 1.61 km（千米）。

大部分能够实现运动的机构只须稍加修改，就可以用于实现操作。大多数工业机械臂由一连串可旋转（或转动）的、通过刚性连杆相连的执行器组成。一般来说，它们具有 6 个甚至更多的独立旋转轴——后面我们会介绍原因。此外，现代工业机械臂不仅能够控制每个关节的位置，还能够独立控制每个关节的扭矩，这使得人们能够实现对机器人柔顺性的控制。从机械意义上讲，柔顺性即刚度的逆。对于实现灵巧操作来说，机器人不仅需要一个手臂，还需要一个夹具或者机械臂。由于抓取本身就是一个难题，因此第 5 章专门讲述这个问题。

不管机器人是滚动还是行走，旋转机构都是其主要的驱动机构类型。另外一种主要的装置是平移或者线性关节（见图 2-5），它可以让机器人实现伸展或收缩，这种关节通常和旋转关节联合使用，例如，用于实现机器人机械臂的上移和下移，或用于实现行走机器人腿部的伸展或收缩。

2.2 静态稳定性和动态稳定性

各运动机构之间的根本区别在于它们是静态稳定的还是动态稳定的。静态稳定机器人即使处于未驱动状态也不会倾倒（见图 2-2，左），而动态稳定机器人则需要持续驱动来防止倾倒。从技术层面来说，为了实现稳定，机器人的质心应始终落在机器人与地面接触点形成的多边形内。例如，四足机器人有 4 个地面接触点，这 4 个接触点形成了一个矩形，一旦机器人抬起它的一条腿，矩形就变成了三角形。如果机器人的质心沿重力方向的投影落在这个三角形外部的话，机器人就会倾倒。具有动态稳定性的机器人可以通过快速地改变自身结构来解决倾倒问题。如图 2-2 的中图所示，小车上的倒立摆即一个纯粹的动态稳定机器人的例子。这个机器人没有静态稳定的构型，它需要通过一直移动来保持倒立摆直立。若处于高速且灵活的运动状态，动态稳定是可行的，但是机器人应该设计成能够轻松转换为静态稳定的构型（见图 2-2，右）。

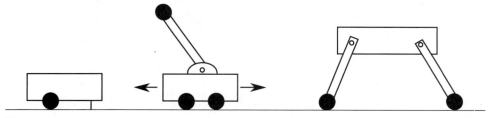

图 2-2

从左到右：静态稳定机器人、动态稳定反向倒立摆机器人、静态和动态稳定机器人（取决于其构型）

四足机器人奔跑过程是典型的同时具有静态和动态稳定结构的构型。与行走状态不同，处于奔跑状态时，四足机器人总是有两条腿在空中，4 条腿中的两条轮流触地、快速转换，从而避免机器人倾倒。尽管静态稳定行走通过 4 条腿就可以实现，但是大多数动物（和机器人）仍依靠 6 条腿来实现，当只有 4 条腿时，它们使用动态稳定的步态（如奔跑）。6 条腿的构造可以让动物每次移动 3 条腿，而另外 3 条腿保持稳定。

2.3 自由度

自由度（degree of freedom，DoF）这一概念对于定义机器人可能达到的位置和方向来说非常重要。物理世界中的物体最多可以具有 6 个笛卡儿自由度，即前/后运动、左/右运动、上/下运动，并可沿着坐标轴进行旋转运动。这些旋转运动即俯仰、偏航和横滚运动，如图 2-3 所示。笛卡儿自由度与机器人的机械自由度不同，机械自由度对应的是机器人驱动点的数量（即机器手臂有 5 个关节电动机，代表它在关节空间中有 5 个机械自由度，这一点我们会在第 3 章中讨论）。一般来说，使用者可用的机械自由度的数量取决于机器人平台，除非改变机器人的机械结构，否则不能轻易改变。与之相反，笛卡儿自由度的数量取决于任务，可以由使用者修改，并根据使用者需求的变化而变化。

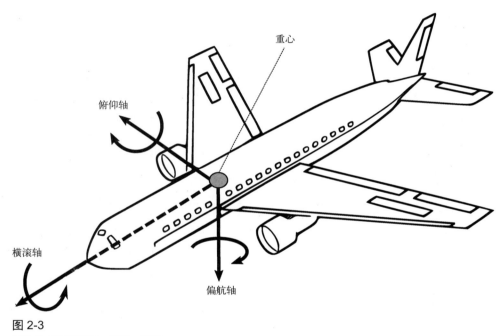

图 2-3
沿飞机主轴的俯仰、偏航、横滚

针对运动学问题，在明确机械自由度和笛卡儿自由度后，机器人实际可以移动的笛卡儿自由度（即方向）的数量取决于其执行机构的构型和环境对机器人的约束。这些关系并不总是很直观，有时需要严格的数学论证（见第 3 章）。本节的主要目的是介绍机器人设计中经常用到的标准机械结构（如车轮或简单的机械臂）的自由度。对于轮式平台，自由度由所使用的车轮的类型和它们的方向来定义。表 2-1 列举了常见的车轮类型和它们的自由度。

表 2-1　不同类型的车轮和它们的自由度

车轮类型	例　子	自　由　度
标准轮	手推车的前轮	2 个 ● 围绕轮轴的旋转； ● 围绕其与地面接触点的旋转
脚轮	办公室座椅的脚轮	3 个 ● 围绕轮轴的旋转； ● 围绕其与地面接触点的旋转； ● 围绕脚轮轴的旋转
麦克纳姆轮	圆周上带有非驱动滚轮的标准车轮	3 个 ● 围绕轮轴的旋转； ● 围绕其与地面接触点的旋转； ● 围绕辊轴的旋转
球形轮	滚珠轴承	3 个 ● 围绕任意方向的旋转； ● 围绕其与地面接触点的旋转

资料来源：改编自 Siegwart、Nourbakhsh 和 Scaramuzza（2011，p. 36）。

只有那些专门使用具有 3 个自由度的车轮（3 自由度轮）的机器人才可以在平面上自由移动。这是因为机器人在平面上的位姿完全由其位置（垂直位置和水平位置两个值）和方向（一个值，例如角度）确定。没有配置 3 自由度轮的机器人会受运动学约束的限制，这使得它们不能自由地沿任意方向到达任意点。例如，自行车车轮只能沿着一个方向滚动或者原地转向，沿着自行车运动的垂直方向移动自行车是不可能的，除非它被强行拖动（"滑动"）。注意，没有 3 自由度并不意味着平面上的某些位姿无法实现，只是需要额外的移动来实现这些位姿。

一个很好的类比是国际象棋中的棋子，马可以到达棋盘上的任意一个位置，但可能需要多次移动才能做到。这就好比一辆小汽车，它可以侧方位停车，但是需要通过来回地移动实现。而基于起始位置，象只能到达棋盘上的白色或黑色区域。

类似推理过程也适用于空中和水下机器人。对于这些机器人，其位置主要是由推进器（喷射器或者螺旋桨）的位置和方向决定的。由于这些系统的动力学受到流体动力学和空气动力学的影响，而这些效应又跟机器人的大小存在联系，因此相关的分析会变得更加复杂。本书不涉及飞行和游泳机器人的具体细节，但是定位和规划的一般原理也适用于这些机器人。

> 思考可能的车轮、螺旋桨和推进器构型，不必把自己限制在机器人上。发挥创造力，也可以考虑地面和空中机器人。如果你想到的构造合乎情理，可以促成合理的移动，那么可能有人已经制造过类似的机构并做过分析了。它们各自的优势和劣势在哪里？

对于机械操作臂来说，笛卡儿自由度指的是它们的末端执行器能达到的位置和方向——绕主轴（x轴、y轴和z轴）的旋转。一般来说，每引入一个驱动关节都会增加一个自由度，除非这是一个冗余自由度（沿某一方向移动会和另外一个关节产生一样的效果）。图2-4和图2-5展示了一系列在平面上操作的机械臂。在这些例子中，末端执行器的自由度局限于上下左右移动和围绕其枢轴点旋转。由于平面只有这3个自由度，增加额外的关节并不会增加机器人的笛卡儿自由度，除非这些增加的关节能让机械臂在平面外移动（沿垂直于平面的轴）。给自由度的数量下一个准确的定义并不容易，需要推导出末端执行器位置和方向的解析表达式，这是第3章的目标。

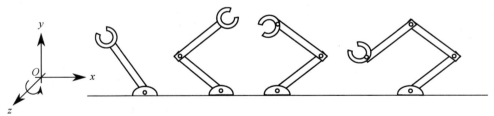

图2-4
从左至右：有1、2、3、4个机械自由度的机械臂。在平面中移动的自由度包括末端执行器相对于基座的垂直位移、其水平位移及其方向

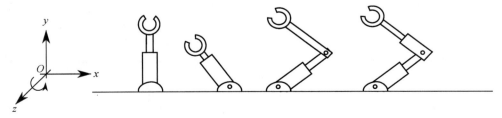

图2-5
从左至右：联合了旋转关节和线性关节的具有1、2、3、4个自由度的机械臂

选择合适的动力学要在复杂度、机动性、可达精度、成本和易控性之间做一些复杂的权衡。常见的差速轮驱动器（例如装在扫地机器人上的那种）包括共轴的两个独立控制的轮，这种驱动方式廉价、高度机动、容易控制，但是很难用这种方式完美地驱使机器人沿直线运动——这种运动要求两个驱动电动机都严格以相同速度运动，并且两个车轮有绝对相同的半径，这些条件在现实生活中都是非常难以满足的。类似汽车的转向机构可以解决机器人沿直线运动的问题，但是其机动性不太好，也较难控制（作为参考，想一下侧方位停车的复杂度）。

2.4 坐标系和参考系

每个机器人都有一个真实世界中的**位姿**，这个位姿可以用沿笛卡儿坐标系中的 3 个主轴的位置（x、y 和 z）和方向（俯仰、偏航、横滚）来描述。图 2-6 展示了这样一个坐标系。注意坐标轴的指向和方向是不固定的，本书采用右手定则，坐标轴的符号和指向始终按图 2-6 所示确定。俯仰、偏航和横滚在其他领域也被分别称作倾斜（bank）、姿态（attitude）和朝向（heading）。这是说得通的，就"heading"这个词的口语化用法而言，它对应于车辆在 x-y 平面上行驶时绕 z 轴的旋转。

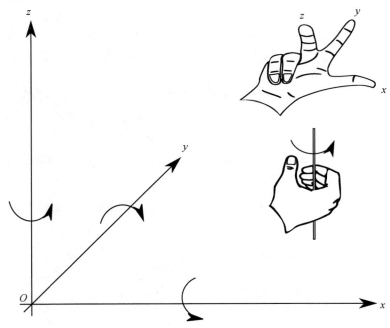

图 2-6
指示坐标轴方向及绕轴旋转的坐标系，这些方向是用右手定则推导出来的

定义 3 个位置轴和方向可能比较麻烦。我们关心坐标细节的程度、坐标系的原点在哪里，甚至我们选择什么样的坐标系都取决于具体的应用。例如，一个简单的移动机器人通常会需要关于房间、楼宇和地球坐标系（给定地球上每个点的经度和纬度）的表达，而我们通常会把静态机械臂的坐标原点放在它的基座上。更加复杂的系统，比如移动机械臂或多足机器人，通过定义多个坐标系（例如，每条腿有一个坐标系，还可有一个坐标系描述机器人位于世界参考系中的位置）来简化。这些局部坐标系被称作参考系（frame of reference）。图 2-7 展示了一个包含两个嵌套坐标系的例子。在这个例子中，位于 x'-y'-z' 坐标系原点的机器人可能会在自己的参考系中规划运动，然后通过平移和旋转在 x-y-z 坐标系中表示它的运动——我们在后面的章节中会看到。

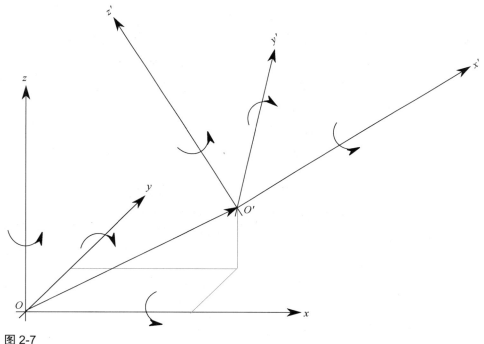

图 2-7
两个嵌套的坐标系（也称为参考系）

根据笛卡儿空间的自由度，也就是机器人在这个空间里能完成的独立旋转和平移的数量，忽略位置和方向中保持不变的组分是惯例。例如，一个简单的扫地机器人的位姿可以完全由它在房间里的 x 坐标和 y 坐标及它的方向（即机器人绕 z 轴的旋转）确定。在这种情况下，可以忽略 z 轴的位置信息及绕 x 轴和 y 轴的旋转。

2.4.1 旋转矩阵的定义

给定一种形式的固定坐标系，我们可以用一个3×1的向量来描述机器人末端执行器的**位置**。因为机器人和环境中定义了很多坐标系，所以我们通过上标来说明一个点所关联的坐标系，例如，用 $^A\boldsymbol{P}$ 来表示点 $\boldsymbol{P}$ 在坐标系 $\{A\}$ 中。每个点包含3个元素，即 $^A\boldsymbol{P} = \left[p_x, p_y, p_z\right]^\mathrm{T}$。

更正式地，$^A\boldsymbol{P}$ 是张成坐标系 $\{A\}$ 的3个基向量的线性组合：

$$^A\boldsymbol{P} = p_x \begin{bmatrix} 1 \\ 0 \\ 0 \end{bmatrix} + p_y \begin{bmatrix} 0 \\ 1 \\ 0 \end{bmatrix} + p_z \begin{bmatrix} 0 \\ 0 \\ 1 \end{bmatrix} \tag{2.1}$$

如我们所知，机器人的位置和方向都是非常重要的。要描述一个点的方向，我们也需要给这个点附上一个坐标系。令 $\hat{\boldsymbol{X}}_B$、$\hat{\boldsymbol{Y}}_B$ 和 $\hat{\boldsymbol{Z}}_B$ 为对应于坐标系 $\{B\}$ 主轴的单位向量，这些向量在坐标系 $\{A\}$ 中分别被定义为 $^A\hat{\boldsymbol{X}}_B$、$^A\hat{\boldsymbol{Y}}_B$ 和 $^A\hat{\boldsymbol{Z}}_B$。为了将一个坐标系中的向量在另外一个坐标系中表示，我们需要把这个坐标系的每个组分投射到张成目标坐标系的每个单位向量上。例如，假设我们仅考虑坐标轴 $^A\hat{\boldsymbol{X}}_B$，它通过如下方式给出：

$$^A\hat{\boldsymbol{X}}_B = \left(\hat{\boldsymbol{X}}_B \cdot \hat{\boldsymbol{X}}_A, \hat{\boldsymbol{X}}_B \cdot \hat{\boldsymbol{Y}}_A, \hat{\boldsymbol{X}}_B \cdot \hat{\boldsymbol{Z}}_A\right)^\mathrm{T} \tag{2.2}$$

也就是 $\hat{\boldsymbol{X}}_B$ 在 $\hat{\boldsymbol{X}}_A$、$\hat{\boldsymbol{Y}}_A$ 和 $\hat{\boldsymbol{Z}}_A$ 上的投影。这里，"·"定义了标量积，也被称为点积或者内积（见附录 B.1 节），注意式(2.2)中左右的向量都是单位向量，即它们的长度为 1。按照标量积的定义，我们有 $\boldsymbol{A} \cdot \boldsymbol{B} = \|\boldsymbol{A}\|\|\boldsymbol{B}\|\cos\alpha = \cos\alpha$，这把 $\hat{\boldsymbol{X}}_B$ 的投影问题转换到 $\{A\}$ 的单位向量上。图 2-8 阐释了该投影过程。

我们现在把上述步骤施加到张成坐标系 $\{B\}$ 的3个向量上，把这3个向量堆叠在一起构成一个3×3旋转矩阵：

$$^A_B\boldsymbol{R} = [^A\hat{\boldsymbol{X}}_B \quad ^A\hat{\boldsymbol{Y}}_B \quad ^A\hat{\boldsymbol{Z}}_B] \tag{2.3}$$

这个矩阵描述了 $\{B\}$ 相对于 $\{A\}$ 的关系。值得注意的是，$^A_B\boldsymbol{R}$ 中所有列都是单位向量，所以旋转矩阵是正交规范的。这一点比较重要，因为它让我们很容易得到 $^A_B\boldsymbol{R}$ 的逆是 $^A_B\boldsymbol{R}^\mathrm{T}$ 或 $^B_A\boldsymbol{R} = {^A_B\boldsymbol{R}}^\mathrm{T}$。

通过把式(2.1)改写成矩阵形式，很容易看出为什么坐标系 $\{B\}$ 的单位向量在坐标系 $\{A\}$ 中的表示实质上构成了一个旋转矩阵：

$$^A\boldsymbol{P} = \begin{bmatrix} 1 & 0 & 0 \\ 0 & 1 & 0 \\ 0 & 0 & 1 \end{bmatrix} \begin{bmatrix} p_x \\ p_y \\ p_z \end{bmatrix} \tag{2.4}$$

当两个点在同一个坐标系下的时候，该旋转矩阵是单位矩阵，也就是说不再需要旋转了。

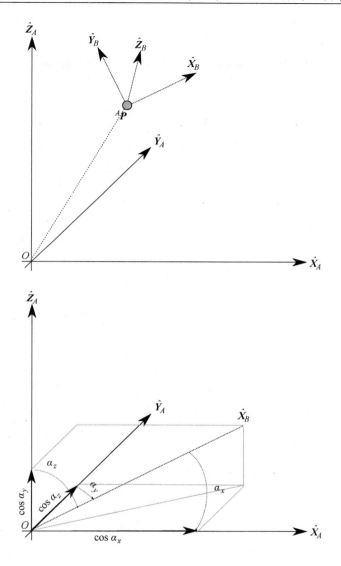

图 2-8

上图中的坐标系 {B} 的位置为 $^A\boldsymbol{P}$,方向为 $\hat{\boldsymbol{X}}_B$、$\hat{\boldsymbol{Y}}_B$ 和 $\hat{\boldsymbol{Z}}_B$。下图显示了在将坐标系 {B} 和 {A} 移动到同一原点后,单位向量 $\hat{\boldsymbol{X}}_B$ 在张成坐标系 {A} 的单位向量上的投影。因为所有的向量都是单位向量,所以有
$\boldsymbol{A} \cdot \boldsymbol{B} = \|\boldsymbol{A}\|\|\boldsymbol{B}\|\cos\alpha = \cos\alpha$

我们现在已经通过一个旋转矩阵建立了表达坐标系方向的方法。通常情况下,坐标系不仅会相互重叠,也会彼此错开。位置和方向一起被称为**参考系**,参考系包含一套 4 个向量,其中一个表示位置,3 个表示姿态,我们可以记作

$$\{B\} = \{{}^A_B\boldsymbol{R},\, {}^A\boldsymbol{P}\} \tag{2.5}$$

可以用向量 ${}^A\boldsymbol{P}$ 和旋转矩阵 ${}^A_B\boldsymbol{R}$ 来描述坐标系 $\{B\}$ 相对于 $\{A\}$ 的关系。通常，机器人本体上会定义很多类似的参考系。

2.4.2 点从一个参考系向另外一个参考系的映射

在介绍参考系的概念后，我们需要能够把一个参考系内的点映射到另外一个参考系。例如，考虑参考系 $\{B\}$ 与参考系 $\{A\}$ 具有同样的方向，位于空间中位置 ${}^A\boldsymbol{P}$ 处。因为两个参考系的方向是相同的，所以我们可以在参考系 $\{A\}$ 中表示一个点 ${}^B\boldsymbol{Q}$ 为

$$ {}^A\boldsymbol{Q} = {}^B\boldsymbol{Q} + {}^A\boldsymbol{P} \tag{2.6}$$

实际上，把不同参考系中的两个向量相加（即 ${}^B\boldsymbol{Q} + {}^A\boldsymbol{P}$）只有在它们方向相同的条件下才可行。但是我们可以使用旋转矩阵实现点从一个参考系到另外一个参考系的映射：

$$ {}^A\boldsymbol{P} = {}^A_B\boldsymbol{R}\, {}^B\boldsymbol{P} \tag{2.7}$$

因此能够在不用考虑参考系 $\{A\}$ 对 $\{B\}$ 的方向的情况下解决它们的映射问题：

$$ {}^A\boldsymbol{Q} = {}^A_B\boldsymbol{R}\, {}^B\boldsymbol{Q} + {}^A\boldsymbol{P} \tag{2.8}$$

使用这种表示法，我们可以看到前置下标会抵消后续向量/旋转矩阵的前置上标。通过联合旋转和平移，我们有一个能够将点从一个参考系映射到另外一个参考系的方案，将这个方案写成紧凑的形式更有吸引力，也就是

$$ {}^A\boldsymbol{Q} = {}^A_B\boldsymbol{T}\, {}^B\boldsymbol{Q} \tag{2.9}$$

为此，我们需要引入一个 4×1 的位置向量使得

$$\begin{bmatrix} {}^A\boldsymbol{Q} \\ 1 \end{bmatrix} = \left[\begin{array}{c|c} {}^A_B\boldsymbol{R} & {}^A\boldsymbol{P} \\ \hline 0\ 0\ 0 & 1 \end{array}\right] \begin{bmatrix} {}^B\boldsymbol{Q} \\ 1 \end{bmatrix} \tag{2.10}$$

这里 ${}^A_B\boldsymbol{T}$ 是一个 4×4 的矩阵。注意，上述增加的 1 和 [0 0 0 1] 在矩阵乘法运算中不影响矩阵的其他元素。这种形式的 4×4 的矩阵也被称作**齐次变换**（homogeneous transform）矩阵。

齐次变换矩阵的逆可以通过独立反转旋转和平移部分来构造，有：

$$\left[\begin{array}{c|c} {}^A_B\boldsymbol{R} & {}^A\boldsymbol{P} \\ \hline 0\ 0\ 0 & 1 \end{array}\right]^{-1} = \left[\begin{array}{c|c} {}^A_B\boldsymbol{R}^{\mathrm{T}} & -{}^A_B\boldsymbol{R}^{\mathrm{T}}\, {}^A\boldsymbol{P} \\ \hline 0\ 0\ 0 & 1 \end{array}\right] \tag{2.11}$$

我们现在已经建立了一个方便的方法来将点从一个参考系映射到另外一个参考系。实现点从一个参考系向另外一个参考系的映射有很多种可能的方法，特别是旋转的表示方法（如下所示），但所有这些形式都可以互相转换。

2.4.3 变换的级联

变换是可以级联的。思考一个例子，一个包含两个连杆的机械臂，参考系 $\{A\}$ 位于其基座，$\{B\}$ 位于第一个关节处，$\{C\}$ 位于其末端执行器处。给定变换 $^B_C T$ 和 $^A_B T$，我们可以用

$$^A P = {^A_B T}\, {^B_C T}\, {^C P} = {^A_C T}\, {^C P} \tag{2.12}$$

来将一个在末端执行器上的参考系中的点转换到机械臂的基座坐标系中。因为这个过程对旋转和平移运算符独立起作用，所以我们可以构造 $^A_C T$ 为

$$^A_C T = \left[\begin{array}{ccc|c} & ^A_B R\, ^B_C R & & ^A_B R\, ^B P_C + {^A P_B} \\ \hline 0 & 0 & 0 & 1 \end{array} \right] \tag{2.13}$$

这里 $^A P_B$ 和 $^B P_C$ 分别为从坐标系 $\{A\}$ 到 $\{B\}$ 和从 $\{B\}$ 到 $\{C\}$ 的平移。

2.4.4 姿态的其他表示

到目前为止，我们已经通过一个 3×3 的矩阵来表示姿态，这个矩阵的列向量是描述坐标系旋转的正交单位向量。选择这种表示方式是因为它是最直观、最容易解释的，可以从简单几何学中推理出来。

欧拉角

实际上，3 个值就足以描述姿态了。很明显，当考虑正交性（所有列向量的点积为 0）和向量长度（每个向量长度必为 1）时，对旋转矩阵中的 9 个值强加了 6 个限制。姿态可以通过绕参考坐标系中的 x 轴、y 轴和 z 轴旋转特定的角度来表示，这被称为 x-y-z 欧拉角表示法。在数学上，可以用以下形式的旋转矩阵来表示：

$$^A_B R_{xyz}(\gamma, \beta, \alpha) = \begin{bmatrix} \cos\alpha & -\sin\alpha & 0 \\ \sin\alpha & \cos\alpha & 0 \\ 0 & 0 & 1 \end{bmatrix} \begin{bmatrix} \cos\beta & 0 & \sin\beta \\ 0 & 1 & 0 \\ -\sin\beta & 0 & \cos\beta \end{bmatrix} \begin{bmatrix} 1 & 0 & 0 \\ 0 & \cos\gamma & -\sin\gamma \\ 0 & \sin\gamma & \cos\gamma \end{bmatrix} \tag{2.14}$$

x-y-z 欧拉角表示法使用相对于原坐标系（也就是 $\{A\}$）的旋转来表示姿态。另外一种可能的表示方法是，从一个与 $\{A\}$ 重合的坐标系 $\{B\}$ 开始，然后绕 z 轴旋转角度 α，绕 y 轴旋转角度 β，最后绕 x 轴旋转角度 γ，这种表示方法被称作 z-y-x 欧拉角表示法。因为旋转坐标轴并不需要是不同的，所以有 12 种可能的旋转组合：xyx、xzx、yxy、yzy、zxz、zyz、xyz、xzy、yzx、yxz、zxy 和 zyx。只有 12 种组合的原因是绕同一个坐标轴的连续旋转是无效的，这种旋转不增加任何信息，等于连续两次旋转的角度加和。

理解可用的姿态变换之间的微小不同很重要，因为它们之间并没有正确和错误之分。但是，

不同的软件和硬件制造商可能会使用不同的算法,这通常基于它们服务的不同领域,比如航空或质学。上述方法都有一个基本的注意事项:对于某些角度值,每个旋转矩阵看起来都像是围绕同一轴的后续旋转。如果绕 y 轴的旋转角度是 90°,则对于 xyz 旋转矩阵就会发生这种情况。该情况也被称为特定符号表示的奇点(singularity)。因此,我们需要在整个可能的运动范围内都可行的其他表示方法。

四元数

在许多姿态表示方法中,考虑计算和稳定性等,首选的表示方法还是四元数(quaternion)表示方法。四元数是一个四元组(4-tuple),它扩展了复数,在数学中有广泛应用,特别是用来表示方向和旋转。四元数一般用如下形式表示:

$$\boldsymbol{q} = a + b\boldsymbol{i} + c\boldsymbol{j} + d\boldsymbol{k} \tag{2.15}$$

其中,a 被称为四元数的标量部分,$b\boldsymbol{i}+c\boldsymbol{j}+d\boldsymbol{k}$ 被称为向量部分。

一个四元数的共轭用如下形式表示:

$$\boldsymbol{q}^* = a - b\boldsymbol{i} - c\boldsymbol{j} - d\boldsymbol{k} \tag{2.16}$$

可以证明,每一个旋转都可以表示为围绕单个轴(空间中的向量)旋转特定角度,这个轴也称为欧拉轴。给定欧拉轴 $\hat{\boldsymbol{K}} = \begin{bmatrix} k_x, k_y, k_z \end{bmatrix}^\mathrm{T}$ 和角度 θ,我们就可以计算欧拉参数或者单位四元数 $\boldsymbol{q} = (\epsilon_1, \epsilon_2, \epsilon_3, \epsilon_4)$:

$$\epsilon_1 = \cos\frac{\theta}{2} \tag{2.17}$$

$$\epsilon_2 = k_x \sin\frac{\theta}{2} \tag{2.18}$$

$$\epsilon_3 = k_y \sin\frac{\theta}{2} \tag{2.19}$$

$$\epsilon_4 = k_z \sin\frac{\theta}{2} \tag{2.20}$$

这 4 个量受以下关系的约束:

$$\epsilon_1^2 + \epsilon_2^2 + \epsilon_3^2 + \epsilon_4^2 = 1 \tag{2.21}$$

它们可以被视作单位超球面上的点。

给定应被单位四元数 $\boldsymbol{q}$ 旋转的向量 $\boldsymbol{p} \in \mathbb{R}^3$,我们可以计算一个新向量 $\boldsymbol{p}'$:

$$\boldsymbol{p}' = \boldsymbol{q}\boldsymbol{p}\boldsymbol{q}^* \tag{2.22}$$

这里 q^* 是式(2.16)定义的 q 的共轭。

计算两个旋转的等效旋转需要将四元数相乘。给定两个四元数 ϵ 和 ϵ'，该乘法由以下矩阵乘法定义：

$$\begin{bmatrix} \epsilon_4 & \epsilon_1 & \epsilon_2 & \epsilon_3 \\ -\epsilon_1 & \epsilon_4 & -\epsilon_3 & \epsilon_2 \\ -\epsilon_2 & \epsilon_3 & \epsilon_4 & -\epsilon_1 \\ -\epsilon_3 & -\epsilon_2 & \epsilon_1 & \epsilon_4 \end{bmatrix} \begin{bmatrix} \epsilon'_4 \\ \epsilon'_1 \\ \epsilon'_2 \\ \epsilon'_3 \end{bmatrix} \quad (2.23)$$

两个旋转矩阵相乘需要 27 次乘法运算和 18 次加法运算，但两个四元数相乘只需要 16 次乘法运算和 12 次加法运算，因此会更加高效。重要的是，这种表示方法对某些特别的关节角度不会有奇点，使得该方法在计算上更具稳健性。这对于机器人尤其重要，因为数学上的奇点对于实际的机器人有相当大的现实影响。

本章要点

- 要对机器人进行规划，必须了解其控制参数如何映射到物理世界中的动作。
- 机器人的运动学是完全由其车轮、关节、连杆等的位置和方向来定义的，不管它是在游泳、飞行、爬行还是驾驶。
- 仅考虑运动学无法完全理解许多机器人系统，有时候，需要你对它们的动力学进行建模。本书将仅限于建模运动学，这对于低速移动机器人和机械臂来说是足够的。

课后练习

1. 四轮推式割草机的笛卡儿自由度是多少？如果车轮不旋转，如何用一台割草机修剪整个草坪？
2. 小汽车是静态稳定的还是动态稳定的？摩托车呢？
3. 对于全是脚轮的办公室座椅，它的笛卡儿自由度是多少？
4. 在二维平面上运行的全向运动对象的最大笛卡儿自由度是多少？
5. 在环境中可以自由平移和旋转的对象的最大笛卡儿自由度是多少？
6. 计算具有两个动力后轮和一个中央前脚轮的差速驱动机器人的笛卡儿自由度。再添加一个脚轮会发生什么？
7. 计算一辆标准小汽车的笛卡儿自由度。如何才能到达平面上的每个点？
8. 转向盘可以让你改变你的小汽车的航向角，你也能改变它的俯仰角和横滚角吗？可以参考图 2-3。

第 3 章
运动学

为了规划机器人的运动，我们必须了解控制变量（即在给定时间内电机输入的控制量）之间的关系，以及这些控制变量对机器人运动的影响。通过观察机器人的几何结构，我们可以建立这种关系的最简易模型——运动学模型。对于静态构型的简单机械臂，运动学模型相当简单：如果我们知道每个关节的广义位置/构型角度，就可以使用三角函数计算其末端执行器的广义位置，这个计算过程被称为正向运动学。这个过程对于移动机器人来说通常更复杂，因为需要通过整合移动轮的速度来估算机器人的位置和姿态变化，这个过程我们称为里程计（odometry）。机器人学者通常致力于计算逆向关系：通过协调每个关节的位置从而使末端执行器处于期望的姿态。这通常是一个更复杂、更难确定的问题，被称为逆向运动学。

正如我们将要介绍的，运动学是最简单和最基本的抽象层次，机器人学者可以使用运动学来对机器人的运动和几何形状进行建模。运动学在不考虑时间的情况下只处理位置量。虽然这种简化与现实不符，但我们会发现，仅通过运动学就能完成很多工作。当然，我们可以使用更直观的方法，通过在速度空间中进行类似的建模来达到相同的效果，这个领域称为微分运动学（differential kinematics），将在 3.3 节中介绍。总之，本章的目标如下：

- ❑ 介绍简单机械臂和移动机器人的正向运动学，讲解"完整"的概念。
- ❑ 为逆向运动学和路径规划之间的关系提供直观的说明。
- ❑ 介绍微分运动学和雅可比方法。

在运动学分析的范畴中，广义位置（generalized position）或广义构型（generalized configuration）意味着"描述实体单元所需的任何位置等效量"。在关节空间中，广义位置取决于驱动的类型：若转动关节绕其轴进行旋转运动，则它的构型完全使用角度来描述；移动关节沿其轴进行平动时，其构型则用距离表示。但任务空间中的广义位置取决于具体任务。一般情况下，广义位置等同于末端执行器的姿态，它包括一个三维（3D）的位置和一个 3D 的方向，我们将在下面的例子中看到。

> 请记住：构型空间≡关节空间；笛卡儿空间≡任务空间。正向运动学的映射从关节空间到任务空间，而逆向运动学则相反。机械自由度（即关节空间中的自由度）的数量 n 取决于机器人，而笛卡儿自由度（即任务空间中的自由度）的数量 m 取决于任务。一般来说，$n \neq m$！

3.1 正向运动学

我们已经介绍了局部坐标系的概念，现在我们需要计算这些坐标系的姿态和速度，这些参数将作为机器人的末端执行器和关节构型的函数。也就是说，我们需要计算一个函数 f，它可以让我们把一个关节构型映射到相应的末端执行器姿态上：

$$r = f(q), f : \mathbb{R}^n \to \mathbb{R}^m \tag{3.1}$$

其中，r 为任务空间（末端执行器）构型，q 为关节空间构型。请记住，q 和 r 的选择以及 f 的复杂性取决于特定的机器人平台和正在执行的特定任务，这很重要。一般来说，q 指机器人上可以控制的执行器/关节，n 是关节空间中自由度的数量（见 2.3 节）。而 r 取决于任务，其维数为 m，其中 m 为任务空间中的自由度数量。

我们将重点关注如何通过映射各种机器人手臂的 f 来计算正向运动学的问题，以此来建立直观感觉。我们始终可以通过检查手臂机构以及关节空间和任务空间构型之间的关系来分析计算正向运动学（见 3.1.1 节）。不过，在 3.1.2 节中，我们将介绍一种可扩展的几何技术，以此来计算有很多机械自由度（性质）的更复杂手臂的正向运动学。

3.1.1 简单机械臂的正向运动学

思考图 3-1 中的机械臂：它安装在桌子上，由两个连杆和两个关节组成。设第一个连杆的长度为 l_1，第二个连杆的长度是 l_2。

可以通过角度 α 指定连杆的位置，并使用角度 β 指定第二个连杆相对于第一个连杆的角度。因此，$q = [\alpha, \beta]^T$ 指定了我们可以控制的两个自由度。我们的目标是计算给定 q 值的末端执行器的位置 $[x, y]^T$ 和方向 θ；因此，f 将映射到 $r = [x, y, \theta]^T$。

现在让我们用简单的三角函数计算第一个连杆和第二个连杆之间的关节的位置 $P_1 = (x_1, y_1)$：

$$\begin{aligned} x_1 &= l_1 \cos \alpha \\ y_1 &= l_1 \sin \alpha \end{aligned} \tag{3.2}$$

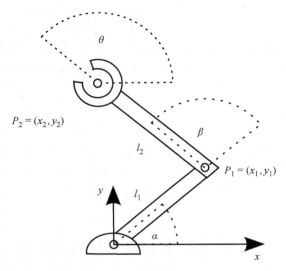

图 3-1
一个简单的 2 自由度机械臂

类似地，末端执行器的位置 $P_2 = (x_2, y_2)$ 由下式给出：

$$x_2 = x_1 + l_2 \cos(\alpha + \beta)$$
$$y_2 = y_1 + l_2 \sin(\alpha + \beta) \tag{3.3}$$

关于机械臂末端执行器的方向 θ，我们知道它刚好是 α 与 β 的和。总的来说，末端执行器的构型 r 由下式给出：

$$x = l_1 \cos\alpha + l_2 \cos(\alpha + \beta)$$
$$y = l_1 \sin\alpha + l_2 \sin(\alpha + \beta)$$
$$\theta = \alpha + \beta \tag{3.4}$$

上式展示了机器人的正向运动学方程，它们将控制参数 α 和 β（也称为关节构型）与末端执行器在由 x 和 y 张成的局部坐标系中的姿态相关联，其原点位于机器人的基座。注意，图 3-1 中所示的 α 和 β 均为正值：两个连杆都绕 z 轴旋转。使用右手定则，将正角的方向定义为逆时针方向。

机器人的构型空间（configuration space），即每个执行器可以设置的角度的集合，由 $0 < \alpha < \pi$ 和 $-\pi < \beta < \pi$ 给出，因为执行器不应碰到工作台。构型空间是根据机器人的关节来定义的，我们由此可以使用正向运动学方程来计算机器人的工作空间（即它可以移动到的物理空间）。工作空间对于移动机器人来说同样适用（稍后将讨论机械臂和移动机器人的示例构型与工作空间）。

我们现在可以写出一个变换，其中包括一个围绕 z 轴的旋转：

$$f(\boldsymbol{q}) = \begin{bmatrix} c_{\alpha\beta} & -s_{\alpha\beta} & 0 & c_{\alpha\beta}l_2 + c_\alpha l_1 \\ s_{\alpha\beta} & c_{\alpha\beta} & 0 & s_{\alpha\beta}l_2 + s_\alpha l_1 \\ 0 & 0 & 1 & 0 \\ 0 & 0 & 0 & 1 \end{bmatrix} \tag{3.5}$$

符号 $s_{\alpha\beta}$ 和 $c_{\alpha\beta}$ 分别是 $\sin(\alpha+\beta)$ 和 $\cos(\alpha+\beta)$ 的缩写。这种转换让我们能把机器人基座转换成机器人末端执行器构型 $\boldsymbol{r}=[x,y,\theta]^\mathrm{T}$，并将其作为关节构型 $\boldsymbol{q}=[\alpha,\beta]^\mathrm{T}$ 的函数。如果我们想要计算合适的关节角度以达到某一姿态（即逆向运动学），或者如果我们想要将相对于末端执行器的测量值转换回基座的坐标系（例如当我们需要把安装在末端执行器上的传感器的输出映射回世界参考系时），这种转换将很有帮助。

3.1.2　Denavit-Hartenberg 表示法

到目前为止，我们已经介绍了简单机械臂的正向运动学，并使用基本三角函数推导出了执行器参数和末端执行器位置之间的关系。在有多个连杆（目前存在的绝大多数机械臂）的情况下，3.1.1 节中详细介绍的方法将会难以扩展，因此需要替代方案。我们可以把正向运动学看作相对于机械臂基座（或房间中的一个固定位置）的坐标系的一系列齐次变换。这些转换的推导可能会难以理解，不过可以通过遵循诸如 Hartenberg 与 Denavit（1955）和 Craig（2009）构想的方法来实现。Denavit-Hartenberg（DH）表示法已经成为正向运动学转换推导的标准方法。

机械臂由一系列通过关节连接的刚性连杆组成。在大多数情况下，关节可以是旋转的（即能改变其角度/方向）或者是棱柱形的（能改变其长度）。已知机器人的运动学特性（例如，所有刚性连杆的长度，类似于图 3-1 中的 l_1 和 l_2），其末端执行器的姿态完全由其关节构型（旋转关节的角度、棱柱关节的长度）描述。

为了使用 DH 表示法，我们首先需要在每个关节处定义一个坐标系。参考图 3-2，我们选择 z 轴作为旋转关节的旋转轴和平移关节的平动轴。然后我们可以找到两个连续关节的 z 轴之间的公共法线（即与每个 z 轴正交并与两者相交的线）。虽然机械臂底部 x 轴的方向可以任意选择，但后续的 x 轴选择应使两个 x 轴位于两个关节之间的公共法线上。z 轴的方向由正旋转方向（右手定则）给出，而 x 轴的方向则指向远离前一关节的方向。这让我们可以用右手定则定义 y 轴的方向。请注意，这些方向选择的规则（特别是 x 轴沿公共法线的要求），可能会导致坐标系的原点位于关节之外。但出现这种情况问题不大，因为机械臂的运动学是一种数学表示，只需用来表示机器人的几何和运动学特性，并不需要与系统有任何物理对应关系。我们可以用以下 4 个参数来完全描述两个关节之间的转换。

1. 两个关节 i 和 $i-1$（连杆长度）之间的公共法线的长度 r（有时使用 a 表示）。
2. 两个关节的 z 轴之间相对于公共法线（连杆扭转）的夹角 α，即旧 z 轴和新 z 轴之间的夹角，相对于公共法线进行测量。
3. 关节轴之间的距离 d（连杆偏移量），即沿先前 z 轴到公共法线的偏移量。
4. 绕测量连杆偏移量的公共轴的旋转角度 θ（关节角度），即从旧 x 轴到新 x 轴的相对于前一个 z 轴的角度。

上述 DH 参数中的 i 和 α 描述了关节之间的连杆，d 和 θ 描述了某连杆与相邻连杆的关系。根据连杆/关节的类型，这些参数由机器人的具体机械结构实例确定或控制。例如，在一个旋转关节中，θ 是变化的关节角度，而所有其他量都是固定的。同样地，对于一个移动关节，d 是关节的变量。图 3-2 展示了两个旋转关节的一个例子。

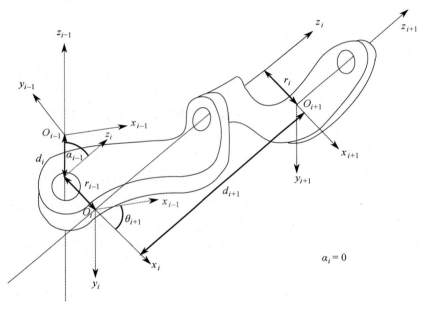

图 3-2
3 个旋转关节的 DH 参数示例。关节 i 和 $i+1$ 的 z 轴是平行的，得到 $\alpha_i = 0$

从一个连杆（$i-1$）到另一个连杆（i）的最终坐标转换现在可以通过上述 4 个步骤来实现，这 4 个步骤表示了一系列旋转和平移，每个 DH 参数表示为：

$$_{n-1}^{n}\boldsymbol{T} = \boldsymbol{T}'_z(d_n)\boldsymbol{R}'_z(\theta_n)\boldsymbol{T}_x(r_n)\boldsymbol{R}_x(\alpha_n) \tag{3.6}$$

和

$$T'_z(d_n) = \begin{bmatrix} 1 & 0 & 0 & 0 \\ 0 & 1 & 0 & 0 \\ 0 & 0 & 1 & d_n \\ \hline 0 & 0 & 0 & 1 \end{bmatrix} \quad R'_z(\theta_n) = \begin{bmatrix} \cos\theta_n & -\sin\theta_n & 0 & 0 \\ \sin\theta_n & \cos\theta_n & 0 & 0 \\ 0 & 0 & 1 & 0 \\ \hline 0 & 0 & 0 & 1 \end{bmatrix} \tag{3.7}$$

以及

$$T_x(r_n) = \begin{bmatrix} 1 & 0 & 0 & r_n \\ 0 & 1 & 0 & 0 \\ 0 & 0 & 1 & 0 \\ \hline 0 & 0 & 0 & 1 \end{bmatrix} \quad R_x(\alpha_n) = \begin{bmatrix} 1 & 0 & 0 & 0 \\ 0 & \cos\alpha_n & -\sin\alpha_n & 0 \\ 0 & \sin\alpha_n & \cos\alpha_n & 0 \\ \hline 0 & 0 & 0 & 1 \end{bmatrix} \tag{3.8}$$

其中，d_n 是沿前一个 z 轴的平移（$T'_z(d_n)$），θ_n 是围绕前一个 z 轴的旋转（$R'_z(\theta_n)$），r_n 是沿新的 x 轴的平移（$T_x(r_n)$），α_n 是围绕新的 x 轴的旋转（$R_x(\alpha_n)$）。通过替换式(3.6)中的每个元素，可以创建以下矩阵：

$$\begin{aligned}{}_{n-1}^{n}T &= \begin{bmatrix} \cos\theta_n & -\sin\theta_n\cos\alpha_n & \sin\theta_n\sin\alpha_n & r_n\cos\theta_n \\ \sin\theta_n & \cos\theta_n\cos\alpha_n & -\cos\theta_n\sin\alpha_n & r_n\sin\theta_n \\ 0 & \sin\alpha_n & \cos\alpha_n & d_n \\ \hline 0 & 0 & 0 & 1 \end{bmatrix} \\ &= \begin{bmatrix} R & t \\ \hline 0\ 0\ 0 & 1 \end{bmatrix} \end{aligned} \tag{3.9}$$

其中，R 是 3×3 旋转矩阵，t 是 3×1 平移向量。

和所有齐次变换一样，${}_{n-1}^{n}T^{-1}n$ 的逆是

$${}_{n-1}^{n}T = \begin{bmatrix} R^{-1} & -R^{-1}T \\ \hline 0\ 0\ 0 & 1 \end{bmatrix} \tag{3.10}$$

R 的逆就是它的转置矩阵，$R^{-1} = R^{T}$。

与 2.4.3 节中详细描述的变换的级联类似，式(3.6)中的 ${}_{n-1}^{n}T$ 可以与其他相对于剩余连杆的变换矩阵级联起来，从而计算从基本参考系到末端执行器的机械臂的完整运动学。

3.2 逆向运动学

系统的正向运动学是通过从机械臂基座（或固定位置，如房间的角落）到机械臂末端执行器（或移动机器人）的变换矩阵来计算的。因此，它们能精确描述机器人的姿态，并充分表征机

器人的运动状态。逆向运动学处理的则是相反的问题：寻找在末端执行器处产生所需姿态的关节构型。为了实现这一目标，我们需要求解正向运动学方程，得到关节角度，以此作为所需姿态的函数。根据式(3.1)，逆向运动学的目的是求解：

$$q = f^{-1}(r), f^{-1}: \mathbb{R}^m \to \mathbb{R}^n \tag{3.11}$$

这里使用了类似于式(3.1)的符号。对于移动机器人，我们只能对局部坐标系中的速度进行计算，并需要更复杂的方法来计算合适的轨迹。我们将在3.3节深入讨论这个问题。

3.2.1 可解性

式(3.11)是式(3.1)的反函数，除了用于一些简单的机构外，它是高度非线性的。因此，在使用之前简单考虑一下我们是否能够解决特定参数的问题是很有意义的。在求解逆向运动学时，机器人的工作空间变得非常重要，工作空间指的是机器人在所有构型下都能到达的子空间。很明显，在机器人的工作空间之外，逆向运动学问题没有解。

另一个问题是我们期望有多少解以及有多个解在几何上意味着什么。实现所需姿态有多个解对应于机器人到达目标有多种方式（即关节构型）。例如，一个三连杆臂想要到达一个点，该点可以在不需要延伸所有连杆（只有一种解决方案）的情况下到达，这可以通过凹或凸方式折叠其连杆来实现。对于一个给定的机构和理想的姿态，推理有多少个解很快就变得不直观了。例如，一个6自由度的机械臂可以通过多达16种不同的构型到达一些特定点。

3.2.2 简单机械臂的逆向运动学

现在我们来看看图3-1中介绍的双连杆臂的逆向运动学。我们需要通过求解 α 和 β 来确定机器人正向运动学的方程，但是由于我们必须处理比正向运动学情况更复杂的三角函数表达式，所以这很困难。

为了建立直觉，假设只有一个连杆 l_1。然后求解式(3.2)中的 α 得：

$$\alpha = \pm \cos^{-1} \frac{x_1}{l_1} \tag{3.12}$$

因为余弦函数对于正值和负值都是对称的。事实上，对于 x 轴上从 $-l_1$ 到 l_1 的任何可能位置，都存在两种解：一种是机械臂在桌子上方，另一种是机械臂在桌子下方。在工作空间的极端位置上，这两种解是相同的。

求解式(3.4)中的 α 和 β 会增加两个额外的解，涉及 x 和 y 的六次方项，这两个解在这里很难复现，所以把它留给读者作为练习。技巧：可以使用在线符号求解器。

为了大幅度简化求解 α 和 β 的过程,不仅要指定所需的位置,还要指定末端执行器的方向 θ。在这种情况下,可以使用以下形式来指定所需的姿态:

$$\begin{bmatrix} \cos\theta & -\sin\theta & 0 & x \\ \sin\theta & \cos\theta & 0 & y \\ 0 & 0 & 1 & 0 \\ 0 & 0 & 0 & 1 \end{bmatrix} \tag{3.13}$$

现在可以通过简单地变换式(3.5)中的各个元素并使之与所需姿态的元素相等来求解。具体来说,我们可以观察到

$$\begin{aligned} \cos\theta &= \cos(\alpha+\beta) \\ x &= c_{\alpha\beta}l_2 + c_\alpha l_1 \\ y &= s_{\alpha\beta}l_2 + s_\alpha l_1 \end{aligned} \tag{3.14}$$

这些方程可以化简为:

$$\begin{aligned} \theta &= \alpha + \beta \\ c_\alpha &= \frac{c_{\alpha\beta}l_2 - x}{l_1} = \frac{c_\theta l_2 - x}{l_1} \\ s_\alpha &= \frac{s_{\alpha\beta}l_2 - y}{l_1} = \frac{s_\theta l_2 - y}{l_1} \end{aligned} \tag{3.15}$$

因此,提供机器人的方向和期望的位置,可以将 α 和 β 作为 x、y 和 θ 的函数来求解。

上面详细介绍的几何方法有一个主要问题,那就是它不容易随着关节处自由度的增加而缩放,而且随着维度的增加,它很快就会变得很难用。对于高自由度平台,我们可以使用一种与移动机器人路径规划相似的方法来计算数值解。为此,我们将采用一种基于优化的方法:首先,我们计算当前解决方案和期望解决方案之间的误差度量;然后,我们以一种将误差最小化的方式改变关节构型。在我们的例子中,误差是当前末端执行器姿态(由 3.1.1 节中的正向运动学方程给出)与构型空间中的期望解 $[x,y]$ 之间的欧氏距离(简单假设 $l_1 = l_2 = 1$):

$$f_{x,y}(\alpha,\beta) = \sqrt{\left(s_{\alpha\beta} + s_\alpha - y\right)^2 + \left(c_{\alpha\beta} + c_\alpha - x\right)^2} \tag{3.16}$$

式(3.16)中,括号中的前两项由机器人的正向运动学给出,而括号中的第三项分别是期望的 y 位置和 x 位置。式(3.16)可以绘制成关于我们的联合空间变量 α 和 β 的3D函数。如图3-3所示,当 α 和 β 的值使机械臂达到(1,1)时,函数的最小值为 0。这些值为 $\left(\alpha \to 0, \beta \to -\dfrac{\pi}{2}\right)$ 和 $\left(\alpha \to -\dfrac{\pi}{2}, \beta \to \dfrac{\pi}{2}\right)$。

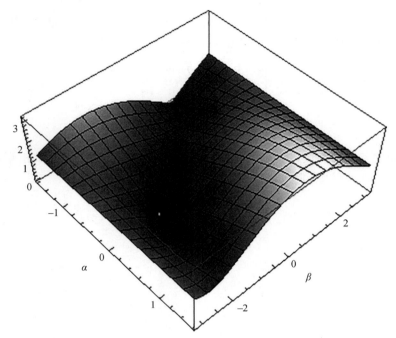

图 3-3
在双臂机械臂的构型空间中到点（$x=1, y=1$）的距离。极小值对应于精确的逆向运动学解

你现在可以把逆向运动学看作一个从构型空间的任意位置到最近的最小值的路径寻找问题。更正式的方法将在 3.4.2 节讨论。如何在空间中找到最短路径，也就是找到机器人从 A 点到 B 点的最短路径，是第 13 章讨论的主题之一。

3.3 微分运动学

图 3-1 中的双连杆臂只涉及两个自由参数，但就算在没有指定末端执行器姿态的情况下，解析求解也已经相当复杂了。想象一下，如果有了更多的自由度或更复杂的几何形状，解析求解就会变得非常困难（例如一些轴相交的机构比其他机构更容易求解）。值得注意的是，到目前为止，我们已经在最简单的抽象层次上（即在位置空间中）分析了机器人运动的几何学。不过一旦运动的顺序变得重要起来，那在这种抽象层次上做的分析就没用了。例如，对于差速轮式机器人来说，先转动左轮再转动右轮和先转动右轮再转动左轮，机器人所到达的位置截然不同。但对于有两个连杆的机械臂来说，情况就不一样了，无论哪个关节先移动，机械臂都会到达相同的位置。

为了包含机器人构型的时间演化的概念，可以引入稍微复杂一点的抽象概念，即广义速度空间。这种建模被称为微分运动学，因为速度是位置的时间导数（即微分）。与以往一样，"广义速度"指的是描述该要素所需的任何速度等效量，如下所述。

3.3.1 正微分运动学

正微分运动学处理的问题是计算一个将关节处的广义速度（即电动机的"速度"）与机器人末端执行器的广义速度联系起来的表达式。总之，它是式(3.1)对应的微分版本。设机器人的平移速度为

$$v = \begin{bmatrix} \dot{x} \\ \dot{y} \\ \dot{z} \end{bmatrix} \tag{3.17}$$

由于机器人不仅可以移动，还可以旋转，因此我们还需要指定它的角速度。设这些速度为向量 ω：

$$\omega = \begin{bmatrix} \omega_x \\ \omega_y \\ \omega_z \end{bmatrix} \tag{3.18}$$

我们现在可以把平移速度和旋转速度写成 6×1 的广义速度向量 $v = \begin{bmatrix} v & \omega \end{bmatrix}^T$，这个符号也叫作扭转速度（velocity twist）。设关节空间中的广义构型（即关节角度/位置）为 $q = [q_1, \cdots, q_n]^T$。因此我们可以将关节速度的集合定义为 $\dot{q} = [\dot{q}_1, \cdots, \dot{q}_n]^T$。现在要计算式(3.1)的微分运动学版本，在这种情况下，将关节速度 $\dot{q}$ 与末端执行器速度 $\begin{bmatrix} v & \omega \end{bmatrix}^T$ 联系起来。对式(3.1)进行关于时间的简单推导可以得到：

$$v = \begin{bmatrix} v & \omega \end{bmatrix}^T = J(q) \cdot \begin{bmatrix} \dot{q}_1, \cdots, \dot{q}_n \end{bmatrix}^T = J(q) \cdot \dot{q} \tag{3.19}$$

这是我们的正微分运动学方程。$J(q)$ 被称为雅可比矩阵，它是关节构型 q 的函数，包含 f 的所有偏导数，将每个关节角度与每个速度联系起来。在实践中，J 看起来如下所示：

$$v = \begin{bmatrix} v \\ \omega \end{bmatrix} = \begin{bmatrix} \dot{x} \\ \dot{y} \\ \dot{z} \\ \omega_x \\ \omega_y \\ \omega_z \end{bmatrix} = \begin{bmatrix} \frac{\partial x}{\partial q_1} & \frac{\partial x}{\partial q_2} & \cdots & \frac{\partial x}{\partial q_n} \\ \frac{\partial y}{\partial q_1} & \frac{\partial y}{\partial q_2} & \cdots & \frac{\partial y}{\partial q_n} \\ \vdots & \vdots & & \vdots \\ \frac{\partial \omega_z}{\partial q_1} & \frac{\partial \omega_z}{\partial q_2} & \cdots & \frac{\partial \omega_z}{\partial q_n} \end{bmatrix} \begin{bmatrix} \dot{q}_1 \\ \vdots \\ \dot{q}_n \end{bmatrix} = J(q) \cdot \dot{q} \tag{3.20}$$

这个定义很重要，因为它告诉我们关节空间的微小变化将如何影响末端执行器在笛卡儿空间中的位置。雅可比矩阵的每一列告诉我们，当特定关节的构型（即角度）发生变化时，速度的每个分量是如何变化的；矩阵的行显示了每个关节的运动如何影响速度的特定分量。机构的正向运动学及其解析导数始终可以计算，这允许我们计算每个可能的关节角度/位置的矩阵 J 各项的数值。

3.3.2 差速轮式机器人的正向运动学

在 3.3.1 节从理论上考虑了微分运动学之后，我们现在想研究一种不存在一般的非微分运动学模型的机构。回想一下，机器人的机械臂姿态是由其关节角度唯一定义的，这可以使用编码器进行估计。然而，对于移动机器人，情况就不一样了。对移动机器人来说，编码器的值仅仅指的是轮子的方向，这需要随着时间的推移进行积分，以评估机器人相对于世界参考系的位置。如我们后面将看到的，这是一个很大的不确定性来源。对于所谓非完整（non-holonomic）系统，仅仅测量每个车轮运动的距离是不够的，我们还必须测量每个动作被执行的时间。

当构型空间中的闭合轨迹不能使系统回到构型空间中的原始状态时，系统就是非完整的。由于机械臂每个关节位置都对应于空间中的唯一位置（见图 3-4，下），因此机械臂系统是完整的。一般情况下，回到起点的关节空间轨迹将引导机器人的末端执行器在构型空间中回到相同位置。轨道上行进的火车也是完整的：轮子向后移动的幅度与向前移动的幅度相同，会使火车在空间中到达完全相同的位置。相反，汽车和差速轮式机器人是非完整的（见图 3-4，上）。先走直线再右转所产生的轮子旋转量与先右转再走直线所产生的轮子旋转量相同；然而，要让机器人回到初始位置，不仅需要将两个轮子倒卷相同的长度，还需要使它们的相对速度正确。非完整机器人和完整机器人的构型和相应的工作空间轨迹如图 3-4 所示。

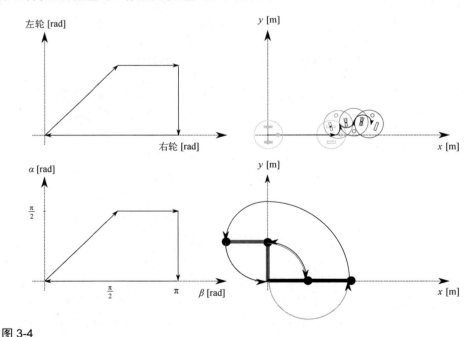

图 3-4
非完整移动机器人（上）和完整机械臂（下）的构型空间或关节空间（左）和工作空间或操作空间（右）。如果机器人的运动学是完整的，那么构型空间中的闭合轨迹会导致工作空间中的闭合轨迹

在图 3-4 中，差速轮式机器人首先沿直线移动，这意味着两个轮子的旋转量相等。然后，左轮保持固定，只有右轮向前转动。之后右轮保持固定，左轮向后转动。最后右轮向后转动，到达初始编码器值（0）。然而，机器人并没有回到它的原点。在双连杆机械臂的构型空间中执行类似的运动会使机器人返回到初始位置。

显然，对于移动机器人来说，不仅每个轮子移动的距离很重要，每个轮子随时间变化的速度也同样重要。有趣的是，这些并不是唯一确定操作臂的姿态所需的信息。我们将建立一个世界坐标系 $\{I\}$，按惯例称为惯性系（见图 3-5）。在移动机器人上建立坐标系 $\{R\}$，将机器人的速度 $^R\dot{\xi}$ 值表示为向量 $^R\dot{\xi} = \begin{bmatrix} ^R\dot{x}, ^R\dot{y}, ^R\dot{\theta} \end{bmatrix}^T$。$^R\dot{x}$ 和 $^R\dot{y}$ 对应于 $\{R\}$ 中沿 x 和 y 方向的速度，而 $^R\dot{\theta}$ 对应于绕 z 轴的旋转速度，你可以想象 z 轴是从地面垂直伸出来的。我们在变量名上加圆点表示速度，因为速度是距离的导数。现在，让我们考虑机器人在 $\{R\}$ 中的位置，它总是 0，因为坐标系是固定在机器人上的。因此，速度是这个坐标系中唯一值得注意的量，我们需要理解 $\{R\}$ 中的速度如何映射成 $\{I\}$ 中的位置，用 $^I\xi = \begin{bmatrix} ^Ix, ^Iy, ^I\theta \end{bmatrix}^T$ 表示。坐标系 $\{I\}$ 和 $\{R\}$ 如图 3-5 所示。

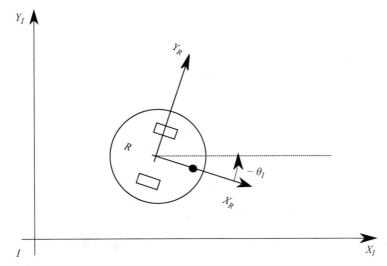

图 3-5

局部坐标系 $\{R\}$ 和世界坐标系 $\{I\}$ 的移动机器人，箭头表示位置向量和方向向量的正方向

请注意，坐标系的位置及其方向是任意的，这意味着我们可以自由选择。在这里，我们选择将坐标系放在机器人轴的中心，并将 ^Rx 与它的默认驱动方向对齐。为了计算机器人在惯性系中的位置，我们首先需要了解机器人坐标系中的速度如何映射为惯性系中的速度。这也可以用三角函数来实现。这种方法只有一个复杂的问题：向机器人的 x 轴移动可能会导致沿着世界坐标系

$\{I\}$ 的 x 轴和 y 轴运动。通过查看图 3-5，我们可以推导出 $\dot{x}_I$ 的以下组分。首先：

$$\dot{x}_{I,x} = \cos(\theta)\dot{x}_R \tag{3.21}$$

还有一个运动分量来自 $\dot{y}_R$（目前我们忽略了运动学约束，详细情况将在下面讨论）。如图 3-5 所示，对于 $-\theta$，沿着 Y_R 移动会让机器人向正的 X_I 方向移动。因此，由 $\dot{y}_R$ 得到的投影是：

$$\dot{x}_{I,y} = -\sin(\theta)\dot{y}_R \tag{3.22}$$

我们现在可以写出：

$$\dot{x}_I = \cos(\theta)\dot{x}_R - \sin(\theta)\dot{y}_R \tag{3.23}$$

由类似的推理可以得出：

$$\dot{y}_I = \sin(\theta)\dot{x}_R + \cos(\theta)\dot{y}_R \tag{3.24}$$

以及

$$\dot{\theta}_I = \dot{\theta}_R \tag{3.25}$$

在这个例子中，机器人的坐标系和世界坐标系有相同的 z 轴。现在我们可以方便地写出：

$$\dot{\xi}_I = {}^I_R T(\theta)\dot{\xi}_R \tag{3.26}$$

${}^I_R T(\theta)$ 表示围绕 z 轴的旋转：

$$
{}^I_R T(\theta) = \begin{bmatrix} \cos\theta & -\sin\theta & 0 \\ \sin\theta & \cos\theta & 0 \\ 0 & 0 & 1 \end{bmatrix} \tag{3.27}
$$

这就是绕 z 轴旋转 θ 角度的著名方程，适用于速度向量和姿态。

我们现在面临的问题是如何在机器人坐标系中计算速度 $\dot{\xi}_R$。为此，我们可利用机器人轮子的运动学约束。对于理想情况下的标准轮子，其运动学约束是轮子的每一次旋转都严格地导致向前或向后运动，不允许其横向运动或滑动。因此我们可以用轮子的转速 $\dot{\phi}$（假设编码器的值/角度表示为 ϕ）和半径 r 来计算轮子的前进速度 $\dot{x}$：

$$\dot{x} = \dot{\phi}r \tag{3.28}$$

当考虑半径为 r 的轮子的周长为 $2\pi r$ 时，事情就变得很简单了。因此轮子转动角度 ϕ（弧度）时滚动的距离为 $x = \phi r$（见图 3-6，右）。对这个公式两边求导就能得到式(3.28)。

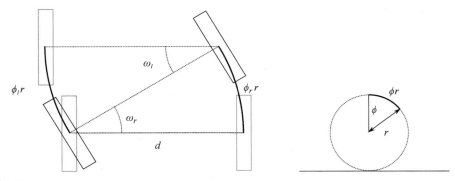

图 3-6

左图：差速轮式机器人先绕左轮旋转，然后绕右轮旋转。对于微小的运动，可以将左右轮解耦以简化正向运动学计算。右图：一个半径为 r 的轮子在旋转角度 ϕ 时移动了 ϕr

在我们的例子中，两个轮子要与机器人中心（它的坐标系被固定的位置）的速度建立联系，需要以下技巧：单独计算每个轮子的贡献值，并同时假设其他所有轮子保持未驱动状态（见图 3-6，左）。在这个例子中，左轮将移动 $r\phi_l$ 的距离，右轮将移动 $r\phi_r$ 的距离，在速度空间中分别变成 $r\dot{\phi}_l$ 和 $r\dot{\phi}_r$。那么中心点移动的距离正好是每个轮子行进距离的一半（见图 3-6）。因此我们可以写出：

$$\dot{x}_R = \frac{1}{2}\left(r\dot{\phi}_l + r\dot{\phi}_r\right) = \frac{r\dot{\phi}_l}{2} + \frac{r\dot{\phi}_r}{2} \tag{3.29}$$

给定左右轮的速度分别为 $\dot{\phi}_l$ 和 $\dot{\phi}_r$。

> 在图 3-5 所示的坐标系中，考虑一下机器人沿 y 轴的速度如何受到轮子速度的影响，再思考一下标准轮子施加的运动学约束。

一开始可能不够直观，但是机器人沿着其 y 轴的速度总是为 0。这是因为根据标准轮子的运动学约束条件，机器人不能出现滑动现象。现在我们要开始计算机器人绕其 z 轴的旋转情况。假设机器人的轮子向相反方向旋转，我们就可以看到其绕 z 轴旋转。在这种情况下，机器人不会向前移动，而会在原地旋转。单独考虑每个轮子的情况，假设左轮不动，向前旋转右轮将导致机器人逆时针旋转。给定车轴直径（机器人轮子之间的距离）d，我们现在可以写出：

$$\omega_r d = \phi_r r \tag{3.30}$$

这里 ω_r 表示围绕左轮的旋转角度（见图 3-6，左）。取两边的导数可以得到速度，于是我们可以写出：

$$\dot{\omega}_r = \frac{\dot{\phi}_r r}{d} \tag{3.31}$$

加入旋转速度（根据右手定则，围绕右侧轮子的转速为负值）：

$$\dot{\theta} = \frac{\dot{\phi}_r r}{d} - \frac{\dot{\phi}_l r}{d} \tag{3.32}$$

综上所述，我们最终可以写出：

$$\begin{bmatrix} \dot{x}_I \\ \dot{y}_I \\ \dot{\theta} \end{bmatrix} = \begin{bmatrix} \cos\theta & -\sin\theta & 0 \\ \sin\theta & \cos\theta & 0 \\ 0 & 0 & 1 \end{bmatrix} \begin{bmatrix} \dfrac{r\dot{\phi}_l}{2} + \dfrac{r\dot{\phi}_r}{2} \\ 0 \\ \dfrac{\dot{\phi}_r r}{d} + \dfrac{\dot{\phi}_l r}{d} \end{bmatrix} \tag{3.33}$$

感兴趣的读者可能想要将式(3.33)与式(3.20)（即微分运动学的一般雅可比形式）进行比较。为此，我们忽略式(3.33)中的旋转矩阵，并将其第二项重写为矩阵：

$$\begin{bmatrix} \dot{x}_R \\ \dot{y}_R \\ \dot{\theta} \end{bmatrix} = \begin{bmatrix} \dfrac{r}{2} & \dfrac{r}{2} \\ 0 & 0 \\ \dfrac{r}{d} & -\dfrac{r}{d} \end{bmatrix} \begin{bmatrix} \dot{\phi}_l \\ \dot{\phi}_r \end{bmatrix} = \begin{bmatrix} \dfrac{\partial x_R}{\partial \dot{\phi}_l} & \dfrac{\partial x_R}{\partial \dot{\phi}_r} \\ \dfrac{\partial y_R}{\partial \dot{\phi}_l} & \dfrac{\partial y_R}{\partial \dot{\phi}_r} \\ \dfrac{\partial \theta}{\partial \dot{\phi}_l} & \dfrac{\partial \theta}{\partial \dot{\phi}_l} \end{bmatrix} \begin{bmatrix} \dot{\phi}_l \\ \dot{\phi}_r \end{bmatrix} \tag{3.34}$$

然后使用 $X_R = \left(\dfrac{r\dot{\phi}_l}{2} + \dfrac{r\dot{\phi}_r}{2} \right) t$ 和 θ 的相似表达式，我们观察到了雅可比矩阵方法的有效性。

从正向运动学到里程计

式(3.33)只给出了机器人的轮子速度与它在惯性坐标系中的速度之间的关系。计算机器人在惯性系中的实际姿态被称为里程计。从技术上讲，里程计需要将式(3.33)从 0 积分到当前时间 t。一般来说这是不可能实现的，但对于非常特殊的情况，我们可以通过计算离散时间间隔上的速度来近似计算机器人的姿态，更准确地说：

$$\begin{bmatrix} x_I(T) \\ y_I(T) \\ \theta(T) \end{bmatrix} = \int_0^T \begin{bmatrix} \dot{x}_I(t) \\ \dot{y}_I(t) \\ \dot{\theta}(t) \end{bmatrix} dt \approx \sum_{k=0}^{k=T} \begin{bmatrix} \Delta x_I(k) \\ \Delta y_I(k) \\ \Delta \theta(k) \end{bmatrix} \Delta t \tag{3.35}$$

上式可以使用 $\Delta x(k) \approx \dot{x}_I(t)$ 以及类似的 y_I 和 θ 的表达式递增地计算：

$$x_I(k+1) = x_I(k) + \Delta x(k)\Delta t \tag{3.36}$$

请注意，式(3.36)只能计算一个近似值。Δt 越大，这个近似值就越不准确，因为机器人的速度可能会在这个时间间隔内发生变化。

> 不要害怕积分！因为机器人的计算从本质上来说是离散的，积分通常会变成和，这并不会比 for 循环更复杂。

3.3.3 类汽车转向机构的正向运动学

差速轮驱动在移动机器人中非常流行，因为它们非常容易建造、维护和控制。虽然这种驱动器不是完整的，但差速驱动器可以实现近似于完全完整机器人的功能，它能原地旋转以实现所需的航向，以及做到直线行驶。差速驱动的主要缺点是它依赖于一个脚轮，这使得差速轮式机器人在高速移动时表现不佳，并且在直线行驶时存在困难，因为它要求两个电动机以完全相同的速度行驶。

这些缺点被类似汽车转向的机构所缓解，这种机构由单个电动机和可以转向的前轮驱动，被称为"阿克曼"（Ackermann）转向结构。阿克曼转向不应与"转台"转向混淆，后者的前轮是固定在一个在中心枢轴点的轴上的。而在阿克曼转向系统中，每个轮子都有自己的枢轴点，系统由此受到约束，同时所有轮子都有一个共同的中心点，避免打滑。由于阿克曼机构可以让所有的轮子在一个共同中心点的圆上驱动，它的运动学与那些后轮驱动的三轮车的运动学近似，或者更简单地近似于自行车，如图 3-7 所示。

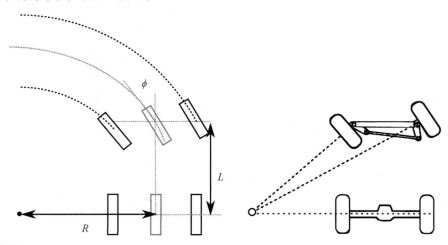

图 3-7
左图：汽车转向和等效自行车模型的运动学；右图：阿克曼车辆的机械结构

设想一辆前后轴之间的长度为 L 的盒子形状的汽车。假设所有轮子所描述的公共圆的中心点与汽车纵向中心线的距离为 R。那么转向角 ϕ 为

$$\tan\phi = \frac{L}{R} \tag{3.37}$$

左、右轮的角度 ϕ_l 和 ϕ_r 可以基于汽车的所有轮子围绕具有共同中心点的圆旋转这一事实来计算。根据两个前轮之间的距离 l，我们可以写出：

$$\frac{L}{R-l/2} = \tan(\phi_r)$$
$$\frac{L}{R+l/2} = \tan(\phi_l) \tag{3.38}$$

这一点很重要，因为它可以让我们计算由特定角度 ϕ 产生的轮子角度，并测试它们是否在实际车辆的约束范围内。

假设轮子速度为 $\dot\omega$，轮子半径为 r，我们可以在机器人的坐标系中计算速度：

$$\begin{aligned}\dot x_r &= \dot\omega r\\ \dot y_r &= 0\\ \dot\theta_r &= \frac{\dot\omega r \tan\phi}{L}\end{aligned} \tag{3.39}$$

用式(3.37)计算圆的半径 R。

3.4 逆微分运动学

现在我们希望求解式(3.20)中 J 的逆解，以便计算每个期望的末端执行器速度所需的关节速度——这个问题被称为逆微分运动学。然而，J 只有在矩阵是二次（即关节空间的自由度数 n 等于任务空间的自由度数 m）并且满秩的情况下才可逆。在 3.3.1 节详细介绍的示例中，速度扭矩向量 $[v\ \omega]^T$ 是 6D 的，这意味着 n 应该等于 6。因此，只有当考虑的机器人配备了 6 个执行器/关节时，J 才可逆；否则，我们可以使用伪逆计算：

$$J^+ = \frac{J^T}{JJ^T} = J^T(JJ^T)^{-1} \tag{3.40}$$

如你所见，J^T 在方程中被消去，剩下 $1/J$，这同时适用于非二次矩阵。现在我们可以编写一个简单的反馈控制器，将我们的误差 e（定义为期望位置与实际位置之间的差值）减小到 0：

$$\Delta q = -J^+ e \tag{3.41}$$

也就是说，我们将每个关节向误差 e 最小的方向移动一点点。这样很容易就能看出：只有当 e 为 0 时，关节速度才会为 0。

这个解在数值上可能稳定，也可能不稳定，它是否稳定取决于当前的关节值。如果 J 的逆在数学上是无法解出的，那我们就称其为奇点（singularity）。这种情况可能发生在两个关节轴对齐时，或者当机器人处于其工作空间的边界时，这时候可以有效地从机构中移除一个自由度。这在机器人中经常发生。奇点的概念有很强的数学验证（关节构型使得雅可比矩阵不再是满秩的）和直接的物理后果：由于逆微分运动学问题不存在解，机器人可能变得不安全，因此要避免出现奇点构型。在奇点情况下，J^+ 的解会"爆炸"，关节速度会趋于无穷大。为了解决这个问题，我们可以在控制器中引入阻尼。

在这种情况下，我们不仅要使误差最小化，而且要使关节速度最小化。最小化问题表示为

$$\|J\Delta q - e\| + \lambda^2 \|\Delta q\|^2 \tag{3.42}$$

其中 λ 是常数。可以看出，实现这一点的最终控制器具有以下形式：

$$\Delta q = \left(J^\mathrm{T} J + \lambda^2 I\right)^{-1} J^+ e \tag{3.43}$$

这被称为阻尼最小二乘法。当采用这种方法时，可能出现的问题包括机构的局部极小值和奇点的存在，或找不到可行解。

3.4.1 移动机器人的逆向运动学

对于非完整机器人，机器人各个车轮的旋转量与其在空间中的位置之间没有唯一的关系。然而，我们可以将逆向运动学问题视为求解局部机器人坐标系内机器人的速度问题。首先解决在世界坐标下，给定期望速度 $\dot{\xi}_I$，计算机器人中心的期望速度的问题。我们可以通过两边同时乘 $T(\theta)$ 的逆来转换 $\dot{\xi}_I = T(\theta)\dot{\xi}_R$：

$$T^{-1}(\theta)\dot{\xi}_I = T^{-1}(\theta)T(\theta)\dot{\xi}_R \tag{3.44}$$

这使得 $\dot{\xi}_R = T^{-1}(\theta)\dot{\xi}_I$，其中

$$T^{-1} = \begin{bmatrix} \cos\theta & \sin\theta & 0 \\ -\sin\theta & \cos\theta & 0 \\ 0 & 0 & 1 \end{bmatrix} \tag{3.45}$$

可以通过矩阵求逆或绘图推导三角函数关系来计算。与 3.2.2 节的方法类似，现在我们可以求解式(3.33)来算出 ϕ_l、ϕ_r：

$$\dot{\phi}_l = (2\dot{x}_R - \dot{\theta}d)/2r$$
$$\dot{\phi}_r = (2\dot{x}_R + \dot{\theta}d)/2r \tag{3.46}$$

这使得我们可以计算机器人的轮子速度作为期望的 $\dot{x}_R$ 和 $\dot{\theta}$ 的函数，可以使用式(3.44)计算。

注意，这种方法不可以用来处理 $\dot{y}R \neq 0$ 的情况，这可能是由于惯性系中期望的速度导致的。y 方向平移的非零值被逆向运动学解直接忽略，驱动向特定点运动需要反馈控制（见 3.4.2 节）或

路径规划（见第 13 章）。

全向机器人的逆向运动学

使用"瑞典轮"（Swedish wheels）或"麦克纳姆轮"（Mecanum wheels）的全向机器人在工厂和教学环境中很常见。瑞典轮的示意图如表 2-1 所示。它包含一个圆周上带有非驱动滚轮的驱动轮，这些滚轮以 45° 角连接。与万向轮类似，瑞典轮在平面上有完整的 3 个自由度，无须旋转即可实现机器人平台的全向运动。一个典型的四轮全向机器人构型如图 3-8 所示。注意轮子的排列，特别是滚轮的方向，这对图中所示的机器人运行至关重要。

当单独使用瑞典轮时，轮子将执行垂直于其滚轮主轴的横向运动。当成对使用瑞典轮时，相反方向的运动相互抵消，实现向前运动（见图 3-8，中上）或侧向运动（见图 3-8，右下）。

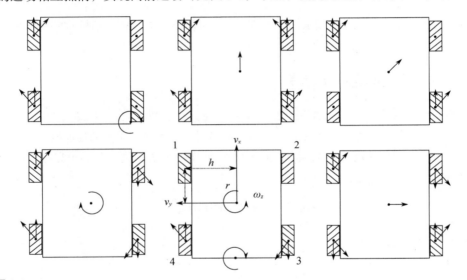

图 3-8

全向机器人使用不同构型的"瑞典轮"。每个轮子都有两个速度分量：垂直于轮子主轴的速度和滚轮的速度。机器人身体上的箭头表示由此产生的运动方向和旋转方向

与差速轮平台类似，每个瑞典轮也在机器人本体上进行旋转。当轮子安装在中心轴上时，每个轮子将提供两个角力矩。一个围绕水平轴，到机器人中心的距离为 h_i；另一个围绕垂直轴，到机器人中心的距离为 r_i（见图 3-8，中下）。综合起来，每个轮子的旋转将使机器人以速度 v_x、v_y 和 ω_z 移动。

每个轮子上的速度有两个分量：第 i 个轮子垂直于主轴的速度 $v_{i,m}$，以及滚轮与轮轴的 +45° 或 −45° 的速度 $v_{i,r}$。需要注意的是，为了使系统能够工作，对角的轮子需要具有相同的角度。设第 i 个滚轮的角度为 γ_i。根据 Maulana、Muslim 和 Hendrayawan（2015）的工作成果，我们现在

可以推导出一个等式：

$$v_{i,m} + v_{i,r} \cos(\gamma_i) = v_x - h_i * \omega_z \tag{3.47}$$

也就是说，垂直于轮轴的速度分量等于机器人的前进速度加上机器人角速度在轮子上的速度分量。根据机器人坐标系的定义，角速度为正会导致向后运动。类似地，我们可以写出：

$$v_{i,r} \sin(\gamma_i) = v_y + r_i * \omega_z \tag{3.48}$$

请注意，主轮的运动没有横向成分，因为横向运动只能通过滚轮实现。

用式(3.48)除以式(3.47)来求 v_i，得到：

$$v_i = v_x - h_i \omega_z - \frac{v_y + r_i \omega_z}{\tan \gamma_i} \tag{3.49}$$

利用 $h_i \in h = \{h, -h, h, -h\}$、$r_i \in r = \{r, r, -r, -r\}$ 和 $\gamma_i \in \gamma = \{-45°, +45°, +45°, -45°\}$ 来反映各轮的不同构型，可得到可控轮速 $v_{i,m}$ 的下列表达式：

$$\begin{aligned} v_{1,m} &= v_x + v_y + r\omega_z - h\omega_z \\ v_{2,m} &= v_x - v_y - r\omega_z + h\omega_z \\ v_{3,m} &= v_x - v_y + r\omega_z - h\omega_z \\ v_{4,m} &= v_x + v_y - r\omega_z + h\omega_z \end{aligned} \tag{3.50}$$

$v_{i,m} = R\omega_i$，R 为每个瑞典轮的半径，我们现在可以计算期望的机器人速度 v_x、v_y 和 ω_z 对应所需的轮子速度。

3.4.2 移动机器人的反馈控制

假设机器人的位置由 x_r、y_r 和 θ_r 给出，期望的姿态为 x_g、y_g 和 θ_g，下标 g 表示"期望"。我们现在可以使用下式计算期望姿态的误差（见图3-9）：

$$\begin{aligned} \rho &= \sqrt{(x_r - x_g)^2 + (y_r - y_g)^2} \\ \alpha &= \tan^{-1} \frac{y_g - y_r}{x_g - x_r} - \theta_r \\ \eta &= \theta_g - \theta_r \end{aligned} \tag{3.51}$$

这些误差可以直接转换为机器人的速度，例如，使用增益为 p_1、p_2 和 p_3 的简单比例控制器：

$$x = p_1 \rho \tag{3.52}$$

$$\dot{\theta} = p_2 \alpha + p_3 \eta \tag{3.53}$$

这将让机器人沿着曲线行驶，直到它达到期望的姿态。

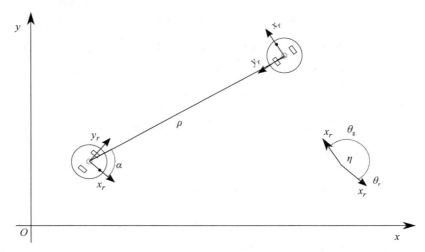

图 3-9
期望姿态和实际姿态的差异作为距离 ρ、轴承 α 和航向 η 的函数

3.4.3 欠驱动和过度驱动

如本章开头所述，运动学涉及分析控制变量（机器人的驱动器在关节空间中表示为 n 个自由度）及其对机器人运动的影响（任务/构型空间中的 m 个自由度）之间的映射。这两个空间可能有不同的维数，这两个维数之间的关系很大程度上影响了我们如何解决运动学问题。通过观察雅可比矩阵 $\boldsymbol{J}$，可以方便地分析这些差异，因为矩阵的大小是 $m \times n$，我们总共有 3 个不同的条件。

- $n = m$：机器人是完全驱动（fully actuated）的。雅可比矩阵 $\boldsymbol{J}$ 是二次的、满秩的，正向运动学方程是直接可逆的。
- $n < m$：机器人处于欠驱动（under actuated）状态，运动学问题为"运动学不足"（kinematically deficient）。雅可比矩阵 $\boldsymbol{J}$ 是"宽的"，因为 m 列比 n 行多，并且不再可逆。解决逆向运动学问题的唯一方法是通过伪逆 $\boldsymbol{J}^+$（以及类似/更高级的方法）。
- $n > m$：机器人过度驱动，运动学问题为"运动学冗余"（kinematically redundant）。雅可比矩阵 $\boldsymbol{J}$ 是"高的"，因为 n 行比 m 列多，并且不再可逆。解决逆向运动学问题的唯一方法是通过伪逆 $\boldsymbol{J}^+$（以及类似/更高级的方法）。在这种情况下，确定影响逆向运动学问题解空间的冗余系数 $n-m$ 是有用的。

在为特定任务选择机器人时，过度驱动和欠驱动是重要的设计考虑因素。在"运动学不足"的情况下，机器人无法在任务空间中运动自如，因为它在关节空间中没有足够的自由度来"覆盖"任务空间中的每一个可能的构型。但是这并不意味着机器人没有用！它仍然可以执行任务，只是不能涵盖所有的任务。相反，如果运动学问题具有冗余性，这意味着机器人的关节自由度超出了其需求。冗余实际上是机器人系统的一个重要特征，因为它提供解决运动学问题的灵活性和多功能性，也就是说，有可能从许多解决方案中选择最佳解决方案，并确保它满足额外约束和要求。人的手臂（不考虑手）就是一个很好的运动学冗余机械臂的例子，它在关节空间中有 7 个自由度（3 个在肩膀，1 个在肘部，3 个在手腕），而任务空间是 6D 的（即手腕的 3 个位置和 3 个方向）。这种额外的可移动能力使人类能够接触到多种构型的物体，选择节能的运动，并避开障碍物。

本章要点

- 正向运动学处理从世界坐标系到机器人坐标系的转换。这样的转换是一个 3×1 平移向量和一个 3×3 旋转矩阵的组合，旋转矩阵由机器人坐标系的单位向量组成。平移和旋转都可以组合成一个 4×4 的齐次变换矩阵。
- 移动机器人的正向运动学和逆向运动学是相对于机器人的速度而不是其位置进行的。
- 要计算每个轮子对机器人速度的影响，需要独立考虑每个轮子的贡献。
- 机器人的逆向运动学涉及求解关节角度的正向运动学方程。对于复杂的机器人机构，进行逆向运动学计算几乎是不可能的。
- 通过计算正向运动学的所有偏导数，可得到一个简单的数值解，从而得到一个易可逆的表达式，该表达式将关节速度与执行器速度联系起来。
- 逆向运动学问题可以表述为反馈控制问题，它将使用多个步骤将末端执行器移动到所需的姿态。这种方法的问题是机构存在局部极小值和奇点，这可能使这种方法失败。
- 冗余允许机器人以多种方式解决运动学问题，从而在求解时提供更好的灵活性和多功能性。

课后练习

坐标系

1. 假设基向量为 X_A、Y_A、Z_A 和 X_B、Y_B、Z_B，写出旋转矩阵 $^A_B R$ 的元素，然后写出旋转矩阵 $^B_A R$ 的元素。

2. 假设两个坐标系位于同一原点，其中一坐标系绕 z 轴旋转了 α 度。推导出从一个坐标系到另一个坐标系的旋转矩阵，并验证该矩阵的每一项是一个坐标系中的每一个基向量与另一个坐标系中的每一个基向量的标量积。

3. 考虑两个坐标系 $\{B\}$ 和 $\{C\}$，它们的方向由旋转矩阵 $^C_B R$ 给出，它们的距离为 $^B P$，请给出其齐次变换矩阵 $^C_B T$ 以及它的逆 $^B_C T$。

4. 考虑相对于坐标系 $\{A\}$ 定义的坐标系 $\{B\}$，$\{B\} = \{^A_B R, ^A P\}$。请提供一个从 $\{A\}$ 到 $\{B\}$ 的齐次变换矩阵。

5. 编写一个简单的应用程序，显示 2D（或 3D）坐标系，并添加使用键盘移动和旋转坐标系的功能矩阵。

正向运动学和逆向运动学

1. 考虑一个差速轮式机器人，它的电动机坏了（也就是说，其中一个轮子不能再被驱动）。推导出这个机器人的正向运动学，这里可以假设右电动机坏了。
2. 考虑一辆三轮车，它的后轮是两个独立的标准轮子，前轮是可转向的驱动轮。选择合适的坐标系，以 ϕ 作为转向盘角，以 $\dot{\omega}$ 作为轮速，推导出正向运动学和逆向运动学。
3. 编写一个显示差速轮平台的应用程序，允许你用键盘控制前进和旋转速度，输出每一步后机器人的姿态。
4. 编写一个应用程序，显示一个在飞机上移动的双连杆机械臂，并允许你用键盘改变两个关节的角度。
5. 推导出双连杆机械臂的正向运动学及其雅可比矩阵，利用逆雅可比矩阵技术求解其逆向运动学。
6. 编写一个应用程序，显示一个在飞机上移动的双连杆机械臂，并允许你用键盘改变其末端执行器的位置。
7. 探索让你可以管理机械臂的正向运动学和逆向运动学互联网工具包。你能找到什么样的工具？它们需要什么样的输入来建模机器人的几何学？
8. 下载你选择的商用机械臂的手册。它从用户那里获取什么样的输入？它允许你直接控制它的位置吗？
9. 使用你选择的机器人模拟器操控模拟车辆。你可以提供什么样的执行器输入，可用的传感器是什么？用你的键盘驾驶汽车，试着通过里程计来估计它的姿态。
10. 你能提供一个运动学不足和运动学冗余的机械臂的例子吗？

第 4 章
力　学

到目前为止，我们只关心机器人如何运动以及运动的几何学。然而，移动机器人不仅需要考虑平台的运动学模型，还需要了解驱动机器人电动机所需的（广义的）力以及机器人与环境相互作用所需的力。虽然在移动机器人的基本应用和简单操作中，这方面可以被忽略，但当机器人与人的互动更密切或需要进行更复杂的操作时，这一点就变得至关重要：在这种情况下，安全性和模型准确性至关重要。

在本章中，我们将通过静力学向读者介绍这些概念，为分析机器人如何在空间中移动以及如何与周围环境相互作用的问题，我们引入第三个抽象概念。更具体地说，在 3.1 节和 3.2 节中，我们研究了运动学问题，并在位置空间中进行了操作，即如何将关节角度与末端执行器姿态进行映射。在 3.3 节中，我们介绍了微分运动学问题，并在速度空间中进行了操作，即建立关节速度与末端执行器扭转速度之间的联系（记住，速度是位置的导数，因此称为"微分"）。本章我们将在力空间中操作。我们将通过考虑静态平衡（或者称为静态构型）的机器人来简化一般的动力学问题。只考虑处于平衡状态的机器人，就可以做很多事情！第四个也是最后一个抽象概念称为动力学，这超出了本书的范围。动力学从非静态的角度在力的空间中进行操作，涉及位置的二阶导数（即加速度），可以认为是牛顿第二定律（$F = ma$）的推广。本章的目标是向读者介绍以下概念。

- 静力学。
- 运动–静力学对偶。
- 可操作性。

我们在下文讨论的大多数概念通常都是在操作的环境中考虑的，因为移动机器人通常不与环境交换力。因此，为了简单起见，除非另有说明，我们在下文中提到的机械臂都装有旋转关节。

> 机器人的运动分析可以看作一个由多个层次抽象组成的系统，这些层次的复杂性逐渐增加。系统越复杂，你的分析就越全面，从机器人中挖掘出的能力也就越多。然而，最好的做法是首先从最简单的一层（即运动学）开始，只有在需要时才逐渐进行动态分析。

4.1 静力学

静力学研究的是机器人处于静态（或机械）平衡（即机器人及其所有部件的加速度为 0）时，机器人关节处的广义力和末端执行器处的广义力的联系。如果该条件满足，一个具有 n 个自由度的机器人及其具有 m 个自由度的末端执行器可以用以下量完全描述。

1. 一个大小为 $n \times 1$ 的广义力矩向量 $\boldsymbol{\tau}$，作用在机器人关节上。
2. 一个大小为 $n \times 1$ 的广义力矩向量 $\boldsymbol{F}$，由机器人末端执行器对环境施加，或者说由机器人的任何可能与环境接触的部分施加。
3. 一个大小为 $m \times 1$ 的外部向量 $\boldsymbol{F}_e$，表示环境对机器人末端执行器施加的力，根据作用力和反作用力原理，它与 $\boldsymbol{F}$ 大小相等且方向相反：$\boldsymbol{F}_e = -\boldsymbol{F}$。

在这种情况下，广义力意味着"描述元素所需的任何力的等效量"。考虑关节的情况下，广义力取决于驱动：关节上的广义力要么是平动关节的力（因为它们在关节上传递平动运动），要么是转动关节的力矩（因为它们在关节上传递旋转运动）；这个向量的大小取决于机械自由度的数量 n。考虑末端执行器的情况下，它取决于任务空间 m 中机械自由度的数量。如果我们处理一个 6 自由度问题，广义力的 $m \times 1$ 向量将由 3 个轴上的力给出的线性力分量

$$\boldsymbol{f} = \begin{bmatrix} f_x \\ f_y \\ f_z \end{bmatrix} \tag{4.1}$$

和围绕 3 个轴的角向力分量（或力矩）$\boldsymbol{\mu}$ 组成，表示为

$$\boldsymbol{\mu} = \begin{bmatrix} \mu_x \\ \mu_y \\ \mu_z \end{bmatrix} \tag{4.2}$$

现在我们可以将上述分量组合成一个 6×1 向量 $\boldsymbol{F} = \begin{bmatrix} \boldsymbol{f} & \boldsymbol{\mu} \end{bmatrix}^T$。这个广义力的向量也称为空间力（spatial force）或力旋量（wrench）。现在，我们想计算式(3.19)和式(3.20)的静力学版本，并将 $n \times 1$ 的力矩向量 $\boldsymbol{\tau}$ 与 6×1 的扭转向量 $\boldsymbol{F}$ 联系起来。为了找到这种关系，让我们回忆一下物理学中功率的定义。机械功率 W 的定义为力乘以速度，这可以推广为广义力乘以广义速度：$W = \boldsymbol{F}^T \cdot \boldsymbol{v}$。现在，我们知道在末端执行器处交换的力来自我们的驱动源（即我们的电动机），其产生的功率由 $W = \boldsymbol{\tau}^T \cdot \dot{\boldsymbol{q}}$ 定义。因此我们就得到：

$$W = \boldsymbol{\tau}^T \cdot \dot{\boldsymbol{q}} = \boldsymbol{F}^T \cdot \boldsymbol{v} \tag{4.3}$$

我们还从式(3.19)中知道 $\boldsymbol{v}$ 和 $\dot{\boldsymbol{q}}$ 的关系：$\boldsymbol{v} = \boldsymbol{J}(\boldsymbol{q}) \cdot \dot{\boldsymbol{q}}$。式(4.3)则可写为

$$\boldsymbol{\tau}^T \cdot \dot{\boldsymbol{q}} = \boldsymbol{F}^T \cdot \boldsymbol{J}(\boldsymbol{q}) \cdot \dot{\boldsymbol{q}} \tag{4.4}$$

经过细微的调整，就变成了以下形式：

$$\tau = J(q)^{\mathrm{T}} \cdot F \tag{4.5}$$

这就是我们一直在寻找的最终的静力学方程！它可以解释为：为了抵消环境在静态构型 q 中施加在末端执行器上的外部力旋量 $F_e = -F$，机器人需要在其关节处施加由式(4.5)指定的扭矩 τ。有趣的是，这个方程清楚地表明静力学是如何作为"仅几何"运动学方法和一般动力学问题之间的中间地带的：即使我们处理的是力和力矩，它们的关系也是由几何关系定义的，也就是在 3.4 节中使用的雅可比矩阵。在这种情况下，我们要使用它的 $n \times m$ 转置：

$$\tau = \begin{bmatrix} \tau_1 \\ \vdots \\ \tau_n \end{bmatrix} = \begin{bmatrix} \dfrac{\partial x}{\partial q_1} & \dfrac{\partial y}{\partial q_1} & \cdots & \dfrac{\partial \omega_z}{\partial q_1} \\ \dfrac{\partial x}{\partial q_2} & \dfrac{\partial y}{\partial q_2} & \cdots & \dfrac{\partial \omega_z}{\partial q_2} \\ \vdots & \vdots & & \vdots \\ \dfrac{\partial x}{\partial q_n} & \dfrac{\partial y}{\partial q_n} & \cdots & \dfrac{\partial \omega_z}{\partial q_n} \end{bmatrix} \begin{bmatrix} f_x \\ f_y \\ f_z \\ \mu_x \\ \mu_y \\ \mu_z \end{bmatrix} = J(q)^{\mathrm{T}} \cdot F \tag{4.6}$$

式(4.5)适用于各种不同的问题。最典型的应用是力控制，也就是说，机器人的电动机被驱动，以便在环境上施加特定的力旋量。例如，人们打算使用机器人进行抛光任务，在抛光任务中，机器人需要在工作台上施加 5N 的垂直力。在这种情况下，所需的力旋量（假设笛卡儿空间中的 z 轴是垂直的，并且指向上）将是：

$$F = \begin{bmatrix} 0 \\ 0 \\ -5\mathrm{N} \\ 0 \\ 0 \\ 0 \end{bmatrix} \tag{4.7}$$

4.2 运动-静力学对偶

式(3.20)和式(4.5)之间雅可比函数的相似性使得分析式(4.5)变得更加直观，这和我们在 3.3 节和 3.4.3 节中所做的类似。这种类比被定义为运动-静力学对偶（kineto-statics duality），以此帮助新手机器人学者更直观地将这两个抽象层次联系起来。更具体地说，奇异构型与静力学问题和与微分运动学问题的关系一样，但它们有着不同的物理解释。在奇异构型中，雅可比矩阵及其转置矩阵都会降秩，这是因为转置矩阵不会影响秩。然而，虽然失去满秩的条件会影响逆向运动学问题的求解（其解"爆炸"，关节速度变为无穷大），但在这种情况下，受其影响的是直接静力学映射。在奇异构型中，机器人对环境施加的力将会变为无穷大。这便是不惜一切代价避免奇点出现的另一个原因（也可以说是更令人信服的理由）：奇点情况下机器人会移动得很快，并对其路径上的任何物体施加强大的力。

4.3 可操作性

存在于微分运动学（3.3 节）和静力学（4.1 节）之间的对偶性质使我们可以进一步研究给定关节构型下的机械臂性能。

4.3.1 速度空间中的可操作椭球

我们可以描述机械臂从当前构型开始任意改变其末端执行器的位置和方向的能力。更具体地说，我们会考虑以下问题：关节位置的微小增量（即微小的关节速度）对末端执行器位置的影响是什么？我们需要使用由下式定义的单位范数的关节速度集：

$$\dot{\boldsymbol{q}}^\mathrm{T} \cdot \dot{\boldsymbol{q}} = 1 \tag{4.8}$$

这个方程表示关节空间 $\mathbb{R}^n$ 中的一个多维的"球"。从 3.3 节我们知道，这对应于操作空间 $\mathbb{R}^m$ 中类似的多维形状，我们知道这种对应关系是由式(3.19)及其逆向（反向）关系来实现的。对于冗余机械臂的一般情况，式(4.8)将会变成：

$$\boldsymbol{v}^\mathrm{T} \boldsymbol{J}(\boldsymbol{q})^{+\mathrm{T}} \cdot \boldsymbol{J}(\boldsymbol{q})^+ \boldsymbol{v} = 1 \tag{4.9}$$

结合式(3.40)得到：

$$\boldsymbol{v}^\mathrm{T} \left[\boldsymbol{J}(\boldsymbol{q}) \cdot \boldsymbol{J}(\boldsymbol{q})^\mathrm{T} \right]^{-1} \boldsymbol{v} = 1 \tag{4.10}$$

对应于操作空间 $\mathbb{R}^m$ 中的多维椭球，也称为速度可操作椭球（velocity manipulability ellipsoid）。这个椭球提供了以下物理解释。

- 沿其主轴方向，机器人可以高速移动。
- 沿其短轴方向，机器人可以低速移动。
- 椭球的体积称为可操作度（manipulation measure），其定义为 $w(\boldsymbol{q}) = \sqrt{\det\left[\boldsymbol{J}(\boldsymbol{q})\boldsymbol{J}(\boldsymbol{q})^\mathrm{T}\right]}$。它的值总是正的，当椭球接近球体时达到最大值，机器人可以向任何方向进行各向同性运动。
- 当机器人位于奇点时，椭球会"失去一个维度"，它的一个轴就会变成 0。同时，可操作度 $w(\boldsymbol{q}) = 0$ ——这就是为什么 $w(\boldsymbol{q})$ 被用来解释机器人与奇异构型的距离。

通过图 4-1 的上半部分可以很容易地验证上面的解释。机器人越接近一个奇异构型（例如，手臂完全伸展），2D 椭球就越收敛于一条垂直线。在奇点本身，短轴的长度为 0，这意味着机器人只能在垂直方向上移动，不能左右移动。

4.3.2 力空间中的可操作椭球

利用运动–静力学的对偶性,可以在力空间中进行类似的分析。在这种情况下,我们可以考虑关节力矩空间中的一个球体:

$$\tau^{\mathrm{T}} \cdot \tau = 1 \tag{4.11}$$

根据式(4.5),将其映射为一个力可操作椭球:

$$F^{\mathrm{T}} \left[J(q) \cdot J(q)^{\mathrm{T}} \right] F = 1 \tag{4.12}$$

这个椭球描述了在给定关节构型 q 时,机器人通过末端执行器对环境施加的力。它的行为类似于速度可操作椭球的行为,但有一个重要的区别:虽然两个椭球的主轴处于相同的方向,但它们的大小成反比。如图 4-1 的下半部分所示,力空间中的主轴成为速度空间中的短轴,反之亦然。因此,高的速度可操作度的方向对应低的力可操作度方向。

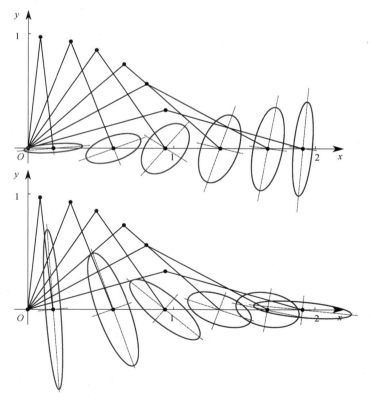

图 4-1
2 自由度平面臂($n=m=2$)的速度可操作椭球(上)和力可操作椭球(下)。在这个简单的 2×2 的情况下,椭球降维成简单的椭圆(其长轴和短轴由虚线绘制)

4.3.3 可操作性的考虑

速度可操作椭球和力可操作椭球对于各种任务都很有用，它们不仅可以确定执行特定任务的合适关节构型，还能帮助理解机器人在特定构型下可以做什么。请记住，对于运动学冗余的机械臂（见 3.4.3 节），多个关节姿态有可能对应相同的任务空间构型（如末端执行器姿态）。因此，通过可操作性分析，机器人设计者可以选择更符合附加规范的构型（如施加的力更小、能量消耗更低以及人类更易理解机器人运动）。

本章要点

- 观察机械平衡中的力，也就是说，当末端执行器的力和关节力矩相互抵消时，我们可以将对机器人的控制从姿态和速度扩展到力域。
- 机械臂所需的力矩与末端执行器之间存在关联，这种关联是由一个雅可比矩阵确定的，这个矩阵同时也定义了机器人的微分运动学。这个概念被称为运动-静力学对偶。
- 尽管机械臂可能会使用多种不同的构型来达到理想的姿势，但总是会有更合适的构型。可操作性分析有助于描述这个问题。

课后练习

1. 考虑一下我们研究过的 4 个概念：运动学、微分运动学、静力学和动力学。

    a）你能想到一个需要做动力学分析的应用吗？

    b）如果只看静力学问题，可以做什么？

    c）从纯运动学的角度来说，你可以用机器人做什么？

2. 为什么奇异构型对机器人及其周围环境是危险的？可以考虑力和速度之间的关系。
3. 如何确保机器人"远离"奇点？
4. 编写一个应用程序，显示一个双连杆平面臂的力可操作椭球和速度可操作椭球（类似于图 4-1）。请尝试将该程序与第 3 章中的运动学课后练习结合起来。可操作椭球如何与末端执行器的位置增量相关？奇点处发生了什么？（提示：对于机械臂来说，最容易找到奇点的是"拉伸"构型。）
5. 选择机器人模拟器来访问在关节空间中至少有 3 个 3D 运动自由度的机器人操作器。在这种情况下，可操纵椭球是如何变化的？（提示：它不再是一个椭球了。）
6. 可操作性分析是纯几何的，依赖于给定运动学的关节构型。因此，也可以使用这种分析来描述其他（非传统）机器人"手臂"的特征。想想对人类手臂的生物力学分析：在哪种构型下，你的可操作性最大？哪些构型对应于高消耗（即高"扭矩"），导致对环境施加的力很小？

第 5 章
抓　　取

抓取（grasping）是指机器人移动或者操作物体的动作，如改变物体的形状或姿态。这通常是由附加一个适合执行手头任务的末端执行器（或者夹爪）来完成的。抓取具有一个有趣却又令人困惑的特性，那就是它在实践中是相对容易实现的，但在理论上非常复杂。因此，本章描述了各种策略，这些策略能够实现成功抓取大量物体，尽管除了提供简单的启发式方法，依然很难深入回答诸如"怎样才能实现好的抓取？""如何获得好的抓取？"等问题。在本章中，你将学习以下内容。

- ❑ 如何从数学的角度描述抓取以及简单的模型在哪些方面达到了它们的极限？
- ❑ 夹爪的什么特性使其在实践中能实现好的抓取？
- ❑ 如何理解各种抓取机构间的权衡？

5.1 抓取理论

由于抓取在机器人领域的重要性，抓取背后的理论得到了广泛研究，Rimon 和 Burdick（2019）对研究现状进行了全面的描述。然而，机器人领域的研究人员仍然很难从数学的角度描述在实践中有效的抓取机构。因此，我们不去描述最近的发展，这远远超出了本书的范围，我们将简要描述不同的模型抓取方法和它们的限制。我们的目标是为读者提供一个更容易理解的解释：为什么一些抓取方法的效果比较好，以及在设计一个夹爪时什么因素是重要的。

在最简单的抓取形式中，夹爪需要通过向相反方向施加适当的力，也称为约束（constraint），来固定物体，至少要抵消重力。具体来说，在机器人手指、夹爪或手上的接触点上施加局部的力，从而充分约束物体。这样手指本质上表现得像一个微型机械臂，使我们能够将第 2 章到第 4 章描述的方法和工具应用于它们。

5.1.1 摩擦力

在任何实际应用中，夹爪与物体之间并不缺少摩擦力，这才是图 5-1 所示的抓取实际上有效的原因。如果夹爪和物体之间确实没有摩擦，那么对于没有和圆柱体的主轴完全对齐的所有抓取来说（见图 5-1，左），物体就会从夹爪中脱落。此外，即使是三指的抓取（见图 5-1，右）也总是会失败，因为没有从下方约束物体的力。有趣的是，摩擦的存在使抓取在实际中更容易实现，然而在数学上却更难以描述。

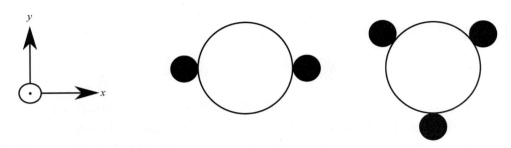

图 5-1
图中的横截面显示了理想情况的两指（左）和三指（右）夹爪握着一个圆柱体

图 5-1 所示的抓取在实际中起作用的原因是，法向力有一个切向力分量，这是由摩擦力引起的并且遵循库仑摩擦定律（Coulomb's friction law）。该定律表明，材料的摩擦系数越高，就有越多的法向力可以转化为抵抗两个表面相互运动的切向力。它由以下公式给出：

$$F_t \leqslant \mu F_n \tag{5.1}$$

其中，F_t 是一个表面对另一个表面施加的摩擦力，F_n 是法向力；力 F_t 的方向与法向力垂直，后者由指尖等施加；μ 是一个可以凭借经验测量的摩擦系数——直观来讲，玻璃与玻璃之间的摩擦系数低，橡胶与木材之间的摩擦系数高。因此，我们感兴趣的是如何设计高摩擦系数的夹爪以避免物体滑动。

物体什么时候会滑动？让我们用图 5-2 来分析。假设我们将指尖从任意方向压在一个表面上，此时会有一个垂直于平面的力 F_n，它定义了任意方向上的切向力 F_t。将切向力围绕着法向力扫过，会形成一个锥体，其开角为：

$$\alpha = 2\arctan\mu \tag{5.2}$$

可参见 Rimon 和 Burdick（2019，57）的推导。如果作用在物体上的合力不在这个锥体内，物体就会滑动。当考虑 μ 的不同值如何影响锥体的形状时，这就会变得更加直观。如果 μ 很大，锥面就会变得相对较宽，使物体"承受"来自许多不同方向的力而不会滑动。如果 μ 很小，锥面就会变得相对较窄，需要力垂直于物体表面以防止滑动。

注意，如第 4 章所述，施加在刚体上的力将同时对刚体重心施加一个三维力以及三维力矩；它们被称为**力旋量**（wrench），见式(4.1)和式(4.2)。如果我们将其应用于刚体，并且使末端执行器不会滑动的所有可能的力旋量构成一个空间（即前面所描述的锥体），那么我们可以讨论抓取力旋量空间（grasping wrench space），这是所有合适的力旋量对应的空间。了解法向反作用力和切向反作用力之间的关系有助于设计更有可能成功抓取物体的夹爪，同时为已知摩擦力的物体规划合适的抓取方法。

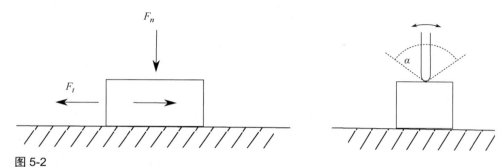

图 5-2
左图：库仑摩擦力与克服摩擦力所需的切向反作用力呈正向关系，这里显示的是向右运动；右图：点接触力的摩擦锥体，只要力在锥体内，物体就不会打滑

5.1.2 多重接触和变形

在实际中，任何力都不会只作用在一个点上；相反，由于指尖本身的大小或接触区域在压力下的变形，力将作用在一个区域上。即使最小的抓取区域在数学意义上也不是一个点，也会增加对扭矩的约束，这将转化为在其他维度上的约束，从而进一步提升抓取的稳定性。如图 5-3 所示，一个单一的接触点（见图 5-3，左）可以让物体轻松地围绕它旋转；通过增大接触面积，我们能够限制旋转自由度，从而将物体的自由度减少到只有移动自由度。因此我们希望以尽可能大的接触面积抓取物体。重要的是，由于表面不是完全平整的，这种接触区域的扩展只有在接触区域可变形时才有可能在实践中实现（见图 5-3，右）。另外，大的接触区域也会增加摩擦力，如 5.1.1 节所述，这是用于抓取的理想特性。

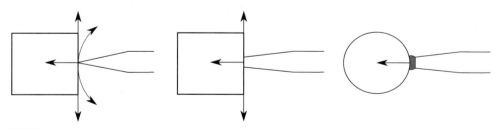

图 5-3
从左到右：通过单点接触施加的期望力；通过接触区域施加的力；接触区域随着压力的增大而增大，并顺应接触面。剩余的自由度用箭头表示

因此，使用金属钳或刚性手指在实践中抓取物体很少成功，相反，橡胶垫被用来通过围绕物

体变形来增加力闭合。然而，由于橡胶是柔性的，并不能完全稳定抓取物体，物体可能仍然能够在夹具内移动，这可能不适用于精确的操作任务，例如拿起螺母并试图将其安装在螺钉上。从数学上讲，这会以物体–机器人动力学中弹性的形式为抓取模型引入额外的复杂性；简单来说，软/柔性垫相当于弹簧，增加了模型动力学的不确定性。

5.1.3 吸力

使用吸力实现抓取是一种非常高效的方式。在这种方式中，吸盘压在物体上，使用抽气泵形成的真空将物体吸到吸盘上。与对物体施加力来产生约束（需要至少一个相反的力或者多个分散的力使物体保持平衡）不同，吸力只需要一个接触点就可以产生约束。吸盘的边缘提供摩擦力和多个接触点，以防止物体滑动，并进一步在真空机制施加的法向力外约束物体。从规划抓取的角度来看，只有一个接触区域具有巨大的优势，因为只需要识别物体上的一个区域。其他抓取方法始终需要识别两个区域，并协调运动以到达这些区域。值得注意的是，在定制的装配装置上使用多个吸盘吸取车门等大型部件在汽车行业非常流行，但通常依赖于预编程的轨迹，并且几乎不具备自主性——当然这不是本书的重点。

吸盘的柔软特性使其边缘能够贴合物体，但对于没有任何平整表面或存在孔洞与夹爪接触的物体（例如，存放在网中的物体）来说，吸力是不切实际的。吸盘边缘的弹性也使得进一步操作物体变得困难，因为机器人施加的所有力都需要通过类似弹簧的弹性材料来传递。最后，吸盘需要真空泵产生足够的力来提起物体，在实践中限制了单个吸盘吸取的物体的最大重量。

5.2 简单的抓取机构

理解了抓取成功的原因，即通过增加摩擦力（见 5.1.1 节）和通过变形增加接触面积（见 5.1.2 节），我们能够选择具有以下特性的抓取机构：①它们能够成功地抓取多种物体；②它们构造简单；③它们易于控制。在这里，我们感兴趣的属性是物体可能的尺寸范围、物体的最大重量以及物体的脆弱程度。物体尺寸直接取决于夹爪的运动学特性，例如最小和最大夹缝，而最大重量由机构可以施加的扭矩接触点数量及其摩擦系数得出。一个夹爪能否抓取易碎的物体取决于其扭矩能被测量和控制的程度。

5.2.1 单自由度的剪刀式夹爪

最简单的夹爪之一是单自由度（1-DoF）夹爪，这是假肢的一种流行设计，并且经过了几个世纪的改进。这种假肢由绳子驱动，或者由下臂肌肉活动控制的电动机驱动，这种简单的机构可以让穿戴者进行各种日常活动。事实上，在远程操作场景中，与其他机器人抓手相比，现成的假肢已被证明可以执行各种各样的仅受限于特定的运动学约束的抓取和操作任务，例如操作剪刀（Patel, Segil and Correll, 2016）。

一个简单的抓取机构如图 5-4 所示,可由主动手指将物体按压在被动手指上,两个手指通常呈钩子状。现在我们应该比较清楚了,这样的设计只能依靠摩擦力来工作,这使得它在传统机器人中并不常见。

这种机构的关键优势在于它可以利用非常简单的控制策略来操作:使用被动手指接触物体,然后使用主动手指抓紧物体。这种"接触"事件可以通过测量作用在手腕上的力并寻找这种力的突然变化来检测,也可以在被接触的手指上使用触觉传感器来检测。因此,这种方法可以使用最少的感知实现稳健抓取。这种机构的一个缺点是它的功能实现完全依赖于摩擦力,如果摩擦力不够或物体具有不太理想的姿态,物体可能从抓取机构中弹开。与其他大多数机构不同,我们能利用此种抓取机构手指的位置来推断物体的宽度(见图 5-4,中间 2 个)。

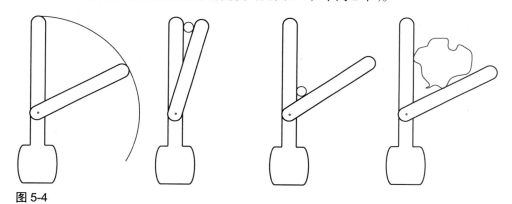

图 5-4
简单的单自由度抓取机构,依靠摩擦力抓取大小不等的物体(后 3 个)。该机构只有一个运动部分,将物体压在被动手指上

图 5-4 中所示的机构可以通过许多不同的方式(例如,将伺服电动机直接连接到主动手指、使用形状记忆合金丝和合适的杠杆臂,或者使用气动活塞或热气球)驱动。

5.2.2 平行夹爪

一种常见的工业夹爪机构是两指平行夹爪。它通过两根平行的手指挤压物体来操作,这两根手指通常由单个执行器驱动,因此能够同步移动。平行夹爪具有比单自由度夹爪更大的接触面积,但它们的运动范围比较小。

图 5-5 的左侧显示了平行夹爪的极简易版本,它可以由单个伺服电动机驱动,该电动机驱动安装夹爪的两个齿条齿轮。在齿轮上使用齿条在工业设计中并不寻常——夹爪通常运行在由蜗杆传动的螺纹上或者连接到气动活塞上。图 5-5 表明了夹爪的运动范围、滑动机构的长度(这里是齿条)以及夹爪主体尺寸之间的关系。为了使该设计完全闭合,两个齿条必须以一定的偏移安装,

以便相互滑动。像这样的约束通常会使夹爪主体宽度达到最大夹缝的两倍，使机器人难以进入狭小区域；这种设计也会影响夹爪的操作速度。在气动夹爪中，作用于活塞两端的气压可以很快地推动（每秒两到三次）夹爪至"打开"或"关闭"的位置，但是它不能被精确地控制。而电动机构能够权衡精度、扭矩和速度之间的关系（即精度更高，但是速度更低）。

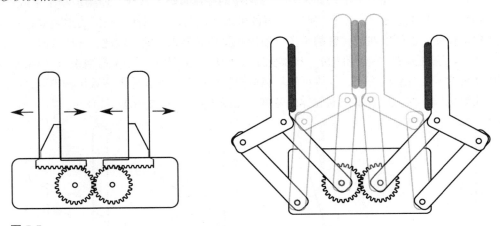

图 5-5
左图：由单一执行器和耦合齿轮系统组成的平行夹爪。右图：四连杆平行夹爪

平行夹爪的控制策略要求对目标物体进行准确的姿态估计和对夹爪进行精确定位，以便使物体正好位于两根手指的中心。应该注意到，对静态物体（例如安装在结构上的螺钉）进行力封闭需要两根手指同时与物体接触，从而对物体检测和机器人运动都提出了高精度要求。柔顺性可以帮助夹爪调整其姿态以适应物体。这可以通过以下方式来完成：测量手腕上的力和以最小化侧向力移动夹爪，或使用柔顺的安装机构或结构来实现，例如配备串联弹性或气动执行器的机器人。另一种适应物体的方法是分别独立驱动夹爪的两根手指。

5.2.3 四连杆平行夹爪

使用两个四连杆可以实现具有更大运动范围的平行夹爪机构（见图 5-5，右）。在四连杆机构中，电动机的旋转转化为手指的直线移动，这是通过两对等长的平行杆实现的。尽管观察图 5-5 时，有人可能会认为该机构仅由 3 根杆组成，但夹爪主体本身承担了第四根杆的作用。有趣的是，当其中一根杆旋转时，两对杆都保持平行，这使两个夹爪保持相互平行。通过观察图 5-5 并比较左侧的夹爪可能处于的两个位置，可以更好地理解这一点。

这种设计的缺点是，闭合夹爪会导致其向前运动。因此需要根据物体的宽度从不同的距离接近物体。除此之外，其控制策略与平行夹爪的控制策略相似，都需要准确估计物体的姿态。同样，增强每根手指的柔顺性或采用独立驱动方式有助于解决精度问题。

5.2.4 多指手

工业实践中很少使用具有两根以上手指的夹爪。一个常见的抓取案例是上文所述的抓取圆柱形物体；在这种情况下，三指手（见图5-1，右）是最适合的。然而，在大多数其他情况下，三根手指并不具备优势，甚至可能成为障碍。例如，很难用三根手指进行简单的捏握。这导致"三指手"中的两根手指被重新配置，从执行向内运动到表现出与平行夹爪相同的行为，而第三根手指放置在安全位置。除了机械复杂之外，这种方法还需要额外的规划。

确定有多少种可能的抓取方法、需要抓取多少次才能抓住每个物体，仍然是困难的理论问题（成功的抓取通常发生在数学上可处理的边界处，这使情况变得更加复杂）。一般来说，额外的手指（比如在人手中）提供了额外的冗余度，允许以多种不同的方式抓取和操作（见第14章）同一物体，包括在手中操作物体，也就是说，抓取过程无须不间断抓放物体或者使用另一个夹爪辅助操作。

本章要点

- 制作好的夹爪需要利用柔顺性和摩擦力，由于这无法进行数学分析，从而让夹爪的设计成为一个实验过程。
- 机器人能成功地完成物体抓取并不一定意味着它也能成功操作该物体。因此，设计抓取机构需要了解从抓取到放置或者物体操作的整个过程。
- 吸盘或双指夹爪等简单机构足以完成大多数抓取和操作任务，但它们不适用于手内操作，这在很大程度上仍然是一项开放的研究挑战。

课后练习

1. 考虑至少3种机构来设计平行夹爪。夹爪的最小缝隙和最大缝隙与设计的每种夹爪宽度有何关系？
2. 考虑至少3种机构来驱动四连杆。在断电期间，哪一种可以将有效载荷保持在夹爪内？
3. 推导出四连杆夹爪中指尖与夹爪底座的距离公式，作为夹爪开口宽度的函数。可使用适当的参数来描述未知参数。
4. 一个强有力的抓取机构包裹一袋咖啡豆后，从中挤出空气。使用本章的知识描述这个过程。
5. 设计一个抓取系统，用于在自动化生产线上抓取汽车车门的裸金属。哪种设计可确保零件放置的最大精度？

第二部分

感知和驱动

第 6 章

执行器

本书的第一部分涉及不同的机构,帮助我们了解机器人的样子以及它们是如何移动的。我们现在将介绍一种将能量转化为旋转和平移的装置。我们一般称这种装置为执行器(actuator)。本章的目标是为读者提供以下基本信息。

- 不同类型的执行器及其优点和缺点。
- 不同执行器技术带来的系统挑战。
- 为进一步研究提供依据和参考。

6.1 电动机

鉴于滚动机器人的主导地位,电动机(Hughes and Drury,2019)是最受欢迎的执行器之一。电动机有不同的种类,从步进电动机、直流电动机到伺服电动机及所谓的无刷直流电动机。除了步进电动机使用大型电磁铁使内部主轴每次旋转几度之外,其他电动机的物理特性均要求内部主轴以非常高的速度旋转(每分钟几千转)。因此,电动机几乎总是与所谓的减速齿轮一起使用,减速齿轮的任务是降低其转速并增加其扭矩(电动机绕轴线旋转所施加的旋转力)。扭矩是电动机最基本(即最低层次)的控制命令之一。关节扭矩的概念已经在 4.1 节中介绍过,其通常在静态或动态抽象层次中控制机器人时被使用。为了能够测量转数和轴的位置,电动机还经常与旋转编码器结合(见 7.2 节)。将电动机与齿轮箱、编码器和控制器结合以向期望位置移动的电动机称为伺服电动机,这在机器人爱好者中很受欢迎。

6.1.1 交流电动机和直流电动机

电动机利用电磁作用把电能转化为动能。更具体地说,根据安培定律,电流通过导线时在导线周围产生一个环形磁场。这种效应可以通过将电线缠绕成线圈来放大。由于线圈的形状,所有电线产生的磁场会相互叠加,进而在线圈的中心形成一个强磁场。这种磁场可以用来磁化铁磁材料,比如铁,从而进一步放大磁场。由此产生的磁动势(magnetomotive force,MMF)与线圈的绕组数和流过线圈的电流成正比。

交流电动机

在交流电动机中,电磁线圈通常与永磁体配对使用。由于极性相反的磁铁相互排斥,这种效应可以用来产生运动。简单电动机由一个简单的线圈和两块永磁体组成,线圈可以在两块永磁体之间旋转,一块永磁体的南极指向中心,另一块永磁体的北极指向中心(见图 6-1a)。在中心线圈上安装一个轴,就可以驱动一个轮子。带有轴的转动部分称为转子,而静态部分称为定子。当线圈通电时,铁芯会被磁化:铁芯的北极会被定子中一块永磁体的南极所吸引,同时被定子中另一块永磁体的北极所排斥,而铁芯的南极则相反。

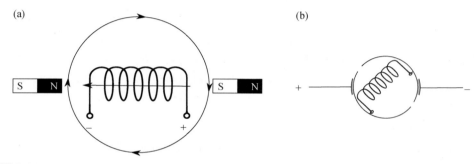

图 6-1
(a) 由一个简单的线圈和两块永磁体组成的简单电动机。在当前的配置中,电磁力将导致线圈旋转 180°
(b) 一个简单的换向器,它将在线圈旋转时改变电流方向,从而改变磁场方向

为了使这个简单的电动机顺利运行下去,需要交换转子磁场的方向,这可以通过变换通过线圈的电流方向来实现。当使用交流电(alternating current,AC)时,电流方向会自行变换。交流电通常用于电网,其中电流的方向以 50 Hz 或 60 Hz 的频率变化。在这种情况下,电动机的速度取决于交流电的频率,而它的最大转矩则取决于电流。

交流电动机以不同的形式存在,通常使用多个并联的线圈来实现更平滑的运动。一些电动机设计也把永磁体放在转子上,线圈放置在外面。然而,无论如何设计,它们的基本原理都是一样的。

直流电动机

由于交流电动机的速度是恒定的,所以它多应用于重工业。另一种设计是通过所谓的换向器(见图 6-1b)改变电流方向,这使得以方向不变的直流电(direct current,DC)运行电动机变得可能。直流电通常可以从电池或通过变压器和整流器将交流电转换成直流电的"墙壁插座中的电源适配器"中获得。

换向器在一系列交错的焊盘上提供正电压和负电压。换向器可以沿着定子的圆周放置,并通过附在轴上的金属刷为转子线圈提供电力。这样无论在哪里,中心线圈都会在正确的极性上接收电力。与交流电动机一样,直流电动机存在多种设计,比如使用成对的平行线圈或者各种电刷,以及将换向器安装在定子或转子上。

这样的电动机可以以任意速度转动，并且会越来越快，其转速只受施加在轴上的摩擦力和扭矩的限制。因此，它的速度与所施加的电压成正比，而它的转矩则受所提供的最大电流限制。

直流电动机广泛应用于机器人领域，但由于电刷的摩擦和磨损，其效率很低。

6.1.2 步进电动机

即使使用多个线圈和多对永磁体，也很难精确控制直流电动机轴的角度。虽然旋转速度可以被降低数百甚至数千次，但电动机通常每分钟旋转数千次，也称为"每分钟转数"（rotations per minute，RPM）。解决这个问题的方法是采用步进电动机，其最简单的形式是使用具有固定齿数的铁磁旋转轮作为定子。定子中的线圈可以吸引这些齿，当转子对准定子线圈中的齿时，将会产生小角度的旋转。为了精确控制这种效果，线圈中的铁磁材料也具有齿状图案，选择性地打开或关闭线圈将使电动机以一个固定的角度转动（大约1°或更少）。例如，步转3.6°的步进电动机需要100步才能转动一圈。

步进电机所需的电压通常由微控制器产生。一个有4个相位的步进电动机通常包含4组线圈，这意味着需要4个电信号精细地交错。第一根导线在固定的时间内接通，而其他3根导线断开，然后是第二根导线、第三根导线和第四根导线。在这里，信号的周期（即长度）决定了步进电动机的速度，而最大电流决定了它的保持扭矩。目前有各种低成本的集成电路可以生成这种模式，这些集成电路可以将微控制器的任务简化为每一步发送一个比特，并为所需的方向发送另一个比特。

步进电动机的优势在于其通常不需要齿轮或编码器（因为人们可以简单地计算发送的步数），这使得它们经常作为小型差速轮式机器人或夹持器的驱动器。但步进电动机通常比直流电动机更加昂贵和笨重。

6.1.3 无刷直流电动机

由于交流电模式是由电子器件产生的，步进电动机不需要电刷换向，因此效率更高。随着20世纪70年代微电子技术的出现，使得以传统直流电动机所需的速度（数千转/分）生成驱动模式变为可能，这进一步推动了无刷直流电动机的出现。无刷直流电动机和步进电动机类似，但它可以用更小的线圈运行，因为它的扭矩来自高速旋转的动能。为了提升控制性，无刷直流电动机使用编码器、霍尔效应传感器或电流的微小变化（由目前未使用的线圈中的动力学效应产生）来测量定子内转子的当前位置。无刷直流电动机的传感和控制通常由专门设计的固态电子器件实现。

与电刷会引起摩擦的有刷直流电动机不同，无刷直流电动机的最大速度主要受热量的限制——这是电流通过其线圈产生的副作用。由于没有摩擦，无刷直流电动机的效率比有刷直流电动机的效率高得多，这让其可以在更小的外形尺寸和更低的重量下提供等效的速度和扭矩。

20世纪80年代，钕等稀土磁体的发现进一步提高了电动机的性能，使得电动机可以在更小的重量和更小的电流下产生更大的扭矩。这些发现推动了电动汽车的复兴，并与固态惯性测量单元（inertial measurement unit，IMU）（见7.3.2节）一起推动了小型无人机的实现。

6.1.4　伺服电动机

为了在机器人系统中发挥作用，电动机通常需要使用齿轮、编码器和控制电子设备，将这些组件整合成适合使用的便捷形式的模块被称为伺服电动机。

伺服电动机通常用于远程控制汽车，为汽车转向或飞机襟翼的移动提供简单的执行器。伺服角度的设置是通过简单的数字信号实现的，角度范围通常小于等于360°，并由集成电子设备控制。最近出现的新型数字伺服电动机不仅能够控制角度，还能够设置伺服运动的速度和最大电流（从而产生扭矩）。此外，它们还可以读取实际角度、温度和其他操作参数等信息。

由于伺服电动机内置齿轮减速器，所以一般来说它不适合用于移动平台的传动系统，但它们在驱动简单操作臂、铰接手和夹持器关节方面的表现越来越突出。线性执行器是一种特殊的伺服电动机。其中，一个（无刷）直流电动机驱动一个主轴，将旋转转化为平移。线性伺服电动机提供了多种协议选项，有些型号具有内置编码器，可以提供位置反馈。

6.1.5　电动机控制器

设计一款能够将数字信息转化为精确控制的电压和电流的电力电子设备非常具有挑战性。晶体管用于将微控制器的低功率控制信号转换为高功率控制信号，而调节电压则通过以非常高的频率（几十千赫兹）开关直流电源来实现，并使用电容器和线圈的组合来平滑信号。二极管用于将去磁线圈产生的反向电压接地。由于在遥控汽车等较小的系统中会出现数十安培的峰值负载，因此设计电动机控制器非常复杂，并且通常局限于特定的操作范围内。

在为电动机驱动器选择合适的电路时，最大的挑战是选择一个不仅能适应电压（U）和电流（I），而且能实际处理总体能量（$P = UI$）的电路。在这里，第一个障碍是提供所需的电源电压。由于很难实现供电电压的无损耗转换（特别是所需电流较大时），因此主驱动电动机的电压要求往往决定了整个电力系统的运行电压。

第二个障碍是实现低损耗能量变换。因为所有功率晶体管都有内阻（R），根据公式 $P = I^2R$，一个很小的电阻值就会产生大量热量。在这种情况下，散热很快就会成为一个主要问题。通常，这不是现有电动机控制的解决方案会考虑的一部分，但它本身代表了一个机械设计问题。标准的方法是使用（金属）机器人底盘来散热，但有时使用风扇进行主动冷却也是必要的。想要了解各种电动机设计中电力电子设备的更多详细信息，读者可以参考Hughes和Drury（2019）。

6.2 液压和气动执行器

有一种执行器被称为线性执行器,特别是对于有腿的机器人,这种执行器更广为人知,其可能以电动、气动或液压形式存在。

6.2.1 液压执行器

液压执行器大多以活塞的形式存在,广泛应用在工程机械和其他重型设备中。液压执行器所产生的力通常远超电动马达产生的力,而且就尺寸而言,它们在不同的范围内。比如,最小的液压执行器(几十厘米级)产生的力要比最小的直流电动机(毫米级)产生的力大几个数量级。但是,它们都适用于较大的双足和四足平台,在实际应用当中液压执行器往往和电动机一起使用。

液压执行器需要一个装有加压液体的油箱和一个压缩泵(由直流电动机驱动)。液体通过气体加压,并通过一个电磁阀释放到执行器中。另一个电磁阀用于让液体从执行器中逸出,然后压缩泵将液体泵回油箱中。油箱中的气体起到缓冲作用,使系统释放出大量能量,然后需要由压缩机缓慢恢复。由于液压系统的性能与其机械性能(例如油箱的尺寸和压力、连接组件的管道直径以及阀门的尺寸)密切相关,因此液压系统的工作范围比电动机的工作范围更窄,并有着更高的力和速度变化范围。然而,液压系统的维护成本高,难以控制,并且通常具有低带宽的特点。也就是说,它们永远不会像电动机那样反应迅速,这让它们难以应用在人类居住的环境,因为在人类居住的环境中,反应速度是至关重要的安全注意事项(见6.3节)。

6.2.2 气动执行器和软体机器人

基于流体(液压)的执行器的原理也扩展到了基于空气的操作系统。气动系统也需要一个压缩泵、一个油箱和一组引导空气流动的阀门。由于空气的可压缩性比液体大几个数量级,因此气动系统不太适合转换大的力。然而,与液压系统相比,气动系统有着更小的体积和更轻的重量。例如,电磁阀可以小到几毫米,因此它们可以用来构建复杂的机构,如接近实际大小的机器鱼(Katzschmann et al., 2018)或机械臂(Deimel and Brock, 2016)。

气动执行器除了可用于液压系统的活塞和其他执行器外,还可以被设计成任意形状,这让设计者能够将气压转化为几乎任何所需的弯曲或扭转运动。这些执行器通常由柔性橡胶材料制成,柔性橡胶材料具有可填充空气的内腔。织物等材料在一个维度上(拉伸时)是刚性的,但在另一个维度上(弯曲时)是柔性的,用于将进入空气的力引导到所需的方向,以此来让执行器用所需的方式弯曲或扭曲(Polygerinos et al., 2017)。请注意,软执行器不是气球。气球在充气时体积会发生变化,而体积的变化被认为是软体机器人执行器的一种故障模式,在理想情况下,所有能量都应该直接转化为运动。

由于软执行器是柔性的,因此它打破了第 3 章中介绍的刚性机器人的运动学传统。从运动学的角度来看,一个理想的、完全柔软的机器人可以被建模为一个具有无限个机械自由度的平台。然而,尽管其复杂的机制使建模和控制更加困难,但软体机器人开辟了一个机器人能力的全新领域。例如,有可能设计出更像动物运动而不是机器运动的非传统运动学。这也使得采用依赖于顺应(compliance)机构的控制策略成为可能,这是在 5.2 节简要介绍的概念,并通过力控制得以实现(第 4 章)。

6.3 安全注意事项

考虑哪种执行器系统是最佳选择主要出于安全因素。我们要区分主动安全和被动安全的概念。主动安全是指一种能够充分控制执行器以防止其造成伤害(例如,挤压人的手指、肢体或破坏环境中的基础设施)的能力。协作机器人(collaborative robot)通过限制机器人可以达到的转矩来实现主动安全。通过测量和调节在给定执行器上使用的电流,并采用合适的将电流和电动机转矩关联的低水平电动机动态模型,可以实现对转矩的控制,该模型将工作电流与电动机转矩联系起来。通过比较执行一项任务所需的关节力矩(见第 4 章)和实际流过电动机的电流,机器人可以检测它是否要对外部世界施加(潜在有害的)力或力矩。这通常需要估计机器人有效载荷的大致重量。一种更好(但更昂贵)的控制扭矩的方法是通过测压元件测量每个关节处的扭矩(见第 7 章)。使用实际的传感器来测量力和扭矩实际上有助于将这种方法扩展到其他驱动系统,而不仅仅局限于电动机。

被动安全是指即使在缺乏控制的情况下也能保持机器人安全的能力。

被动安全可以通过缓冲机器人来实现,其使用略低于能造成伤害的力的"服从"执行器,如气动执行器,或将电动机与弹性元件耦合。在这种串联弹性驱动器中,动力不是由电动机轴直接传递的,而是通过弹簧间接传递的。除了兼具力矩传感器外(见第 7 章),这还限制了此类执行器能够施加的最大力,并降低了一些高级控制器的精度。

一种只能通过被动安全机制解决的重要故障模式是电源故障。在没有电力的情况下,移动机器人可能会继续移动(基于惯性)并撞到一个物体,这使得人形机器人可能会自己摔倒,尖锐的被持物可能会从夹爪上脱落。这些问题可以通过在没有电力的情况下始终开启的中断机构来解决,或者使用高的齿轮传动比,以此让整个机构不能向后驱动。

本章要点

- 有多种技术可以将能量转化为运动,其中许多技术已经被用于制造机器人,在小型机器人系统中,电动机仍然是主要的执行器。

- 一个执行器的好坏取决于它相对于可用能源的效率，它的位置、速度和扭矩可以测量的精度，以及是否可以实现精确和精密的控制。
- 机器人的安全性不仅取决于驱动器的选择，还取决于周围的控制系统。

课后练习

1. 你正在设计一个机械臂，目标是使其力量最大化，同时使重量最小化。你会选择哪种电动机，为什么？
2. 你正在为 3D 打印机设计一个龙门系统，可以左右、上下移动打印头。

    a）你首选哪种电动机？为什么？

    b）你选择的电动机要求电压 5V，电流最高 1A。请从网上供应商处选择合适的驱动板。

    c）使用无刷直流电动机实现龙门系统需要哪些附加组件？
3. 你为机械臂肩关节选择的电动机太弱，在负载下会停止转动。假设电力供应不间断，最终导致永久性损害的是什么？
4. 电动机控制器中的关键部件的 ON 电阻为 0.2Ω。你的电动机平均负载需要 10A。

    a）通过热量耗散的功率是什么？

    b）在互联网上搜索散热片。这里需要注意的关键量是什么？
5. 比较平行钳口夹持器与双杆联动夹持器。讨论它们在断电情况下的安全性能。
6. 假设"软"机械臂的末端执行器以 3m/s 的速度撞击物体。与传统机械臂相比，讨论它的安全性，并陈述你所做的假设。

第 7 章
传感器

机器人是一种能够感知、驱动和计算的系统。在前面章节中我们已经学习了机器人活动的基本物理原理,即运动和操作。本章我们将要了解机器人传感器的基本原理,这些传感器为机器人提供了决策和自我控制所需的数据。本章的目标如下。

- 概述机器人系统中常用的传感器。
- 介绍常用传感器功能背后的物理原理。
- 阐明在基于传感器进行推理时导致不确定性的机制。

一直以来,机器人传感器技术的发展是由机器人以外的工业行业的发展来驱动的,这些工业行业包括交通运输(如汽车、轮船、飞机)、工业安全装备、遥控玩具的伺服设备,以及近些年发展起来的手机、虚拟现实和游戏机等行业。这些行业主要是通过找到大规模市场应用,以低成本生产"新奇"的传感器。例如,现在广泛应用于智能手机中的加速度计和陀螺仪的成本还不到 1 美元;Xbox 游戏机用比以前低得多的成本实现了 3D 深度感应(使用了微软的 Kinect);新型号的汽车相比旧型号的汽车增加了一系列提供各种功能的传感器,但也没有显著增加汽车本身的成本。

> 日常生活中你都会接触到哪些传感器?你的手机、厨房或车里都有哪些传感器?

如我们能看到的,很难根据传感器的应用领域和使用目标对它们进行分类。事实上,传感器所能获得的信息源是解决大多数问题的关键。例如,定位问题可以通过一个被称为"编码器"的传感器(在 7.2 节中讨论)测量轮子转动了多少角度来解决,这个传感器可以依靠各种各样的物理原理实现。随着加速度计(见 7.3 节)甚至视觉传感器(见第 8 章)的加入,定位可以变得更加精确。所有不同的方法在精度(这个术语将在 7.1 节更正式地介绍)和它们所提供的数据类型方面存在巨大差异,但没有一种物理原理能够单独完全解决定位问题。

> 想想你可以从一个非完整机器人的编码器、加速度计或视觉传感器中获得何种类型的数据?它们的根本区别是什么?它们利用了什么物理原理?

虽然编码器能够测量位置，但它通常只用在机械臂上。对于非完整移动机器人来说，它在构型空间中的封闭路径（即将编码器值返回到初始位置的机器人运动）不一定会驱动机器人返回到真实世界的起点（见图 3-4）。在这些机器人中，编码器主要用于测量速度。根据定义，加速度计用于测量速度的导数。如果环境具有唯一的特征，通过视觉传感器可以计算绝对位置（或速度的积分）。这 3 种传感器之间的另一个根本区别是它们提供的数据量和数据类型不同。加速度计对以一定精度数字化的实值量进行采样。里程计提供与编码器增量相对应的离散值。视觉传感器提供一组数字化的实值量（即颜色）。尽管视觉传感器的数据量远远超过其他传感器的数据量，但如何挑选对完成任务最有用的信息仍然是一个困难且普遍未解决的问题。

7.1 术语

在处理传感器技术问题时，准确定义"速度"和"分辨率"等术语并增加针对机器人领域特有的附加分类非常重要。机器人学者将传感器分为主动（active）传感器和被动（passive）传感器两类。主动传感器发射某种信号并收集环境返回的信息。被动传感器测量来自环境本身的信号。例如，大多数距离传感器（不包括立体视觉传感器）都是主动传感器，因为它们能够发射信号并感知环境反射回来的信号；相反，加速度计、罗盘或按钮都是被动传感器。在被动传感器上增加主动元件通常会增加被动传感器的信噪比，因此在某些情况下，上述分类的区别可能会比较模糊。

另一个描述传感器的重要术语是量程（range），它是传感器测量值上下限的差值（difference）。这与传感器的动态范围（dynamic range）不同，动态范围是传感器测量值的最大值和最小值之间的比值（ratio）。动态范围通常以对数刻度（以 10 为基数）表示，也称为"分贝"。分辨率（resolution）是传感器可以测量的两个值之间的最小距离。传感器的分辨率主要受限于传感器所利用的物理原理（例如，光探测器只能计算量子的倍数），通常还会受到模拟–数字转换过程的限制。不应将传感器的分辨率与它的精度或精确度（这是两个不同的概念）相混淆。例如，一个红外距离传感器在测量 0～10 cm 范围的距离时可能可以产生 4096 个不同的值用于编码距离，这意味着分辨率约为 24 μm；尽管如此，由于采集过程中的噪声，它的精度远低于分辨率（通常是毫米级的）。

传感器的准确度（accuracy）是其（平均）输出值 m 与待测真实值 v 之间的差值的绝对值与待测真实值之间被 1 减得到的度量值：

$$\text{accuracy} = 1 - \frac{|m-v|}{v} \tag{7.1}$$

对于非常精确的测量值，准确度将非常接近 1，如果所有测量值都与实际值相差很远，准确度将接近 0。然而，在实践中准确度很少被使用，通常准确度是通过一个绝对值或一个可能超过真实值的百分比来度量的。

传感器的精度（precision）由信号的范围和统计方差的比值给出。如图 7-1 所示，精度是信号可重复性（repeatability）的度量，而准确度描述的是由传感器物理特性引入的系统误差（systematic error）。例如，GPS 传感器的精度通常在几米以内，但是准确度却只有几十米。当卫星配置发生变化时，定位偏差显得尤为明显，此时可能会导致定位精确区域发生变化。在实践中，可以通过将 GPS 的定位数据与其他传感器数据（例如，使用惯性测量单元）融合来避免这种情况。

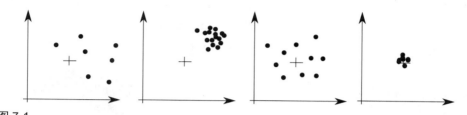

图 7-1
十字形记号对应于信号的真实值。从左到右依次表示：不精确也不准确、精确但不准确、准确但不精确、准确且精确

传感器能够提供测量值的速度被称为带宽（bandwidth）。例如，如果一个传感器的带宽是 10 Hz，它每秒将能够提供 10 个测量值。了解传感器的带宽非常重要，因为过度频繁地从传感器获取数据会导致计算时间的浪费并可能对后续流程产生误导。

本体感受与外部感受

一个重要的传感器分类方法是区分传感器属于本体感受还是外部感受。本体感受（proprioception）是指对机器人内部状态的感知，它包括对机器人关节角度、速度以及内部扭矩和力的估计。相反，外部感受（exteroception）是指对机器人机体之外的事物的感受。外部感受非常重要，因为外部感受对于机器人正确感知世界的状态、估计与外部世界相关的不确定性、根据这些不确定性正确地采取行动紧密相关。尽管一直以来大多数传感器的开发都集中在能够测量远距离空间的远端传感器（例如，第 8 章所述的相机或 7.5.3 节将要介绍的基于声音的传感器），但是近几年近端传感器的研究受到了更多的关注，这些近端传感器主要用于测量围绕在机器人机体周围的环境，甚至是测量直接作用在机器人机体上的相关量。近端传感器技术可以应用到多种场景中，从需要测量和控制的末端执行器与环境进行交互（如用固定的垂直力打磨桌子）的任务场景，到在无法避免与障碍物接触的杂乱环境中执行操作的任务场景。

> 在机器人领域中，经常将机器人的工作能力与人类的工作能力相比较。想一想有多少日常工作是不需要与环境进行物理接触的，如果机器人能够做到，你是否能够在没有物理接触的条件下成功地完成它们呢？如果你"不惜一切代价避免物理接触"，你的工作能力会降低多少呢？

7.2 测量机器人关节构型的传感器

最重要的本体感受传感器是编码器（encoder）。如果与弹簧一起配合使用的话，编码器可用于感知关节位置、速度以及力。编码器可以分为增量编码器（主要用于移动机器人）和绝对编码器（主要用于机械臂）。一般来说，它们装配了与电动机一起转动的磁性信标或光学信标，使用一个适当的传感器进行感知信标并对每次通过的信号进行计数。在机器人领域中最常见的编码器是正交编码器（quadrature encoder）。正交编码器是一种光学编码器，该编码器由随电动机旋转的图案和记录黑白转换的光学传感器组成，如图 7-2 所示。

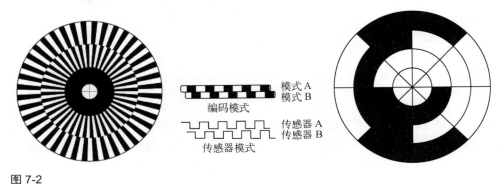

图 7-2
从左到右依次为：正交编码器中使用的编码器模式；正交编码器产生的传感器信号（向前运动）；绝对编码器中使用的编码器模式（格雷码）

虽然正交编码器使用单个光学传感器就能检测旋转角度和旋转速度，但单个光学传感器不能确定运动的方向。因此，正交编码器通常装有两个光学传感器 A 和 B，它们之间相差四分之一个相位的距离，可用于记录交错模式。如果 A 领先 B，则圆盘按顺时针方向旋转。如果 B 领先 A，那么圆盘按逆时针方向旋转。图 7-2 右侧是一个绝对编码器的例子，这是一种 3 位模式的绝对编码器，其中使用的编码器模式对一个圆盘上的 8 个不同片段进行编码。需要注意的是，这种模式是按照从一个片段到另一个片段只改变一"位"的方式设计的，这种模式被称为"格雷码"（Gray Code）。

7.3 测量自运动的传感器

测量机器人关节构型的传感器仅限于静态观测。这类传感器不能让机器人检测当前是否在移动或者加速（例如下落），而检测移动或加速对于行走的类人机器人或仅动态稳定的四旋翼机器人是尤其重要的。运动检测可以依靠惯性（inertia）原理来实现。如果没有摩擦，运动的物体不会失去动能。类似地，静止质量会抵抗加速度。这两种效应都是由于惯性造成的，可被用来测量加速度和速度。

7.3.1 加速度计

加速度计可以看作一个阻尼弹簧上的有质量的物体。想象一个带有一定质量物体的垂直弹簧，我们可以通过测量该物体作用在弹簧上产生的位移 x 来测量其作用力 $F = kx$（根据胡克定律）。利用牛顿第二定律（$F = ma$），我们可以计算作用在质量为 m 的物体上的加速度 a。在地球上，这个加速度大约是 9.81m/s^2。在实践中，这类弹簧/质量系统是用微机电装置（micro-electromechanical device，MEMS）实现的，例如悬臂梁的位移可以用电容传感器测量。加速度计最多测量 3 个轴的平移加速度。基于所测量的加速度估计绝对位置需要进行二次积分，这种操作在位置估计中引入了较大的噪声，使得基于加速度计的位置估计在实践中是不可行的。然而，由于重力提供了恒定的加速度向量，加速度计非常擅长估计物体相对于重力的姿态（即横滚和俯仰）。

7.3.2 陀螺仪

陀螺仪是一种机电装置，它可以测量转速，在某些情况下还可以测量方向。它与测量平移加速度的加速度计是互补的。经典的陀螺仪由一个旋转的圆盘组成，它可以在由枢轴（pivot）和万向节（gimbal）构成的系统中自由旋转，因此当它移动时，惯性动量保持圆盘的原始方向。这样就可以测量系统相对于最初位置的方向。虽然圆盘式陀螺仪在一些场景中仍在使用（例如，在坦克运动过程中控制加农炮稳定状态），但这种机构很难小型化。

陀螺仪的一种变体是速率陀螺仪，它用于测量旋转/角速度。通过速率陀螺仪的光学（optical）实现方式可以直观地说明其原理。在光学陀螺仪中，激光束被分成两部分，并在两个相反的方向上绕圆形路径发送。如果设备逆着其中一个激光束的方向旋转，一个激光将必须比另一个激光行进稍长的距离，从而在接收器处可以得到一个可测量的相移。这个相移与装置的转速（rotational speed）成正比。由于具有相同频率和相位的光会相互叠加，而具有相同频率但相位相反的光会相互抵消，因此高转速时，检测器上检测到的光会变得更暗。但是小型的光学速率陀螺仪并不实用，目前广泛使用的是基于另一项技术实现的 MEMS 速率陀螺仪，这种陀螺仪是基于弹簧悬挂质量物体的原理实现的。当传感器旋转时，质量物体振动，使其受到科氏力的影响（想要更好地理解科氏力，可以想象一下黑胶唱片播放机上与唱片旋转方向正交的移动唱针所受到的力），在科氏力的影响下，为了直线移动，不仅需要向前移动，还需要横向移动。改变这种横向运动速度所需的加速度抵消了科氏力，该科氏力与横向速度（MEMS 传感器中质量物体的振动）和设备希望测量的旋转速度成比例。需要注意的是，MEMS 速率陀螺仪只有在不振动的情况下才能测量加速度。

速率陀螺仪可以测量沿3个坐标轴旋转的转速，可以通过积分得到绝对方向。由于加速度计可沿着平移的3个轴进行测量，两种传感器组合可以提供所有6个自由度的运动信息。再加上提供绝对方向的磁力计（罗盘），这种组合也被称为惯性测量单元（IMU）。IMU的功能非常强大，因为加速度计和陀螺仪可以提供横滚和俯仰方向的互补信息，而磁力计和陀螺仪可以提供偏航方向的互补信息。这项创新通过传感器组合为姿态航向基准系统（attitude and heading reference system，AHRS）提供了强有力的支持，该技术将在7.6节中进行探讨。

7.4 测量力的传感器

对物理相互作用力的测量对机器人技术至关重要，这种测量使得机器人能够轻松模仿人的多种行为，例如，轻柔地采摘草莓以及安全地与人类进行基于接触的互动。

一种用弹簧将电动机和编码器组合起来的机构被称为串联弹性执行器（series-elastic actuator）（Pratt and Williamson，1995），使用胡克定律（$F=kx$，其中k是弹簧常数，x是弹簧中来自伸缩或压缩的位移），可以将旋转和线性编码器作为简单的力或扭矩传感器使用，这可用于在静态（见4.1节）或动态抽象层次下操作机器人。另一种估计作用在关节上的实际力或扭矩的方法是测量每个关节消耗的电流。知道机构的姿态可以计算整个机构产生的力和扭矩，以及空载条件下所需的电流，并可以基于此推导计算对应的附加力。

目前广泛使用的最精确的力测量设备是力/扭矩传感器（force/torque sensor，F/T传感器）。它是一种能够检测作用在其上的六维力旋量的一个或多个组分的机械装置（例如，3D力和3D扭矩，见4.1节）。大多数商用的F/T传感器都基于应变器实现。简单地说，应变器是一种金属（导电）箔，当对其施加力旋量时其形状会改变，同时其电阻也会发生变化。一个典型的F/T传感器装置（见图7-3）包含一个实心金属内轮毂，它通过3根对称的矩形实心金属棒悬挂在外圈上。每根金属棒的每侧都装有一个应变器（每根4个）。通常，传感器成对工作，一个安装在与另一个正交的位置，总共产生6个传感器信号，我们可以根据信号计算3D力和扭矩。这种F/T传感器可作为独立部件安装在末端执行器和机械臂之间，或集成在机器人关节内。

虽然F/T传感器准确且精确，但它受到许多限制：①由于制造过程中所需的高精度而导致的高成本；②尺寸较大，标准F/T传感器通常与人类手腕一样大；③低信噪比；④低带宽/响应度；⑤在空间和时间中的数据点是稀疏的。当研究与物体具有多个接触点的机械臂时，限制就变得特别明显。在这种情况下，测量关节处的力和扭矩的单个传感器只能提供很少的信息。

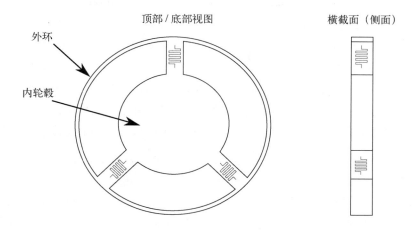

图 7-3
力/扭矩传感器通过 3 根金属杆在机器人的两个连杆之间传递力和扭矩,金属杆将内轮毂连接到外环。在这里,机器人的一个连杆连接到外环,另一个连接到内轮毂。每根金属杆的每一侧都配有应变器,总共有 12 个传感器

压力或接触

为了部分缓解前面提到的限制,机器人学者致力于为机器人赋予一种补充能力:测量施加在机器人表面的压力。

皮肤是人体最大的感官器官,触觉是我们最古老、最重要的感觉。对人类来说,接触感知和物理交互能力是一种资源而不是一种障碍,人类在各种情况下都很擅长利用触摸。因此,为让机器达到与人类相当的表现,机器人学者很自然地想到为机器人也赋予类似的能力。

压力传感器是一种能够检测二进制形式的接触/碰撞(在这种情况下通常称为接触传感器)或检测施加的压力梯度的设备。通常,施加到传感器的垂直压力与施加到传感器垂直方向的一维垂直力成比例,这使得压力传感器在特定应用(例如,抓取)中成为 F/T 传感器的良好替代品。此外,压力传感器主要基于电容(capacitance)变化而不是基于电阻变化来测量压力(这与现代智能手机上触摸屏的功能原理是一致的)。当向电容器类器件(即类似于由绝缘材料分隔的两个导电板组成的器件)施加压力时,两个导电板之间的距离减小,从而导致电容变化,这种变化很容易测量。

正如在前文中所介绍的,根据胡克定律,距离和力的感知紧密关联。许多接触和力传感器都依赖于基于光学的距离测量(见 7.5 节)和一个已知弹性系数的柔性材料,例如使用距离传感器从内部测量弹性圆顶的变形(Youssefian, Rahbar and Torres-Jara, 2013)或在接触前或施加力后通过透明橡胶测量到物体的距离(Patel, Cox and Correll, 2018)。

与 F/T 传感器相比，压力传感器提供的信息量有限（压力传感器一维，F/T 传感器六维），但压力传感器具有响应性高、每平方厘米的测量密度高（每平方厘米可布置数十个传感器）、成本低、易于小型化等优点。

通过触觉，人不仅能感知压力，还能感知高频信息（例如振动），这些高频信息在辨别不同的表面属性时非常关键。机器人可以通过将加速度计或传声器集成到软换能器中并对光谱信息进行分类来测量数百赫兹量级的振动，从而复制人的触觉感知能力（Hughes and Correll，2015）。

在特殊场景中，可能需要为机器人配备一种人造皮肤（artificial skin），这种人造皮肤混合了压力、纹理、温度或光等多种传感模式，可能还包括相机或能够改变人造皮肤外观的执行器。尽管人造皮肤存在多种商业解决方案，包括为检测接触而设计的测量指定位置压差的加压双层皮肤以及电容解决方案，但在实际的机器人中，人造皮肤尚未得到广泛应用。

7.5 测量距离的传感器

通过前面章节我们已经看到，机器人一旦与环境产生接触，机器人的内部状态就会与外部环境紧密关联，因此从机器人本体感受传感器到外部感受传感器之间需要有一个流畅的过渡。为了从远处探索环境，从远处测量与物体的距离对机器人导航和识别障碍物及感兴趣的物体至关重要。

光敏半导体材料较小的尺寸和较低的价格使得基于多种物理原理的光传感器大量涌现，使用到的物理原理包括反射、相移和飞行时间等。其他常用于距离传感器的物理原理还包括无线电（通常称为"雷达"）和声学原理。

7.5.1 反射

反射是最容易和最直接的距离测量物理原理之一：距离物体越近，反射的光、无线电或声波越多。我们可以很容易地测量与具有良好信号反射属性且距离不太远的物体之间的距离。为了使这些传感器尽可能地不受物体颜色的影响（但很难完全独立于物体的颜色），在实际使用时，最常用的光波是红外光。相反，声波不会受到物体表面颜色的影响，但是它会受到表面特性和吸收特性的影响。

基于反射的距离传感器由两个部件组成：发射器（发射红外光等信号）和接收器（负责测量反射信号的强度）。红外距离传感器的典型响应曲线如图 7-4 所示。在模拟–数字转换器中获得的值与红外接收器中的电压相对应，在低距离（平坦线）时饱和，然后呈二次方下降。

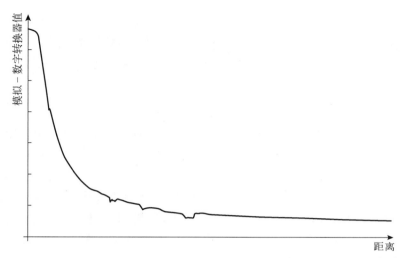

图 7-4
红外距离传感器距离函数在真实世界中的响应，单位有意保留为无量纲

7.5.2 相移

如图 7-4 所示，只有在距离较短的情况下，才能使用反射原理精确地测量距离。与红外距离传感器利用反射原理测量距离不同，激光测距传感器通过测量反射波的相位差而不是测量反射信号的强度（振幅）来测量距离。为了实现这一点，激光测距传感器将发射的光的波长调制到超过传感器可以测量的最大距离。如果使用可见光并以非常慢的速度来实现传感器，将会看到一束光不断变亮，然后变暗，短暂地熄灭，然后又开始变亮。

如果绘制发射信号随时间变化的幅值（即亮度）曲线，就会看到，幅值曲线在光线暗淡时与零幅值线有交叉点。当光传播时，该波以其两个零幅值交叉点之间的恒定距离（即波长）在空间中传播。当光被反射时，同样的波会传播回来（或者至少有一部分会被散射回来）。例如，现代的激光扫描仪能够发射频率为 5 MHz 的信号，也就是说，在 1 s 内能关断 500 万次。再加上约 300 000 km/s 的光速，就产生了 60 m 的波长，使得这种激光扫描仪在测量 30 m 以下的距离时都很有效。

当激光扫描仪所要测量的障碍物的距离正好相当于波长的一半时，它所测量的反射信号将在其发射信号穿过零幅值点的同时变暗。靠近障碍物时会产生可测量的偏移。因为发射器知道它发射的波的形状，所以它可以计算发射信号和接收信号之间的相位差。同时波长是已知的，就可以计算距离了。由于这一过程基本上与环境光无关，因此可以测量得非常精确。

由于激光测距过程速度很快，因此激光测距传感器可以与旋转反射镜相结合扫描更大的区域，组合后的系统被称为激光测距扫描仪（laser range scanner）或激光雷达（lidar）。这类系统目前已经可以包含多达 64 个扫描激光器，且因其能在驾驶时提供汽车周围环境的大量深度数据而被广泛应用于自动驾驶场景中。除此之外，也可以用相变信号调制投影图像的方法进行测量，这是早期"飞行时间"相机的工作原理，但这并不是对其工作原理的准确描述。

7.5.3 飞行时间

基于光学原理实现的最精确的距离测量方法是飞行时间，通过计算从发射器发射信号到接收器接收信号之间的时间来实现。由于光的传播速度非常快（真空中约为 3×10^8 m/s），这就需要能够测量小于纳秒（ns）周期的高速电子设备，以达到厘米级的精度。在实践中，通常通过将接收器和与发射光同频率工作的高速电子快门相结合来实现。因为快门周期时间是已知的，所以可以通过测量在一个快门周期内从反射表面返回的光子的数量来推断光传播的时间。例如，光在 50 ns 内传播 15 m。因此，从距离 7.5 m 的物体返回需要 50 ns。如果发射器发射一个持续 50 ns 的光脉冲，然后用快门关闭接收器，则物体越近，接收器接收光子越多；如果物体距离超过 7.5 m，则接收器将接收不到光子。接收器测量从发射器发出并返回的实际光子量就能够完成距离测量。

超声波距离传感器

当使用声波测量距离（声音在空气中以 340 m/s 的速度传播）时，测量飞行时间要简单得多。超声波距离传感器通过发射超声波脉冲并测量其反射来测量距离。与测量反射信号幅值的光传感器不同，声波传感器测量脉冲来回传播所需的时间：这是可以实现的，因为声音的传播速度（约 3×10^2 m/s）远低于光（约 3×10^8 m/s）。实际上传感器必须等待信号返回，这也导致了需要进行量程和测量带宽之间的权衡（见 7.1 节）：想获得更长的量程就需要等待更长的信号返回时间，反过来也限制了传感器产生测量值的频率。尽管超声波距离传感器在机器人领域中不常见，但它与光传感器相比具有一定的优势，即超声波脉冲能够产生开口角为 20°~40° 的锥体，而光传感器则只能发出射线。因此，这种传感器无须射线直接照射就能够检测小障碍物。这种特性使其成为特定应用中的传感器选择，例如在汽车自动泊车辅助技术中的应用。

7.6 感知全局姿态的传感器

到目前为止，我们已经讨论了实现机器人测量其自身关节位置、旋转速度、平移加速度、与环境交互产生的力以及自身姿态与物体相对距离的传感器。为了在环境中可靠地导航，机器人还需要能够理解世界坐标系。

通过三角测量对物体进行定位的方法可以追溯到古代，在那时，水手们使用星星来定位他们自身的位置。由于星星只有在晴朗的夜晚才能看见，水手们发明了发射光、声音甚至无线电波的人造信标系统。这种系统中最精密的当属全球定位系统（global positioning system，GPS）。GPS 由轨道上的卫星组成，这些卫星配备了精确的位置信息以及同步时钟的功能。这些卫星向外广播以光速传播的无线电信号，并用其发射时间进行编码。因此，GPS 接收器可以通过比较发射时间和到达时间来计算到每颗卫星的距离。因为空间位置(x, y, z)以及 GPS 接收器时钟和卫星同步时钟之间的时间差都是未知的，所以需要 4 颗卫星才能获得准确的"定位"。由于卫星信息的编码方式，GPS 接收器获得初始定位的时间可能是分钟级的，但之后便可以实现每秒多次定位。GPS 测量对于机器人应用来说既不够精确也不够准确，必须与其他传感器（如 IMU）结合使用。（需要注意，某些 GPS 接收器上显示的方位是根据后续位置计算的，因此如果机器人不移动，则无意义。）

目前存在多种室内 GPS 解决方案，例如使用安装在环境中已知位置的被动信标或主动信标。被动信标（例如以特定图案排列的红外反射贴纸或 2D 条形码）可以使用相机检测，并且可以根据其已知维度计算其姿态。主动信标通常发射无线电、超声波或其组合，然后用来估计机器人到该信标的距离。在这一领域，超宽带无线电尤其适用于室内相对定位。

本章要点

- 大多数机器人传感器解决的问题可分为两类：确定机器人姿态；定位和识别附近物体。
- 每个传感器都有其优缺点，可从量程、精度、准确度和带宽等方面量化。因此，只有通过将具有不同操作原理的多个传感器组合起来，才能得到针对一个问题的稳健解决方案。
- 固态传感器（无须机械部件）可以小型化，并且可以廉价大量制造。因此，一系列价格合理的 IMU 和 3D 深度传感器得以生产出来并推向市场，这将为面向大众市场的机器人系统的定位和物体识别提供数据基础。

课后练习

1. 给定一个角度分辨率为 0.01 rad、最大量程为 5.6 m 的激光扫描仪，机器人距离 1 cm 宽的物体的最小距离 d 是多少才能准确感知到它（即至少用一条射线照射它）？可以用弧长来近似表示两条射线之间的距离。
2. 为什么基于超声波的距离传感器的带宽在动态范围增加时会显著降低，而激光距离传感器的带宽在相应的操作中却不降低？
3. 设想你正在设计一辆自动驾驶的电动汽车在校园里运输货物。基于成本考虑，你需要考虑应该使用激光扫描仪还是超声波传感器来检测障碍物。自动驾驶电动汽车开得很慢时，需要感知的范围达到 15 m。激光扫描仪可以检测到这个范围，并且具有 10 Hz 的带宽。假设声速为 300 m/s。

    a）计算当检测到 15 m 外的障碍物时，从超声波传感器听到回声所需的时间。假设机器人此时没有移动。

b）计算从激光扫描仪收到返回的信号所需的时间。（提示：不需要光速，答案在上面的说明中。）

c）现在假设你的自动驾驶电动汽车正在向障碍物移动。哪一个传感器能给出一个更接近你读数时真实距离的测量值，为什么？

4. 挑选一个你了解的教育机器人平台，列出它所使用的传感器。

5. 将超声波传感器安装到伺服电动机上，构造一个简单的距离扫描器；实现一个能够收集原始数据并将其显示在屏幕上的扫描例程。你能看到拐角和开口等简单特征吗？

6. 探索互联网上的 DIY 机器人商店。看看它们都提供什么样的传感器？这些传感器提供了哪些接口？

7. 选择一个你能接触到的物理传感器。你能设计一个实验来表征它的精度和准确性吗？

8. 假设要为电子商务应用程序设计一个可以检测包裹中剩余空隙的传感器。

    a）需要哪些传感器才能实现对盒子的内容量进行测量？

    b）假设箱子在传送带上移动，还需要使用哪些额外的传感器？

    c）为了区分盒子内空间、盒子本身和盒子周围的环境，需要知道哪些额外的信息？需要使用哪些传感器获取这些信息？

    d）假设额外的传感器不在预算之内。可以采取什么样的测量方式来减少所需的信息量？

9. 假设需要设计一个可以自动与环境中的货架对接的自动货运小车。

    a）假设货架是特定目标区域中的唯一对象，可以使用哪种传感器来定位环境中的货架？

    b）可以采取什么物理测量方式来简化货架的检测？

    c）可以使用哪种传感器来检测货架是否处于适合停靠的位置？

    d）可以采取什么样的物理测量方式来简化感知过程？

10. 假设你正在为 Ratslife 游戏设计一款具有竞争力的控制器。思考一下环境提供了什么样的信息，你又需要什么样的传感器来实现呢？

第三部分

计　算

第 8 章

视　　觉

视觉是人类和机器人共同拥有的信息最丰富的传感系统之一。然而，高效和准确地处理视觉传感器产生的大量信息仍是机器人视觉领域的关键挑战。本章目标如下。

- 介绍将图像作为二维信号的概念。
- 将隐藏在低级信息中的大量信息直观化。
- 介绍基于阈值的图像处理算法和基本的卷积算法。

8.1　将图像作为二维信号

图像由包含电荷耦合器件（charge-coupled device，CCD）阵列或互补金属氧化物半导体（complementary metal-oxide semiconductor，CMOS）等类似半导体的相机拍摄，这些半导体可以将光子转换为电信号，将像素逐个读出并转换为数字值。例如，640×480的三字节元组，与相机所观察到的红、绿和蓝（red, green, and blue，RGB）分量相对应，此类数据的示例如图8-1所示，我们只简单显示了一个颜色通道。我们可以清楚地从矩阵数据中看到棋盘右下角的黑色方块中的白色方块。其中，较高的值对应较亮的颜色（白色），较低的值对应较深的颜色。尽管方块必须有相同的颜色，但实际值相差很大。我们可以将这些值视为一维（one-dimensional，1D）信号。例如，沿着水平行取"导数"将表示变化较大的区域，而图像的频率分布直方图将表示值变化的速度。具有平滑梯度的区域（例如黑色和白色方块）含有低频信息，而具有强梯度的区域包含高频信息。

将图像视为信号，为引入一系列信号处理的概念打开了大门，如低通滤波器（抑制高频信息）、高通滤波器（抑制低频信息）、带通滤波器（只允许一定频率范围的信息通过）、图像的频谱分析（研究不同频率的内容分布）、将图像与另一个二维函数进行"卷积"等。接下来的几节将直观地介绍这些抽象数据中隐藏的有意义的信息，并给出使这些信息显现出来的信号处理技术的具体示例。

图 8-1
与宇航员格雷戈里·查米托夫（Gregory Chamitoff）一起漂浮在国际空间站（International Space Station，ISS）内的棋盘。插图显示了由图像传感器记录的实际数据的样本。人们可以清楚地认出白色棋盘格的轮廓
资料来源：美国国家航空航天局

8.2 从信号到信息

然而，当观察低水平的信号时，许多具有较大差异甚至具有相反含义的现象却看起来非常相似。例如，颜色值的剧烈变化并不一定意味着表面的颜色真的发生了变化。这种情况是由深度不连续、高光、照明条件变化或表面方向变化造成的。这些现象使运用计算机视觉技术成为难题，如图 8-2 所示。

图 8-2
国际空间站内部。左侧用圆圈标出了右侧像素值发生大幅变化的区域。由此产生的潜在影响包括表面特性的变化（1）、深度不连续性（2）、透视高光（3）、照明条件的变化（如阴影）（4）或表面方向的变化（5）

这个例子说明，仅有信号和数据本身并不能够帮我们充分理解一个现象，还需要背景环境。环境不仅指周围的信号，还指更高级的概念知识，如光源产生阴影和镜面高光、近大远小等。图 8-3 说明了此类概念知识的重要性。两张照片都显示了同一位置的景象，但在一张照片中似乎布满了陨石坑，而在另一张照片上则是众多气泡状的山丘。乍一看，两张照片的光源都是在左侧，表明是场景发生了变化。然而，一旦告诉你这些信息——太阳从左边照亮一张照片，而从右边照亮另一张照片，上述矛盾的原因就变得清晰起来：光照条件的变化使陨石坑会在一定的条件下看起来是凸起的。

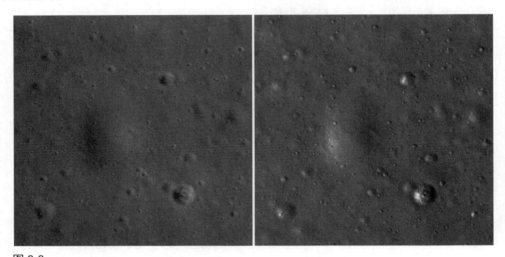

图 8-3

阿波罗 15 号着陆点在当天不同时间的照片。场景是相同的，但从图上看起来是有斑点的陨石坑（左）或山丘（右）。因为太阳分别从左、右方向照亮了场景，这就解释了为什么会产生这种效果

资料来源：美国国家航空航天局/戈达德航天中心/亚利桑那州立大学（NASA/Goddard Space Flight Center/Arizona State University）

更令人惊讶的是，概念知识往往足够弥补图像中缺乏低级线索的不足。图 8-4 中显示了一个示例。在这里，尽管没有轮廓的线索（即只能简单地从概念知识推断其外观和姿势），但斑点狗仍然可以被清楚地识别出来。

这些示例说明了基于计算机视觉的信号处理方法的优点和缺点。算法会在我们看不到或没有预料到的地方（因为观念的偏差）检测到有意义的信号，然而图像理解不仅需要低水平的处理，还需要将低水平信息和世界概念知识之间的空间关系进行智能组合。正如我们稍后（见第 10 章）将介绍的卷积神经网络，卷积神经网络提供了一种单一的途径来处理不同尺度的信息，即从提取局部特征到检查它们之间的空间关系。

图 8-4

尽管边缘等低级线索只存在于耳朵、下巴和狗腿的部分区域,但是斑点狗的形象还是可以被清楚地识别出来。斑点狗的轮廓在插图的翻转版图像中突出显示(左下角)

8.3 基本图像操作

我们可以把基本图像操作视作在频域或空间(强度/颜色)域中操作的滤波器。尽管大多数滤波器直接在空间域中工作,但了解它们如何影响频域有助于我们理解滤波器的功能。例如,要突出边缘的滤波器(如图 8-2 所示)应该抑制低频信号(即颜色值变化不大的区域)并放大高频信号(即颜色值变化很快的区域)。本节的目标是提供对基本图像处理操作工作原理的初步介绍。需要注意的是,本节介绍的方法虽然有效,但已经被更复杂的实现方法所取代,我们介绍的这些实现方法可以在许多软件包或在桌面图形处理软件中找到。

8.3.1 基于阈值的操作

为了找到具有特定颜色或边缘幅度的对象,可通过对每个像素执行布尔运算(例如,纯绿色像素为真,其他像素为假)来对图像进行阈值处理。经过处理后将生成包含符合标准的"真–假"区域的二值图像。阈值处理使用运算符(如>、<、≤、≥)以及它们的组合。也有自适应方法可

以局部调整/更新阈值，以弥补不断变化的照明条件。尽管与本章后面介绍的其他技术相比，阈值处理很简单，但找到正确的阈值仍是一个难题。尤其当照明条件改变时，实际像素值会发生剧烈变化，在不同条件下检查实际值时，也就不存在"红色"或"绿色"这样的像素值概念了。

8.3.2 基于卷积的滤波器

可以使用将函数 $f(\ )$ 与函数 $g(\ )$ 卷积的卷积运算符*来实现滤波器：

$$f(x)*g(x) = \int_{-\infty}^{+\infty} f(\tau)g(x-\tau)d\tau \tag{8.1}$$

其中 $g(\ )$ 被定义为滤波器。卷积本质上是将函数 $g(\ )$ 在函数 $f(\ )$ 上"移位"，同时将两者相乘。由于图像是离散信号，因此卷积是离散的：

$$f[x]*g[x] = \sum_{i=-\infty}^{+\infty} f[i]g[x-i] \tag{8.2}$$

此外，如果图像是二维信号，那么卷积也是二维的：

$$f[x,y]*g[x,y] = \sum_{i=-\infty}^{+\infty}\sum_{j=-\infty}^{+\infty} f[i,j]g[x-i,y-j] \tag{8.3}$$

虽然我们已经定义了从负无穷到正无穷的卷积，但图像和滤波器的大小通常都是有限的。图像会受到其分辨率的限制，而且滤波器通常比图像本身要小得多。同时，卷积是可交换的，因此式(8.3)等价于

$$f[x,y]*g[x,y] = \sum_{i=-\infty}^{+\infty}\sum_{j=-\infty}^{+\infty} f[x-i,y-j]g[i,j] \tag{8.4}$$

高斯平滑

最基本也是最重要的滤波器之一是高斯滤波器。高斯滤波器的形状像高斯函数，并且可以轻松地存储在一个二维矩阵中。实现一个高斯滤波器非常简单。例如：

$$g(x,y) = \frac{1}{10} \cdot \begin{pmatrix} 1 & 1 & 1 \\ 1 & 2 & 1 \\ 1 & 1 & 1 \end{pmatrix} \tag{8.5}$$

在一个无限大的图像 $f(\ )$ 上将上述滤波器应用在式(8.4)上可以得到

$$f[x,y]*g[x,y] = \sum_{i=-1}^{1}\sum_{j=-1}^{1} f[x-i,y-j]g[i,j] \tag{8.6}$$

假设 $g(0,0)$ 是矩阵的中心。现在每个像素 $f(x,y)$ 成为其相邻像素的平均值，其先前值的权重是

其相邻像素的两倍（因为 $g(0,0) = 0.2$ ）。更具体地说，

$$\begin{aligned}
f(x,y) = & uf(x+1,y+1)g(-1,-1) & +f(x+1,y)g(-1,0) & +f(x+1,y-1)g(-1,1) + \\
& f(x,y+1)g(0,-1) & +f(x,y)g(0,0) & +f(x,y-1)g(0,1) + \\
& f(x-1,y+1)g(1,-1) & +f(x-1,y)g(1,0) & +f(x-1,y-1)g(1,1)
\end{aligned} \qquad (8.7)$$

对于所有的 x 和 y，这样做相当于在物理上沿着图像"滑动"滤波器 $g(\ )$。

图 8-5 显示了高斯滤波器的一个例子。该滤波器作为低通滤波器，抑制高频分量。事实上，图像中的噪声被抑制的同时也导致边缘图像更平滑，如右图所示。

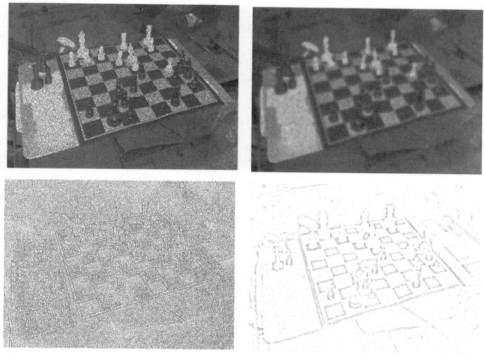

图 8-5
使用高斯滤波之前（左上）和之后（右上）的噪声图像。相应的边缘图像显示在下方

边缘检测

边缘检测可以使用另一种基于卷积的滤波器 Sobel 核来实现：

$$s_x(x,y) = \begin{pmatrix} -1 & 0 & 1 \\ -2 & 0 & 2 \\ -1 & 0 & 1 \end{pmatrix} \qquad s_y(x,y) = \begin{pmatrix} 1 & 2 & 1 \\ 0 & 0 & 0 \\ -1 & -2 & -1 \end{pmatrix} \qquad (8.8)$$

$s_x(x,y)$ 可用于检测垂直边缘，而 $s_y(x,y)$ 可用于检测水平边缘。因此，诸如 Canny 边缘检测器之类的边缘检测器在图像上至少运行两个此类滤波器才可以检测水平和垂直边缘。

高斯差分

另一种检测边缘的方法是高斯差分（difference of Gaussians，DoG）方法。其思想是用不同宽度的高斯核滤波两幅图像，然后将滤波后图像相减。两个滤波器都抑制高频信息，因此它们的差异会产生一个带通滤波信号，从中去除了低频和高频信息。因此，DoG 滤波器是一种出色的边缘检测算法。通常，一个内核比另一个内核宽 4～5 倍，从而可以获得更强大的滤波器。

DoG 也可以用来近似高斯拉普拉斯量（Laplacian of Gaussian，LoG），它是高斯核的二阶导数的和。在这里，一个内核的宽度大约是另一个内核宽度的 1.6 倍。DoG 和 LoG 的带通特性很重要，因为它们突出了边缘等高频信息，抑制了图像中的高频噪声。

8.3.3 形态学操作

另一类滤波器是形态学算子，由描述操作结构的内核（可以像单位矩阵一样简单）和基于内核定义的邻域中的值来改变像素值的规则组成。腐蚀（erosion）和膨胀（dilation）是重要的形态学算子。腐蚀运算符为像素分配一个值，该值是在内核定义的邻域中可以找到的最小值。膨胀运算符也为像素分配一个值，该值是内核定义的邻域中可以找到的最大值。这对于填充线中的孔或移除噪声非常有用。膨胀后的腐蚀称为"闭操作"，而腐蚀后的膨胀称为"开操作"。将腐蚀图像和膨胀图像相减也可以得到边缘检测器。这些运算符的示例如图 8-6 所示。

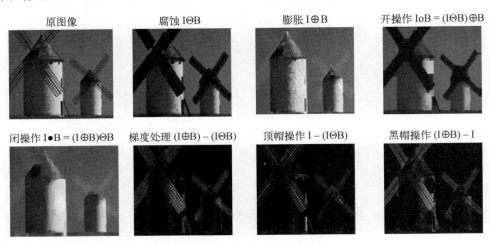

图 8-6

形态学算子腐蚀和膨胀及其组合的示例

资料来源：OpenCV 文档，BSD

8.4 从视觉中提取结构

视觉的一个显著特性是能够提供语义（场景的质量，如场景中的内容）和尺度（场景的数量，如大小和距离）信息。如今，语义信息的提取非常依赖于机器学习，这将在 8.5 节中进行详细解释。然而，尺度的提取可以利用几何关系来完成，我们将在本节对此进行描述。

图 8-7 显示了在观察同一点时，一个图像帧和另一个图像帧之间的关系。在这里，我们不区分这两个图像帧在空间上或时间上的相关关系，这涉及机器人学中的两个不同问题：在立体视觉中，两个相机彼此刚性连接（空间相关）并获取相同场景的图像；在运动中恢复结构（structure from motion）的方法中，单个相机在场景中移动，所采集到的一对图像通过变换矩阵（时间相关性）相关联。在任何一种情况下，都可以将相机坐标系的"投影中心"识别为 C_L 和 C_R，它们通过从左帧到右帧的变换矩阵 T_{LR} 彼此相关。在立体视觉中，这种变换被称为传感器外参，这是一个必须通过校准来估计的 6 自由度（6-DoF）量。在运动中恢复结构方法中，该变换量化了相机的运动，这可以通过定位方法来估计（见第 16 章）。

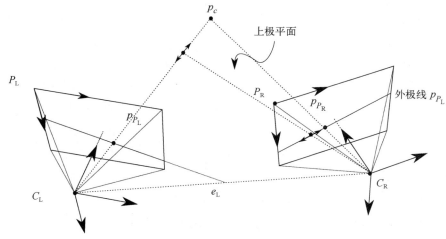

图 8-7
跨图像关联特征的示意，用于从二维视图中提取三维信息

注意，由于相机拍摄的是同一场景的两幅图，所以可以将世界上同一点对应于图像平面中的两个投影点相互关联，以确定该点的 3D 位置。这可以通过识别 C_L 中的点 p_{P_L} 并在 C_R 中搜索相应点 p_{P_R} 来简单实现。关键是，将 3D 点投影到相机坐标系中的操作是一个已知的简单操作。世界坐标系中的一个 3D 点可以使用以下公式投影到相机坐标系中：

$$\begin{pmatrix} u \\ v \\ 1 \end{pmatrix} = KT \begin{pmatrix} x \\ y \\ z \\ 1 \end{pmatrix} \tag{8.9}$$

其中 K 被称为相机的内参矩阵，T 是相机与表示点(x,y,z)的一些全局坐标之间变换的矩阵形式。值得注意的是，相机的内参矩阵是另一个需要校准的量，包括两个光学中心参数和两个缩放参数。3D 空间中同一个点的两个投影点可以通过图像中二维（2D）点的三角测量关系直接计算。使用与式(8.9)中相同的数学公式，用 C_L 表示全局坐标系，我们可以将点的 3D 坐标与其两个 2D 测量关系、相机内参矩阵和 T_{LR} 相关联：

$$\begin{pmatrix} u_R \\ v_R \\ 1 \end{pmatrix} = KT_{LR} \begin{pmatrix} x \\ y \\ z \\ 1 \end{pmatrix} = KT_{LR}K^{-1} \begin{pmatrix} u_L \\ v_L \\ 1 \end{pmatrix} \tag{8.10}$$

请注意，这个表达式经常用所谓的"本质矩阵"来给出，这是一种解决未校准相机问题的方法。这个表达式由图 8-7 中表示的几何关系决定，可以交替求解本质矩阵的元素值，而不是由相机内部参数和外部参数决定。

回顾图 8-7 中的几何关系，可以注意到 p_{P_L} 位于从相机中心 C_L 延伸到 p_c 点的一条线上。然而，从 C_L 投射到 p_c 的射线的深度是模糊的。为了消除这个深度的歧义，可以将 p_{P_L} 与 P_L 投影中心之间的线，即所谓的"外极线"投影到 P_R 中，这就形成了 P_L 在 C_R 中的外极线。沿着这条外极线，可以找到投射到 P_R 中的点 p_c。因此，最值得注意的是，对点 p_{P_R} 的搜索可以简化为沿着投影的外极线的线搜索。这种线搜索比在 P_R 的整个图像平面上找到点 p_c 的投影要有效得多，因此可以实现在图像对之间快速的几何计算。

从图像中提取度量信息要求我们唯一地识别每幅图中的相同点。解决这个问题的一个方案是用所谓的结构光，如图 8-8 所示。 由于计算系统效率的不断提高，2010 年左右出现了一种轻量级的方法，建立了机器人传感的新标准。

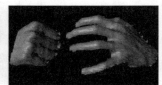

图 8-8
从左到右：两个复杂的物体、直线模式（通常投影为一种色彩图案，以便获得更好的区分度，中间的图显示了彩色图案在复杂物体表面的变形）和重建的 3D 形状
资料来源：Zhang、Curless 和 Seitz（2002.1）

除了直线模式外，基于红外的深度图像传感器使用散斑（不同距离随机分布的点的集合）模式，在两幅图像中识别相同点，只需要我们搜索大小相似且彼此接近的斑点。

8.5 计算机视觉和机器学习

本章介绍的算法构成了大多数图像理解方法的基础，并使特征检测（见第 9 章）易于处理。随着卷积神经网络（见第 10 章）的兴起，基本的信号处理现在经常被当成图像理解问题。虽然这使得本章介绍的这些算法变得不那么重要，但理解阈值、卷积、形态学操作对视觉信息的影响仍然有助于构建神经网络，并使神经网络不像一个黑盒。

本章要点

- 与第 7 章中的传感器不同，我们的大脑可以直接处理视觉传感器捕获的二维信息。很难不去想象我们的大脑自动执行的处理工作，以及通过使用计算机不一定具有的知识和其他信息来增强信号的过程。
- 本章中描述的算法旨在通过去除噪声和其他干扰信息，将信息降维，使数据更容易处理。
- 数据流在更易于处理和保留实际信息之间权衡。随着计算机和算法（尤其是机器学习算法）变得越来越强大，现代视觉系统通常将预处理和实际图像理解整合到一个框架中。

课后练习

1. 下面展示了多个可用于基于卷积的图像滤波的"卷积核"。

1	1	1
1	2	1
1	1	1

0	-1	0
0	-1	0
0	-1	0

1	1	1
1	-4	1
1	1	1

    a）识别可以模糊图像的卷积核。
    b）其他两个卷积核可以检测到什么样的特征？

2. 实现一个二维卷积需要多少个 for 循环？解释你推理的过程。
3. 使用适当的机器人模拟环境，能够实现在一个具有简单特征（例如不同颜色的几何形状）的世界中访问模拟相机。

    a）实现一个阈值化算法，允许你涂黑除特定颜色的物体以外的任何东西。一个简单的阈值就够了吗？如果不够，理由是什么？可以通过低阈值和高阈值涂黑一个物体吗？
    b）通过执行高斯核卷积和一系列形态学操作来实现平滑算法。用不同宽度和不同陡度的卷积核进行实验。与简单的高斯滤波器相比，使用形态学操作的优点和缺点是什么？

c）实现边缘检测算法，例如，通过与 Sobel 内核进行卷积来实现。尝试使用不同的卷积核。要获得只包含边缘的图像，还需要做什么？

4. 你能想到一种平滑算法，它可以平滑少量的噪声，又能保持边缘吗？你可以结合什么样的滤波算法来实现这个目标呢？
5. 在互联网上搜索支持你选择的计算机语言的计算机视觉工具箱。你发现了什么？工具箱实现了本章中的所有算法吗？使用工具箱的内置函数解决上述练习的问题。
6. 使用适当的机器人模拟环境，使你能够模拟在同一平面上具有已知距离的两个相机。用简单的几何物体（如一个红色的球），用立体视差计算它们之间的距离。

第 9 章
特征提取

机器人可以通过主动感知（如超声波、光和激光）或被动感知（如加速度、磁场或相机）来获取环境信息。只在极少的情况下，这些信息不需要预处理就可以直接给机器人使用。例如，在获得诸如"我在厨房""这是一个杯子"或"这是一匹马"等语义信息之前，必须首先识别出更高层次的特征（feature），并将这些特征与感兴趣的信息关联起来。

本章主要介绍特征的概念以及标准特征检测器，包括以下内容。

- 通过霍夫变换来检测线、圆和其他形状。
- 使用最小二乘法、拆分合并算法、随机抽样一致性算法等数值方法在噪声数据中寻找高层特征。
- 尺度不变特征变换。

9.1 特征检测实现信息精简化

传感器产生的信息量可能非常庞大。例如，一个简单的网络摄像头以每秒 30 次的频率产生 640 像素×480 像素（红色、绿色和蓝色）或 921 600 字节。单线激光扫描仪以点云的形式和每秒 10 次的频率提供每秒 600 个距离测量值。然而，我们有必要考虑机器人为了解决问题所需要的信息量。由大多数传感器产生的信息量似乎远远大于回答"这个房间的大小是多少？"这个问题所需的信息量。例如，考虑"Ratslife"（见 1.3 节）游戏，其中机器人的相机可以用于识别环境中分布的 48 种不同模式（见图 1-3）或者喂食器是否存在，从而将数百字节的相机数据缩减到 6 位的内容（$2^6=64$ 个不同的值）。大多数图像处理算法的首要目标是用有意义的方式减少信息量，进而提取相关信息。在第 8 章中，我们介绍了基于卷积的滤波器，如模糊、边缘检测或者阈值化之类的二值化操作。接下来，我们将学习提取高层次特征（如直线）的方法，以及使用这些处理算法的技术。

9.2 特征

线条是对实现定位功能特别有用的特征，可以对应于 2D 激光扫描到的墙壁、3D 激光扫描到的边缘、地板上的标记或摄像机图像中检测到的角落。虽然 Sobel 滤波器（见 8.3.2 节）可以帮助我们突出图像中的线条和边缘，但还需要额外的算法来识别每条线，以及提取像位置和方向那样的结构化信息。然后，这些结构化信息可帮助我们通过多次观察来识别这些线和边缘，从而识别出持续存在的结构，并在我们围绕它们移动或经过它们时，对它们和我们的姿态进行推理。

一个特征的理想属性是它的提取具有重复性，并且对数据中的旋转、缩放和噪声具有稳健性。因此，我们需要能够从传感器数据中提取相同特征的特征检测器，即使在机器人稍微转向或移动到特征附近时也能够完成特征提取。理想情况下，即使存在一些噪声影响传感器，也能够提取出相同的特征。目前，有许多特征检测器可以实现这一点。典型的有 Harris 角点检测器（Harris corner detector）和尺度不变特征变换（scale-invariant feature transform，SIFT）检测器，前者检测图像中水平直线和垂直直线相交的点，后者通过不同空间尺度下高斯图像差值的最大值来识别特征（见 8.3.2 节）。除了机器人技术外，特征检测的应用领域非常广泛。例如，特征检测应用于手持相机自动将图像拼接在一起，并在互联网上进行图像索引。在图像拼接中，特征检测器在从略有不同的角度拍摄的两幅图中的相同特征上"触发"（识别特征）；这些匹配的特征在信息共享的图像之间提供了一个几何形状模板，从而让两幅图可以连接起来。

本章重点介绍图像的两类重要特征：线特征和 SIFT 特征。这两类特征都为最小二乘法和随机抽样一致性（random sample and consensus，RANSAC）算法提供了真实的例子，这两种算法可以利用特征信息来解决问题，也将在本章中进行介绍。线特征和 SIFT 特征近乎代表了机器人技术中使用的所有特征，选择它们是因为它们较为简单，为理解更复杂的特征检测器的功能奠定了基础。

手动编码的特征检测器与第 10 章中介绍的基于深度神经网络的完全自学习的特征检测器形成了对比。尽管基于神经网络的特征检测器通常优于手动编码的特征检测器，但手动编码的特征检测器的适应性更强，可以用于不能应用学习方法的环境。如果基于学习的方法不可行，手动编码也能被用在学习方法之前对数据进行预处理，或了解解决特定目标需要什么样的架构。

9.3 线特征识别

为什么直线是有用的特征？正如本书第四部分"不确定性"中所述，估计机器人姿态的关键挑战来源于不可靠的里程计，特别是在涉及转弯时。这时候，一个简单的能够测量到墙壁距离的红外传感器，可以让机器人更好地感知在转弯过程中的实际情况。类似地，如果一个机器人有能力使用视觉跟踪环境中的标记，它就可以获得另一种衡量机器人实际移动的方法。多传感器信息融合不仅可以实现机器人定位，还可以创建环境地图。如何将来自里程计和其他传感器的信息融合是本书剩余内容的一个重点。

将激光扫描仪或类似设备对准墙壁，将返回机器人坐标系中 (x_i, y_i) 位置上 N 个点的测量值。这些点也可以用极坐标 (ρ_i, θ_i) 表示。我们现在可以想象一条穿过这些点的直线，它可以用距离 r 和角度 α 进行参数化。这里 r 是机器人到壁面的距离，α 是它与水平轴之间的角度。由于所有传感器都有噪声，每个点与经过这些点的"最优"直线之间的距离为 d_i。这些关系如图 9-1 所示。

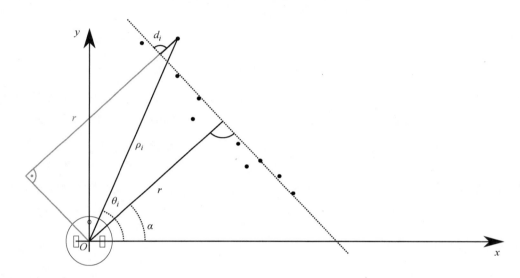

图 9-1
由激光扫描仪或类似设备记录的二维点云。一条线（虚线）通过最小二乘直线意义上的点进行拟合

9.3.1 最小二乘直线拟合

用简单的三角函数可以写出

$$\rho_i \cos(\theta_i - \alpha) - r = d_i \tag{9.1}$$

用 r 和 α 参数化的不同直线有不同的 d_i 值。现在我们可以写出总误差 $S_{r,\alpha}$ 的表达式：

$$S_{r,\alpha} = \sum_{i=1}^{N} d_i^2 = \sum_i [\rho_i \cos(\theta_i - \alpha) - r]^2 \tag{9.2}$$

在这里，为了同时考虑负误差（即最佳直线左侧的一个点）与正误差（即最佳直线右侧的一个点），我们对每个单独的误差进行平方。为了优化 $S_{r,\alpha}$，我们需要求关于 r 和 α 的偏导数，并将它们设为 0，表示函数有最小值或最大值：

$$\frac{\partial S}{\partial r} = 0 \qquad \frac{\partial S}{\partial \alpha} = 0 \tag{9.3}$$

然后我们可以求解式(9.3)得到 r 和 α 的结果，∂ 表示求偏导。求解 r 和 α 在代数上是可能的（Siegwart, Nourbakhsh, and Scaramuzza，2011）：

$$\alpha = \frac{1}{2}\arctan\left(\frac{\frac{1}{N}\sum\rho_i^2\sin 2\theta_i - \frac{2}{N^2}\sum\sum\rho_i\rho_j\cos\theta_i\sin\theta_j}{\frac{1}{N}\sum\rho_i^2\cos 2\theta_i - \frac{1}{N^2}\sum\sum\rho_i\rho_j\cos(\theta_i+\theta_j)}\right) \quad (9.4)$$

$$r = \frac{\sum\rho_i\cos(\theta_i-\alpha)}{N} \quad (9.5)$$

因此，通过使用传感器，可以得到一个我们认为属于一条线的点集。基于这条线，我们可以计算出墙壁相对于机器人位置的距离和方向，或者计算出图像中一条线的高度和方向。

这种方法被称为最小二乘法（least-squares method），可用于将数据拟合到任何参数模型（即一个有数字的模型，尽可能使其最适合我们的数据）。一般根据"误差"来描述数据和模型之间的拟合。最佳的拟合将使这个误差最小化，也就是说，对于最佳参数，该误差的导数为 0。如果结果不能像本例中那样通过解析的方法得到，则必须使用数值方法来找到使误差最小化的最佳拟合。

9.3.2 拆分合并算法

我们往往不清楚直线的数目以及线的起点和终点，因此为前面讨论的匹配和估计策略带来了挑战。例如，通过摄像机，我们将看到垂直的线条对应于墙壁的角落，而水平的线条则对应于墙壁与地板的交叉点和地平线；使用距离传感器，机器人可以探测到一个角落。因此，我们需要一种能够将点云分割成多条线的算法。一种可行的方法是找到与拟合直线偏差最大的离群点（outlier），并在该点分割直线，如图 9-2 所示。分割可以迭代完成，直到每一条直线都没有超出阈值的离群点。

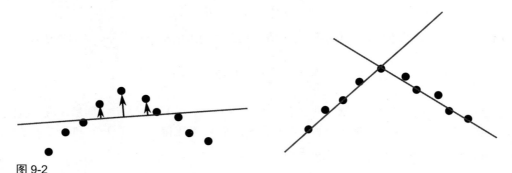

图 9-2
拆分合并算法。直线的初始最小二乘拟合如左图所示。在误差最大的点选择方向后拆分数据集，可以以较小的总体误差拟合两条线

9.3.3 随机抽样一致性算法

如果存在大量的离群点，最小二乘拟合将产生较差的结果，因为它是同时容纳内点和离群点的"最佳"拟合，在数学上给离群点赋予了重要的权重——不是将离群点作为一个单独的测量值来丢弃，而是将其作为一个需要减小的累积误差来与内点相平衡。在这种情况下，由于对异常值非常敏感，拆分合并算法将失效。根据实际参数，每个离群点都会将潜在的直线分割为两段。

解决这一问题的一个有效方法是随机抽取可能的线，并保留那些满足某种期望的线，即点的数量略接近最佳拟合。如图 9-3 所示，黑色线条对应更好的拟合。RANSAC 算法通常需要两个参数，即认为一条线是有效拟合所需的点的数量，以及认为一个点是内点而不是离群点的最大 d_i 值。RANSAC 算法流程如下：从集合中随机选择两个点，将它们用一条线连接起来；这条线在两个方向上都通过增加 d_i 来延长，并计算内点的数量；重复操作直到找到具有足够数量的内点，或者达到最大迭代次数为止。RANSAC 算法提供了一个系统的流程，因此被频繁地应用在涉及特征检测和匹配的场景。即使在噪声非常大的数据中，RANSAC 算法也可以从离群点中分离出内点。

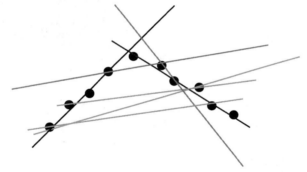

图 9-3
RANSAC 示意。通过计算内点数来评估随机线；黑色线条表示更好的拟合

RANSAC 算法在直线拟合应用中相当容易被理解，可用于将任意维度数据拟合为任意参数模型。它的主要优势是可应对有噪声的数据。

因为 RANSAC 算法是一种随机算法，找到一个非常好的拟合可能需要大量的计算和时间。因此，RANSAC 通常只被用作获得初始估计的第一步，然后可以通过某种局部优化（如最小二乘法）来改进初始估计。

9.3.4 霍夫变换

我们可以将霍夫变换理解为一种投票方案，用于猜测特征（例如直线、圆或其他曲线）的参数化（Duda and Hart, 1972）。例如，一条直线可能由 $y=mx+c$ 表示，其中 m 和 c 表示梯度和偏移量。该参数空间（或"霍夫空间"）中的一个点对应于 x-y 空间（或"图像空间"）中的特定线。霍夫变换流程如下：对于图像中可能是直线一部分的每个像素（例如，经过 Sobel 滤波后的阈值图像中的白色像素），构建与该点相交的所有可能直线（绘制的图像看起来像一颗星星），这些线中的每条都有一个特定的 m 和 c 与之关联，我们可以在霍夫空间中为其添加一个白点；继续对图像中线条的每个像素执行此操作，将产生许多 m-c 对，但只有一对在图像中线条的所有像素中是公共的，即该线条实际上有 m-c 个参数。考虑一个点在霍夫空间中被突出显示的次数，因为亮度会将图像空间中的一条线变成霍夫空间中的一个亮点（反之亦然）。在实践中，用极坐标来表示线，如图 9-4 所示。霍夫变换也适用于其他特征的参数化，例如圆。

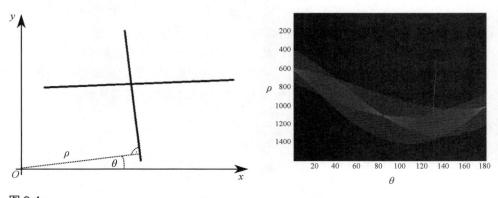

图 9-4
图像中的线条（左）转置为霍夫空间的 ρ（距原点的距离）和 θ（法线相对于原点的角度）。霍夫图像（右）中的亮点对应于获得最多"选票"的参数，并清楚地显示了 90° 和 180° 左右的两条线

9.4 尺度不变特征变换

SIFT 算法是一类让人们可以提取易于在不同尺度（或到对象的距离）上检测到的特征的技术。该算法不受图片旋转的影响，并且在某种程度上对透视变换和光照变化具有稳健性。一种早期的 SIFT 算法（Lowe，1999）由于其许可证要求而失去了一定的流行性，现已被两种免费的算法所取代：加速稳健特征（speeded-up robust feature，SURF）（Bay, Tuytelaars and Van Gool, 2006）和 ORB（Rublee et al., 2011）。由于 SURF 算法稍微复杂一些，我们将重点放在 SIFT 上，并鼓励读者下载和试用其他可免费获得的特征检测器的各种开源资料。

9.4.1 概述

SIFT 算法分多个步骤进行，该算法的描述通常包括其在对象识别中的应用，但对象识别算法独立于特征生成步骤。

1. 在不同尺度上使用 DoG 方法。

    a）通过每隔两个、4 个像素等（达到所需的缩放比例）固定间隔多次重新采样图像，生成同一图像的多个缩放版本。

    b）用各种不同方差的高斯滤波器处理每幅缩放图像。

    c）计算滤波图像之间的差异，这相当于一个 DoG 滤波器。

2. 检测不同尺度的 DoG 图像中局部的最小值和最大值（图 9-5，左）并剔除那些对比度低的值（图 9-5，中）。

3. 通过查看每个极值周围图像空间中的二阶偏导数来剔除沿着边缘的极值（见图 9-5，右）。在边缘梯度的方向上主曲率值比较大，而沿着边缘方向主曲率值比较小。

4. 为剩余的每个极值分配一个"大小"和"方向"，称这些极值点为"关键点"（key point）。大小是当前像素和相邻像素的 DoG 滤波器响应之间的平方差。方向是 y 方向和 x 方向上的 DoG 差异之间的反正切。这些计算是针对初始关键点周围的固定邻域（例如，16×16 像素邻域）中的所有像素进行的。

5. 收集直方图中相邻像素的方向（例如，36 像素，每个像素覆盖 10°）。保持与最强峰值相对应的方向，并将其与关键点相关联。

6. 对于图像中关键点周围具有最小值/最大值的 4 个 4×4 像素区域重复第 4 步。每个直方图有 8 个梯度方向。由于 16×16 像素区域中有 16 个直方图，因此特征描述符具有 128 个维度。

7. 对特征描述符向量进行归一化、阈值化并再次归一化，使其对光照条件变化更加稳健。

8. 将局部梯度大小和方向通过二进制表示，并创建 128 维特征描述符。所得到的 128 维特征向量现在是尺度不变的（由于第 2 步）、旋转不变的（由于第 5 步），并且对光照变化具有稳健性（由于第 7 步）。

图 9-5

在检测到尺度空间极值（左）之后，SIFT 算法丢弃低对比度关键点（中），然后通过滤波剔除边缘上的关键点（右）

资料来源：Lukas Mach CC-BY 3.0

9.4.2 使用尺度不变特征的目标识别

可以将用于训练图像的尺度不变特征存储在数据库中，并在未来用于识别图像。识别图像的一种方法是找到图像中的所有特征，并将它们与数据库中的特征进行比较。这种比较方法是通过使用欧氏距离作为度量，并搜索 k-d 树（$d=128$）来完成的。为了使这种方法具有稳健性，每个对象需要至少 3 个独立的特征来识别。为此，每个描述符都存储了它相对于对象上某个公共点的位置、比例和方向。这让每个检测到的特征"投票"给与它在数据库中关联最密切的对象。"投票"过程是使用霍夫变换完成的。

例如，可以将位置（二维）和方向（一维）离散化为不同的区间（方向宽度为 30°）；霍夫空间中的亮点对应于已被多个特征识别的物体姿态。另一种流行的目标识别方法是使用词袋（bag of words, BoW）技术，将特征收集到组中，组成一个"单词"。然后将单词与查询特征进行匹配，以确定收集的特征与查询特征之间的相似性，从而给出图像中的对象是查询目标的可能性。

9.5 特征检测和机器学习

本章介绍了将高维输入数据转换为低维特征的各种算法，这些算法可用于进一步分析问题。人工神经网络的新进展（见第 10 章）使我们能够从数据中自动训练基于神经网络的特征检测器，而且这样的特征检测器通常优于 SIFT 等手动编码的特征检测器。在过去的几十年中，由滤波、特征检测和阈值处理组成的手动编码图像理解方式占据了主导地位（见第 8 章），而基于现代神经网络的技术在其网络架构的不同层中可以执行所有这些步骤。与低级预处理（见第 8 章）一样，理解基本特征检测算法对于理解神经网络的不同组成部分的实际功能，以及它们如何处理没有训练信息的数据仍然很重要。

本章要点

- 特征是传感器数据中的"有趣"信息，对旋转、尺度以及噪声的变化具有稳健性。
- 哪些特征最有用，取决于生成数据的传感器的特性、环境的结构和实际应用。
- 有许多可用的特征检测器，其中一些作为简单的滤波器使用，而另一些则依赖于机器学习技术。
- 直线是移动机器人技术中最重要的特征之一，因为它们很容易从许多不同的传感器数据中提取出来，并为定位提供强有力的线索。

课后练习

1. 想想哪些信息在不同的操作场景（超市、仓库、洞穴）中可以作为良好的特征。

2. 使用霍夫变换还可以检测到哪些其他特征？你能将圆、正方形或三角形参数化吗？
3. 在网上搜索一下 SIFT。你还能找到其他类似的特征检测器吗？其中哪些提供了可以在线使用的源代码？
4. 直线可以用函数 $y = mx + c$ 表示，此时，霍夫空间由 m 和 c 组成的二维坐标系给出。

   a）考虑极坐标系中的直线表示。在这种情况下，霍夫空间由哪些部分组成？

   b）导出圆的参数化并描述其生成的霍夫空间。
5. 在 Ratslife 游戏中为各种目标实现一个检测器。从基本的 2D 图像开始，然后考虑为了在任何可能的方向上找到目标，你需要改变什么。
6. 模拟、构建或获取一个测距仪。你能写出一个可靠地检测角点和开口的算法吗？

第 10 章
人工神经网络

人工神经网络（artificial neural network，ANN）是一类受人脑神经运作启发而构建的机器学习技术；在机器人技术中，它们通常用于分类或回归数据，以达到感知（如第 8 章和第 9 章）或控制（如第 11 章）的目的。虽然很长时间以来，人工神经网络一直只是机器学习领域的相关学者采用的一种可行方法，但随着计算机技术的发展——特别是图形处理单元（graphics processing unit，GPU）以及大型数据集的出现，使训练具有很多层的神经网络成为可能，通常称之为深度学习（deep learning）。这些（通常是大规模的）神经网络已经在许多领域取得了革命性的成果，包括计算机视觉、自然语言处理、视频和语音处理以及机器人技术等。以前，如果神经网络有两层以上，就被认为是"深度"的。而如今，"深度"神经网络可以有数百层、数千个输入和输出，甚至更多。但这与人类的大脑相比仍然存在差距，人类大脑包含大约 100^{11} 个神经元。每个神经元都有数千个突触，将单个神经元与其他数千个神经元连接起来。

> 请记住：分类问题要求将输入数据在两个或多个类别之间进行分类；回归问题则需要预测一个量（可能是连续的或高维的）。虽然回归问题可以转换为分类问题（反之亦然），但在机器学习领域，通常认为它们是两个独立的应用，并且每个应用都开发了不同的技术。

机器学习是一个很广泛的领域，它与机器人学有许多共同的基础，特别是在概率论和统计学方面。深度学习可用于传感器预处理和调节、计算机视觉和特征提取，以及定位；它甚至可以取代运动和抓取的控制器。对于每一种应用，理解深度学习什么时候比传统方法表现更好或更坏是很重要的。简而言之，当没有足够的信息来使用第一性原理对系统建模时，深度学习模型就成为首选。虽然具有正确架构的"足够深"的深度学习模型可以近似模拟机器人中的一些现有功能，但深度学习模型缺乏统计准确性之外的"可解释性"。也就是说，我们可能无法轻易知道该方法实际上是如何工作的（就其决策使用的标准而言）以及何时可能会失败，这通常使其成为基于第一性原理的有明确决策理由的方法之后的第二选择。

本章主要介绍以下内容。

❑ 从简单感知器到多层神经网络。

- 采用不同的网络架构和编码来处理各种回归和分类任务。
- 卷积神经网络，包括填充和步长、池化、张量扁平化，以及如何使用它们来处理空间和时间数据。
- 循环神经网络，引入记忆对时序数据进行分类并执行控制任务。

10.1 简单感知器

人工神经网络的研究兴起于 20 世纪 50 年代，其灵感来自人类大脑中的神经元和突触。最早的人工神经网络模型之一是感知器，它可以将一个维数为 m 的输入向量 x 分为两类。这样的问题如图 10-1 所示。直到今天，简单感知器的变体仍然是深度神经网络的基本元素。如图 10-2 所示，一个感知器有 m 个输入（$x_1, \cdots, x_m$），每个输入都由权重（$w_1, \cdots, w_m$）以及阈值 b 调制，最终输出 0 或 1。

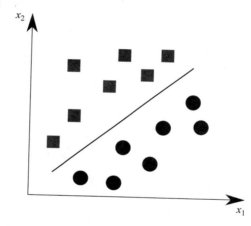

图 10-1

一个二维数据集，其中每个元素都有两个值（x_1 和 x_2），并且属于两个类（正方形和圆形）中的一个。在线性分割的最简单情况下，可以用一条直线将两个类分开

感知器根据 x 位于由权重 $w = \{w_1, \cdots, w_m\}$ 所定义的超平面的上方或下方进行分类，使用以下公式：

$$f(x) = \begin{cases} 1 & wx + b > 0 \\ 0 & wx + b \leq 0 \end{cases} \tag{10.1}$$

这里，$wx = \sum_{i=1}^{m} w_i x_i$ 是点积，非线性激活函数 $f(x)$ 也被称为赫维赛德函数（单位阶跃函数）。实践中，我们将 1 赋值到向量 x 上，使 $x_0 = 1$，从而将 $wx + b$（其中 $w = \{w_1, \cdots, w_m\}$）简化为 wx（其中 $w = \{w_1, \cdots, w_m\}$），其中 w_0 代替 b 的作用。如图 10-2 所示，偏置 b 可以由 w_0 和输入 $x_0 = 1$ 标记。

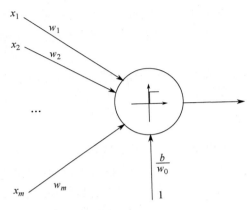

图 10-2
简单感知器通过单位阶跃函数传递输入 x 和权重 w 之间的点积,当 $wx+b>0$ 时返回 1,否则返回 0

10.1.1 简单感知器的几何解释

如果 w 定义了一个超平面,我们能够很容易地将 $m=2$ 时的超平面可视化。当 $m=2$ 时(即每个数据点 x 只有两个维度),分离超平面是如图 10-1 所示的直线。事实上,我们可以很容易地证明这一点。点积可以表示为

$$w_1 x_1 + w_2 x_2 + b = 0 \tag{10.2}$$

当我们沿着 x 轴绘制 x_1、沿着 y 轴绘制 x_2 时,我们可以有

$$w_1 x + w_2 y + b = 0 \tag{10.3}$$

也可以改写成

$$y = -\frac{w_1}{w_2} x - \frac{b}{w_2} \tag{10.4}$$

并显示在一个散点图中。

10.1.2 训练简单感知器

训练简单感知器等同于为 w 和 b 找到合适的值,将数据分成两个类别,这个过程可以迭代执行。

1. 用 0 或一个小随机数初始化所有权重。
2. 计算每个数据点 x_j 的预测 $y_j = f(wx_j + b)$。对于 $f()$,一个合适的选择是单位阶跃函数,如式(10.1)所示。
3. 计算预测 y_j 与真实类别 d_j 之间的误差来更新权重。

$$w(t+1) = w(t) + r(d_j - y_j) * x_j \tag{10.5}$$

4. 重复第 2 步和第 3 步,直到达到终止条件(例如误差减小或迭代次数最大)。

虽然步骤简单,但这种学习算法仍然与目前最先进的算法有很多相同之处。首先,权重在迭代过程中使用由参数 r 控制的小增量更新,这个参数被称为学习率(learning rate)。通过小幅度的增量改变 w,算法实际上是在旋转和平移分割线,使损失(loss,即 $d_i - y_i$)最小化。可以看出,我们如果将学习率设置得过小,算法就永远不会找到最佳解决方案。如果将学习率设置得过大,分割线的移动量就可能过大,从而"跳过"了能够实现最佳分离的情况。

值得注意的是,这种实现实际上是梯度下降的实现,在这种情况下,损失函数的形式是 $(d_i - y_i)^2$。可以通过沿逆梯度方向移动来完成最小化,这里梯度的形式是 $2(d_i - y_i)$。其他梯度下降的例子可以在 3.4 节中找到。

其次,由于误差是为数据集中的每个点计算的,因此学习算法需要多次遍历数据集。数据量越多,训练时间越长。在这种情况下,时间的增加是线性的,对于更复杂和现代的学习算法来说也是如此。

最后,预测与真实类别之间的误差仅基于给定的训练数据计算。即使我们用无限量的数据点进行训练,仍然很难对新数据进行泛化,也很难确定这些新的测量结果是否会以一种能够代表训练数据的方式分布。

10.2 激活函数

在使用开关单位阶跃函数的情况下,使用梯度下降训练神经网络变得相当困难,没有明确的移动方向能让一个函数从"完全不工作"切换到"完全工作"。因此,我们更希望函数具有更平滑的激活函数,一个例子是 sigmoid 函数:

$$\sigma(x) = \frac{1}{1+e^{-x}} \tag{10.6}$$

它的主要特征是渐进地保持在 0 和 1 之间,并在 0.5 处与 y 轴相交。sigmoid 函数曲线如图 10-3 的左侧所示。

sigmoid 函数在学习算法领域很受欢迎,因为在 **wx** = 0 附近,权值应该向哪个方向移动来改善误差是非常明确的,并且它的导数计算相当简单。虽然 sigmoid 函数在很多情况下很好用,但它也有一些缺点。例如,当 **wx** 非常大或非常小时,神经元要么饱和,要么永不激活——这一现象被称为梯度消失(vanishing gradient)问题。此外,sigmoid 函数的计算成本很高。另一个例子是双曲正切函数 tanh(),它保持在-1 到 1 的范围内,并在 0 处穿过 y 轴。一种常用的减少计算时间的解决方案是使用修正线性单元(rectified linear unit,ReLU),它通过下式给出:

$$R(x) = \max(0, x) \tag{10.7}$$

如图 10-3 的右侧所示，虚线表示对 ReLU 的改进，即泄漏型 ReLU（Leaky ReLU），典型斜率为 0.1，它通过提供方向梯度来改善 $-wx$ 的学习。

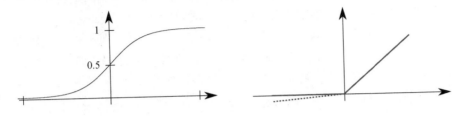

图 10-3
神经网络中使用的典型激活函数：sigmoid 激活函数（左）和 ReLU（右）

请注意，当单位阶跃函数被用作激活函数时，我们只谈论"感知器"。

10.3 从简单感知器到多层神经网络

我们已经看到，单个感知器能够线性分离数据集，返回"0"或"1"作为权重向量 w 定义的分离超平面以下或以上数据的函数。然而，很容易看到一些问题不能线性分离。在图 10-4 所示的例子中，正方形和圆形的数据点不能用一条直线分离，至少需要两条直线才能完成。这个问题被称为"异或"（XOR）问题，只需要观察(0,0)、(0,1)、(1,0)和(1,1)这 4 个数据点就可以看出。将这些数据及其形状制成表格，可以得到一个具有逻辑"异或"特征的真值表。例如，当输入的 x_1 和 x_2 不同时，输出才为真（这里是"圆形"），反之输出为假（这里是"正方形"）。

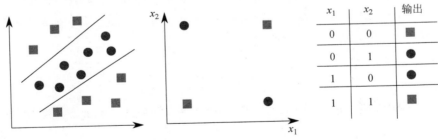

图 10-4
标准形式（中）的数据不能用一条直线（左）分离。根据相关分类问题的真值表（右），这个问题被称为"异或"问题

我们已经知道一个感知器可以创建一个单独的超平面。因此，我们需要至少两个感知器来解决异或问题。并行使用两个感知器将产生(0,0)、(0,1)等元组。因此，我们需要另一个感知器来将这些元组重新组合成单个输出。图 10-5 展示了可以针对异或问题训练的最简单的多层感知器，

它有一个输入层、一个隐藏层和一个输出层。

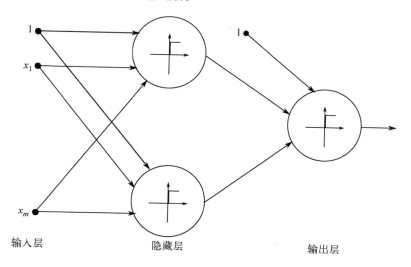

图 10-5
一个简单的多层感知器,具有一个输入层、一个隐藏层和一个输出层

10.3.1 人工神经网络的正式描述

与简单感知器相似,我们将节点 i 的偏差作为第 0 个权重向量,即:

$$w_{0,j}^k = b_j^k \tag{10.8}$$

在这里,我们使用以下方法表示:用上标表示层,用下标元组表示入节点和出节点的索引。也就是说,$w_{i,j}^k$ 表示第 k 层第 i 个传入节点到第 j 个输出节点(第 $k-1$ 层)的权重。图 10-6 展示了这个网络的简单示例。每一层,用指数 k 表示,正好有 r^k 个节点。

输入和输出

节点 i 的输出 o_i 为

$$o_i = g(a_i^k) \tag{10.9}$$

其中 $g()$ 是非线性激活函数,包括但不限于 10.2 节中描述的函数或单位阶跃函数。这里,a_i^k 被称为激活值,即第 k 层节点 i 计算的加权和:

$$a_i^k = \sum_{j=0}^{r_{k-1}} w_{j,i}^k o_j^{k-1} \tag{10.10}$$

其中,o_j^{k-1} 为第 $k-1$ 层的第 j 个输出,如图 10-7 所示。

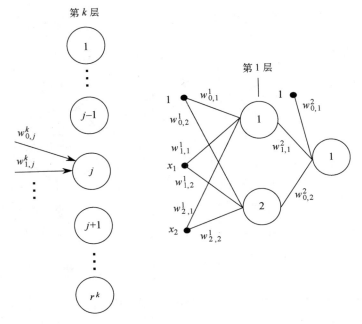

图 10-6
用于索引第 k 层权重的符号(左)和图 10-5 中的多层网络(右)

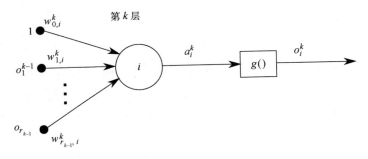

图 10-7
第 k 层神经元 i 的输入和输出,显示激活值 a_i^k 和输出值 o_i^k

如果第 k 层是输出层,o_i^k 应该等同于 y_i^k。同样,如果第 $k-1$ 层是输入层,则 $o_i^{k-1} = x_i$。

10.3.2 训练一个多层神经网络

寻找一组权重和偏差值,对于简单 2D 问题可能只有几个参数,但对于"深度网络"可能有数十亿个参数,这是一个 NP 完全问题(Blum and Rivest,1992)。因此,我们需要一个有效的近似方法。考虑一个训练数据集,包括 $i = 1, 2, \cdots, N$ 的输入输出对 x_i 和 y_i,以及一个参数为 w 的前馈神经网络。

损失函数

训练的目标是最小化误差函数，如具有参数 w 的神经网络计算的输出 $\hat{y}_i$ 和来自训练集（training set）的已知值 y_i 之间的均方误差（mean-squared error，MSE）：

$$E(x, y, w) = \frac{1}{2N}\sum_{i=1}^{N}(\hat{y}_i - y_i)^2 \tag{10.11}$$

与感知器类似，我们可以通过梯度迭代下降法来最小化 $E(x, y, w)$，使用以下方程：

$$w(t+1) = w(t) - \alpha \frac{\partial E(x, y, w(t))}{\partial w} \tag{10.12}$$

这个过程并不简单，因为求解神经网络计算图的偏导数需要使用链式法则。附录 D 描述了反向传播（backpropagation）算法。

10.4 从单个输出到高维数据

将神经网络从单个输出扩展到多个二元分类器是很简单的，只需要增加输出向量的维度。然而编码更复杂的数据就没有这么简单了，这将涉及如何表示数字 0~9 或字符 A~Z 等问题。

独热编码

独热编码（one-hot encoding，OHE）是一种常见的编码方法。在独热编码中，n 个离散的标签（如数字或字符）被编码为一个长度为 n 的二进制向量。要编码一组标签的第 i 个元素，该向量除位置 i 外皆为 0。例如，独热编码将字符 0~9 表示如下：

$$0 = (1,0,0,0,0,0,0,0,0,0)$$
$$1 = (0,1,0,0,0,0,0,0,0,0)$$
$$2 = (0,0,1,0,0,0,0,0,0,0)$$
$$3 = (0,0,0,1,0,0,0,0,0,0)$$
$$4 = (0,0,0,0,1,0,0,0,0,0)$$
$$5 = (0,0,0,0,0,1,0,0,0,0)$$
$$6 = (0,0,0,0,0,0,1,0,0,0)$$
$$7 = (0,0,0,0,0,0,0,1,0,0)$$
$$8 = (0,0,0,0,0,0,0,0,1,0)$$
$$9 = (0,0,0,0,0,0,0,0,0,1)$$

softmax 输出

尽管独热编码将训练输入转换为离散的概率分布，但神经网络中无法确保数据也是这样的。sigmoid 激活函数可以确保每个值保持在 0 和 1 之间，但 ReLU 不可以。因此，我们需要最后一层来确保每个输出限制在 0 到 1 的范围内，并且所有元素的总和为 1。这通常使用 softmax 层来实现。softmax 函数由式(10.13)给出：

$$\sigma(z)_j = \frac{e^{z_j}}{\sum_{k=1}^{K} e^{z_k}} \qquad j = 1, \cdots, K \tag{10.13}$$

即向量 $z \in \mathbb{R}^K$ 将转化为 K 维向量，其第 j 个元素由上式给出。

那么，为什么不使用实际值进行归一化——用 z_j 代替 e^{z_j}，或者更简单地，使用 $\arg\max_j$ 将 z 的最大值设置为 1，其余的值保持为 0 呢？原因是每一层都需要保持可微才能使反向传播起作用。然而，$\arg\max$ 函数引入的"暴力的"截断正是我们希望网络最佳匹配训练输入的东西。这就是使用指数函数的原因。它从字面上和指数上强调较大的值而不是较小的值，从而使具有最高概率的类脱颖而出。

10.5 目标函数与优化

训练神经网络的关键思想是通过改变网络的参数，使某个目标函数（称为损失函数）最小化。这通常是通过评估目标函数相对于网络参数的梯度来实现的。因此，具备可微性是目标函数的关键要求。然而，权重的大小会显著影响神经网络的性能，能否找到合适的权重值完全取决于学习问题的类型。

10.5.1 回归任务的损失函数

到目前为止，我们考虑了所谓的 MSE：

$$E = \frac{1}{2N} \sum_{i=1}^{N} (\hat{y}_i(w) - y_i)^2 \tag{10.14}$$

这是一组 N 对预测 $\hat{y}$ 的平均误差，它依赖于网络参数 w 和已知值 y（见 15.2.1 节）。这个函数特别方便，因为平方使其成为凸函数，并且可以通过遵循其梯度（"梯度下降"）来找到最小值。

MSE 最适用于将数据点拟合为直线等模型的回归（regression）任务。使用 sigmoid 或其他连续激活函数，每个类别的误差也可以解释为与分离超平面的距离，这使得 MSE 也适用于（但不是最优）这类任务。图 10-8 展示了一个回归问题的例子。

从图 10-8 中可以明显看出，MSE 处理离群值时效果很差。如果一个值很大程度上偏离了预测，MSE 中的平方项将"惩罚"这个值。MSE 的一个替代选择是平均绝对误差（mean absolute error，MAE）：

$$E = \frac{1}{2N} \sum_{i=1}^{N} |\hat{y}_i(w) - y_i| \tag{10.15}$$

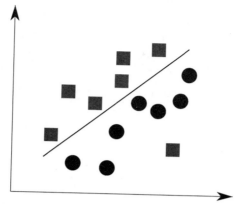

图 10-8
一个带有离群值的回归问题

在式(10.15)中,绝对值确保无论方向如何误差始终为正,大误差与小误差在同一个数量级上加权。因此,MAE 更适合训练集包含离群值的情况。在实践中,人们已经开发了各种各样的损失函数将 MSE 和 MAE 的特性结合起来,在非常简单的 Huber 损失函数中,结合是通过简单的分段组合实现的。

10.5.2 分类任务的损失函数

虽然分类任务可以归结为回归任务,但分类任务更类似于掷骰子。事实上,softmax 层的输出是一个离散的概率分布,其中每个元素 $y_i = (p_0, \cdots, p_c, \cdots, p_N)$ 表示一个实例 x_i 在 N 个类别中属于类别 c 的概率。

我们将概率分布的熵(entropy)称为我们所期望的"多样性"的数量。举个例子,因为均匀分布可能的结果数量最多,所以其具有最高的熵,而独热编码的向量是熵非常低的概率分布。y_i(存储每个实例 x_i 的真实类别 c 的训练向量)分布的熵由下式给出:

$$H(y_i) = -\sum_{c=1} N p_c \log p_c \tag{10.16}$$

这里的对数可以以 10 或 2 为底。在任何情况下,熵函数都有几个有趣的性质:第一,从 0(负无穷)到 1 的对数是负的 [这里是指由概率计算出的 $H(y_i)$ 为正值,参考式(10.16)];第二,1 的对数是 0,也就是说,只有一个元素的分布($p_c = 1$)具有最低的可能熵;第三,p_c 的个体项数越低(例如,在均匀分布中,$p_c = \frac{1}{N}$),熵越高。

在每个数据集中,数据总是存在一个真实的分布 $P(C = i)$。通过对训练集中的每个元素进行分类,神经网络可以生成自己的分布或对数据的"解释"。在 100% 拟合的理想情况下,神经网络将生成（或"学习"）与描述训练集的分布完全相同的分布。在最坏的情况下，神经网络将生成一个完全不同的分布。因此，评估神经网络的性能就是比较两个概率分布差异的问题。

比较两个分布的一种方法是使用它们的熵，这个过程称为交叉熵（cross-entropy），定义为

$$H(\hat{y}, y) = -\sum_{i=1} N y_i \log \hat{y}_i \tag{10.17}$$

其中，$y_i = p_i$ 是实例 x 为类别 i 的已知概率，$\hat{y}_i$ 是预测。由于神经网络不能零误差表示数据，因此交叉熵总是大于真实分布的熵。也就是：

$$H(y) - H(\hat{y}, y) \leqslant 0 \tag{10.18}$$

真实分布的熵与真实分布和估计分布之间的交叉熵之间的差异被称为 KL 散度（Kullback-Leibler divergence）。它是两个分布之间差异性的度量。

10.5.3 二元交叉熵和分类交叉熵

在只有两个类别的情况下，二元交叉熵的计算如下：

$$H(\hat{y}, y) = -\sum_{i=1}^{N} y_i \log(\hat{y}_i) = -y_1 \log(\hat{y}_1) - (1 - y_1) \log(1 - \hat{y}_1) \tag{10.19}$$

由于只有两个类别（true 或 false），所以 $\hat{y}_2$ 等于 $1 - \hat{y}_1$。$N > 2$ 的情况被称为分类交叉熵。当使用独热编码时，只有类别 c 的概率为 1（$y_c = 1$），从而将交叉熵简化为

$$H(\hat{y}, y) = -\log \hat{y}_c \tag{10.20}$$

其中 c 表示真正的类别（其他项为 0）。因此，结合 softmax 激活函数，分类交叉熵计算如下：

$$H(\hat{y}, y) = -\log \left(\frac{e^{\hat{y}_c}}{\sum_{j}^{N} e^{\hat{y}_j}} \right) \tag{10.21}$$

10.6 卷积神经网络

到目前为止，我们所介绍的人工神经网络架构的一个缺点是它们没有考虑可能隐藏在数据集中的空间信息。例如，在第 8 章关于视觉的讨论中，很重要的一点是，要根据在附近看到的东西来解释某个像素的值：被白色像素包围的蓝色像素可能是眼睛，而被蓝色像素包围的蓝色像素可能是海洋。除了颜色，相邻像素也可以编码结构信息。在观察 MNIST 数据集（0~9 的手绘数字的集合）时，我们可能会寻找十字（例如 8 的中心）、t 形连接（例如数字 4）或半圆（例如数字 3），它们的数量可能会作为我们的神经网络的特征。第 9 章中的 SIFT 就是一个很好的手动编码空间信息的例子。我们将在本章看到人工神经网络如何自动找到这些特征。

第 8 章中介绍过，在图像处理中，提取特征的一种方法是将图像与某个核进行卷积（例如图 10-9 中分别与 3×3 和 7×7 内核的卷积）。在卷积过程中，核遍历输入图像，对核的每个元素与底层图像像素进行分段乘法求和（见第 8 章）。当所有乘法结果被求和后，卷积操作只产生一个像素。由于内核必须从图像内部开始（除非图像的边界被适当的值填充），所以我们在每一侧都失去了内核宽度的一半。在上面的例子中，3×3 内核将 28 像素×28 像素的输入图像转换为 26 像素×26 像素的输出图像，7×7 内核将其转换为 22 像素×22 像素的图像。数学上，卷积被定义为

$$x(n_1, n_2) * h(n_1, n_2) = \sum_{k_1=-\infty}^{+\infty} \sum_{k_2=-\infty}^{+\infty} h(k_1, k_2) x(n_1 - k_1, n_2 - k_2) \tag{10.22}$$

其中图像的边界是需要选择的（这里是无穷大），以便内核从图像的左上角开始，到右下角结束。可以通过在输入图像周围添加像素来人为地扩大输入图像，这被称为填充（padding）。注意，输出结果与第 8 章中展示的示例相同。

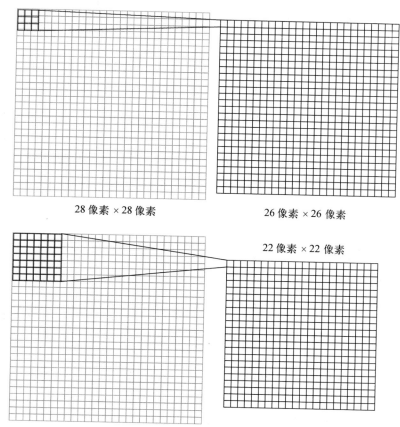

图 10-9
图像与 3×3 和 7×7 内核进行卷积，从而缩小图像

10.6.1 从卷积到二维神经网络

当我们分析如何计算上述输出中的单个像素时,假设输入像素标记为 $x_{i,j}$,其中 i 为行,j 为列。此外,假设卷积核的元素以类似的方式进行索引。使用 3×3 的内核,计算输出的第一个像素

$$o_{0,0} = x_{0,0}w_{0,0} + x_{0,1}w_{0,1} + x_{0,2}w_{0,2} + \\ x_{1,0}w_{1,0} + x_{1,1}w_{1,1} + x_{1,2}w_{1,2} + \\ x_{2,0}w_{2,0} + x_{2,1}w_{2,1} + x_{2,2}w_{2,2}$$
(10.23)

可以看出,这个操作只是计算 9 个像素的值向量与内核权重的点积。添加偏差值和激活函数(如 ReLU)与添加具有 9 个神经元的隐藏层相同。

通过在整个 X 像素 × Y 像素的图像上移动宽度为 $2r+1$ 的卷积核来执行卷积操作,类似于创建 $(X-2r)(Y-2r)$ 的"卷积"神经元,由此产生的结构称为特征图(feature map)。注意,特征图的"权重",即核矩阵的元素,对特征图中的每个神经元来说都是相同的。我们现在可以使用其他的数据重复此步骤,产生多个特征图,然后形成一个卷积层(convolutional layer)。

重要的是,由于卷积神经网络与传统的神经网络结构非常相似(除了大量权重相同的事实),每个核的参数也可以使用反向传播进行训练(见附录 D)。

10.6.2 填充和步长

如前所述,核宽度为 $2r+1$ 的卷积将每边的输入减少 r。如果不希望这样做(例如,当多个卷积层串联使用时),可以使用填充来包围输入图像(最多 r 个像素),从而使输出图像与输入图像有相同的维度。相对于逐像素移动卷积核,跳过像素将进一步减小输出图像的大小。卷积核的移动量称为步长(stride)。如图 10-10 所示,步长为 1 和 3。

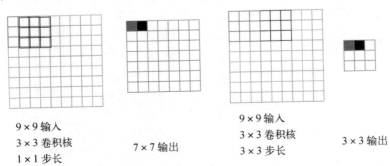

9×9 输入
3×3 卷积核
1×1 步长

7×7 输出

9×9 输入
3×3 卷积核
3×3 步长

3×3 输出

图 10-10
与 1×1 和 3×3 步长的卷积和结果输出

10.6.3 池化

由卷积操作产生的每个特征图都标记着由其内核定义的特征。通过训练,可以识别这些卷积核,并将它们专门用于识别感兴趣的特定特征。例如,一些卷积核可能在边缘上"触发",一些可能在线的交叉点上"触发",还有一些可能在数据集中非常特定的模式上"触发"。激活函数可以用来进一步增强这种效果,明确区分一个特征是否存在。然而,在大多数实际应用中,这些特征相当稀疏,它们是否存在于更大的区域可能是最重要的信息,这可以通过池化层(pooling layer)来判断。

池化操作从一个给定大小的窗口中,选择许多可能的非线性函数中的最大值(这种情况称为最大池化)或平均值。图 10-11 展示了最大池化(MaxPooling)层的结果,池化核大小为 3×3,步长为 1×1 和 3×3。通常,步长与窗口的宽度相同。

图 10-11
使用 3×3 的池化核进行不同步长的池化和相应输出

虽然 max() 函数不可微,但是通过选择性地只将梯度传递给具有最大激活值的神经元,并将所有其他神经元的梯度设置为 0,仍然可以在反向传播中使用最大池化。当使用平均池化函数时,梯度被平均分配给池中的所有神经元。

10.6.4 张量扁平化

之前的神经网络模型的第一步是将 2D 输入图像扁平化为一维(1D)向量,这是应用全连接层的前提条件,并且在预处理过程中已经完成。然而,卷积神经网络(convolutional neural network,CNN)需要多维输入(例如,具有多个颜色通道的 2D 图像)。扁平化就是将多维张量转换为向量,并进行简单的重排。例如,将维度为 28×28×3 的 RGB 图像转换为 20 个卷积滤波器或 2352 个独立的神经元,通过一个扁平化层将它们排列在单个向量中。

10.6.5 CNN 简单示例

图 10-12 展示了一个结合了多个卷积层和池化层的典型 CNN。该网络将 28×28 的图像作为输入,并训练 20 个不同的 5×5 卷积核来创建 20 个 28×28 的特征图。卷积层后面是最大池化层,对每个特征图进行 2 倍的下采样。然后将这些特征图与 50 个 5×5 卷积核卷积来创建 50 个 14×14 的特征图,并将这些特征图再次通过最大池化操作进行下采样。然后将得到的 50 个特征图扁平化,并输入包含 500 个神经元的隐藏层,最后送入具有 10 个神经元的 softmax 激活输出层。

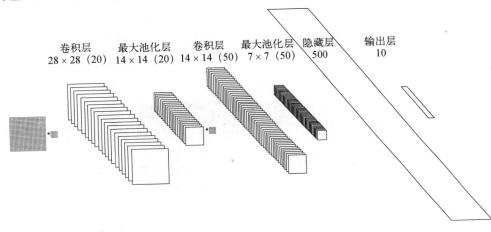

图 10-12
一个采用 28×28 的输入图像的典型的 CNN,并将其减少到 10 个类别

10.6.6 二维图像数据之外的 CNN

卷积核强调相似区域。当考虑像 [[0,9,0],[0,9,0],[0,9,0]] 这样的简单核函数时很容易理解,这些卷积核强调的是垂直线,忽略水平线。因此,训练 CNN 时会自动在训练集以及生成的特征图中找到规律——通常会自行生成分层表示。一个常见的例子是用于人脸检测的 CNN,其中早期的层检测低级特征,在更深的层中重新组合为鼻子、耳朵、嘴巴和眼睛等。

CNN 不限于处理二维图像数据,它们也可以处理一维时间序列。在这里,CNN 将发现不同的模式,例如,加速度计或陀螺仪读数的峰值,然后可以共同用于对复杂信号进行分类。

10.7 循环神经网络

到目前为止,我们只处理了静态数据。即使数据具有时间特性,我们也只是简单地将输入串联起来,每一次只查看一段历史数据。当使用全连接网络时,所有输入最初都是同等重要的,由网络识别显著的信息。尽管卷积层可能有助于规定某种顺序,但一维卷积层被解释为检测时间序列中的模式。全连接层侧重于单个特征的值，而不是信息的顺序。

例如，可以训练一个神经网络控制器，用于将传感器的输入数据转换为电动机命令，来执行第 11 章所述的光跟随、避障和墙跟随等任务。然而，这样的控制器是纯反应性的，例如，不能躲避 U 形障碍物。

为了克服这种限制，在神经网络中引入"状态"是一种很有效的方法。在这种情况下，检测到诸如"卡住"之类的事件可用于以某种方式修改网络状态，这是通过所谓的循环神经网络（recurrent neural network，RNN）来完成的。RNN 使用一种特殊的神经元，它将 t 时刻的输入 x_t 与前一个时间步 $t-1$ 的隐藏状态 h_{t-1} 的值相加，以计算 t 时刻的隐藏状态 h_t。h_t 的两项由权重 W 和 U 加权。循环层的输出是由第三个权重 V 加权的隐藏状态 h_t，并通过第二个激活函数运行。下面的方程显示了向量形式的 RNN 层的计算，通过 softmax 激活函数传递隐藏状态：

$$h_t = \tanh(Wh_{t-1} + Ux_t) \tag{10.24}$$

$$y_t = \text{softmax}(Vh_t) \tag{10.25}$$

这种关系如图 10-13 所示。由于 RNN 单元在下一次迭代中重复使用其内部状态 h_t，因此回溯 N 个时间步的网络被建模为 N 个横向连接的单元。因为这是 RNN 的实际实现方式，所以来自所有时间步的数据会同时呈现。

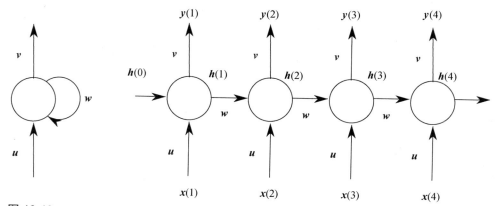

图 10-13
简单 RNN 示例（左）及其回溯 4 个时间步的扩展版本（右）

本章要点

- 人工神经网络和与之相关的技术已经成为一种强大的"工具"，只需要从数据中学习其属性就可跳过使用第一性原理对系统建模。因此，它们能够取代前面章节中讨论的从运动学到视觉、特征检测和控制的许多模型。

- 简单神经网络能够进行分类和回归，类似于第 9 章中描述的技术；而 CNN 能够进行过滤和预处理，类似于第 8 章中描述的技术。
- 若一个系统不是纯反应性的，而是需要状态（在第 11 章中描述），则可以通过 RNN 来实现记忆的概念。

课后练习

1. 实现简单的感知器训练算法，并使用它来寻找简单数据的分离超平面。
2. 了解如何在你最喜欢的数字软件包（例如 NumPy 或 PyTorch）中实现自动微分（或自动梯度）函数，以自动计算损失函数的导数。
3. 使用你选择的机器学习包来训练一个合成图像（例如 "Ratslife" 地标）的分类器。如果可以的话，使用真实的机器人来生成适当的训练数据。
4. 选择一个简单的 2D 目标（如白色背景上的十字），并记录不同距离和角度的图像。你能训练一个 CNN 从图像中预测这两个量吗？
5. 从机器学习工具包中选择一个预先训练好的图像分类器，并将其作为训练分类器进行地标识别或姿势识别的基础。使用预训练的分类器如何影响学习时间和准确性？
6. 你会选择哪种网络架构来跟踪基于编码器输入的机器人位置（里程计）？
7. 从 UCI 机器学习存储库（Dua and Graf, 2019）下载 "机器人执行失败数据集"。它包含来自机器人力–力矩传感器的时间序列数据以及关于操作是否成功的信息。为这些数据定义一个 RNN 架构并进行训练。

第 11 章
任务执行

在机器人最基本的实现方式中,传感器和执行器无须通过计算就可直接相连。这种机器人缺乏"思考"或计划的能力,属于纯反应式机器人。为了让机器人实现更复杂的行为,需要使用记忆和状态来实现在不同控制器和算法之间的切换。

本章介绍一些机器人任务执行的基本原理及其实现。从基本的反应式控制(见 11.1 节)开始,然后介绍更先进的概念,让机器人能够使用有限状态机做出类似"if""then"的基本决策(见 11.2 节和 11.3 节),最后会介绍行为树和任务规划等概念(见 11.4 节和 11.5 节)。本章涵盖以下主题。

- 使机器人能够对环境做出反应的反应式控制。
- 使机器人能够改变行为的状态。
- 使机器人能够推理其离散状态并选择下一步行动的基本概念。

11.1 反应式控制

通过采用将传感器输入直接连接到执行器输出的方式,就可以实现各种各样的机器人行为。这些行为甚至可以在没有计算机帮助的情况下,仅使用能够提供适当调节作用的模拟电子设备来实现。基于这些概念的简单自主机器人早在 20 世纪 50 年代(Walter,1953)就已被发明出来,并被称为"陆龟"。例如,将光传感器的输出连接到电动机控制器上,使电动机在光线更亮时转动更快;将光传感器和电动机之间的连接关系反转,使电动机在光线更亮时转动更慢。将这两种方式用于具有两个电动机和两个光传感器的差速轮式机器人,如图 11-1 所示的移动车,这种机器人就可以实现朝向或远离光源行驶。

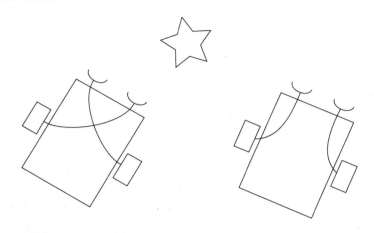

图 11-1
两辆接近光源的移动车。光线越亮,电动机转动得越快。因此,左侧移动车将通过转向光线更亮的方向来接近光源,右侧移动车将通过远离光线更亮的方向来避开光源

可以使用左右轮子速度 $\dot{\varphi}_l$ 和 $\dot{\varphi}_r$ 之间的关系以及左右光传感器 λ_l 和 λ_r 的测量值来形式化地表示这种光跟随行为(也称为趋光性):

$$\dot{\varphi}_l = a\lambda_r + b \tag{11.1}$$

$$\dot{\varphi}_r = a\lambda_l + b \tag{11.2}$$

其中 a 是权重常数,b 是偏置项。可以观察到,右边的光传感器接收到的光线越亮,则左轮转动得越快;如果右边的光传感器比左边的光传感器接收到更多的光,那么右轮将会转动得更慢,从而表现出导致右转弯的趋光性行为。

一种更复杂的反应行为是避障。假设障碍物传感器(如红外接近传感器)的输出随着障碍物的接近而增加,可以使用相同的原理来计算轮子速度,从而主动避开障碍物。带有 8 个红外接近传感器的差速轮式机器人的示例如图 11-2 所示,左右轮速度与传感器输出的关系如下所示:

$$\dot{\varphi}_l = -6d_0 - 6d_1 - 19d_2 - 13d_3 + 94d_4 + 63d_5 - 50d_6 - 6d_7 + b$$
$$\dot{\varphi}_r = -6d_0 + 50d_1 + 63d_2 + 94d_3 - 22d_4 - 10d_5 - 6d_6 - 6d_7 + b$$

8 个传感器 $d_0, \cdots, d_7$ 的安装位置如图 11-2 所示,其中,d_0 为左后方的传感器,其他传感器按顺时针方向安装,d_7 为右后方的传感器。

机器人的趋光性和避障等类似行为都可以通过简单地对每个输入信号进行加权组合来实现,神经科学家 Valentino Braitenberg 推广了这一想法,并通过基本学习形式(通过基于碰撞等事件改变权重)、自然选择(用随机权重构建机器人并选择表现最好的机器人)和人脑类比(Braitenberg,1986)等方面的思想扩充了其思想体系。因此,利用这类思想的控制器通常被称为"Braitenberg

车辆"。事实上，控制器与人工神经网络（如第 10 章中所述）具有很强的相似性，某种行为的最优值可以使用演化计算（Floreano and Mondada，1998）获得，也可以通过在与期望行为对应的输入输出对的数据集上训练神经网络来获得。

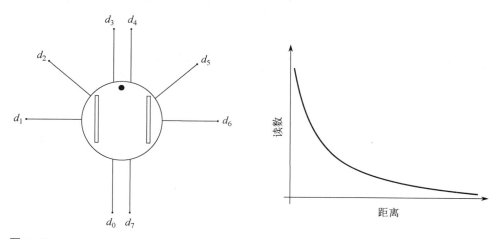

图 11-2
e-Puck 差速轮式机器人示意，具有 8 个红外接近传感器（左）和作为距离函数的典型传感器响应（右）

控制体系架构有许多变体，包括包容架构（subsumption architecture）（Brooks，1990）和运动模式（motor schema）（Arkin，1989），它们提出了通过将反应式控制器的不同组件在接通和断开状态之间切换，来获得期望行为。尽管这些方法对于实现相对简单的行为很有用，并且也能够表示较为复杂和紧急的行为，但这些方法在实践中很难实现，通过嵌入高级控制框架可以更好地解决这些问题。

反应式控制的局限性

当遇到 U 形障碍物时，结合了趋光性和避障功能的机器人仍会卡住（见图 11-3），反应式控制的局限性显而易见。虽然避障可以防止机器人撞到障碍物，但一旦道路是畅通的，机器人就会保持趋向灯光方向，从而使自身陷入一个环路。这种行为也可以在苍蝇或飞蛾等昆虫身上观察到。

为了避免这种情况发生，机器人需要记住其先前的状态并相应地切换行为。例如，除了基本的组合避障和跟随的行为之外，可以引入"墙跟随"行为。"墙跟随"是指机器人使用其接近传感器来保持与墙壁的恒定距离。为了能从一种行为切换到另一种行为，机器人需要将恒定增益更改为动态增益，根据机器人所做的观察来更改其值。例如，机器人可以通过监测其光传感器的测量值是否不断增加来估计其行为的进度，如果没有不断增加，则抑制趋光行为并转换为"墙跟随"行为。

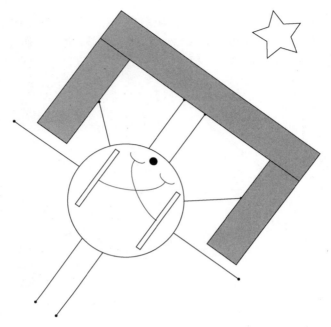

图 11-3
在 U 形障碍物中的带距离传感器和光传感器并以"光跟踪"方式配置的差速轮式机器人。尽管能够避免碰撞障碍物,但除非添加状态,否则朝向光移动的行为将持续驱动机器人进入障碍物

具有随时间变化的行为和状态的反应式系统可以用非常简单的电子器件来实现,基于这种机制实现的扫地机器人已经变得很常见。然而,这种机器人很容易变得难以管理。因此,为这种机器人的各种行为建立离散抽象成为一种比较理想的解决方案,同时也令程序员能够更容易地理解和控制机器人的行为。

11.2 有限状态机

有限状态机(finite state machine,FSM)是一种用于实现在不同行为之间切换的简单而强大的工具。在有限状态机中,每个状态都与特定控制器相关联。在实际使用时,有限状态机是由一个存储当前状态的全局变量和一系列与每个唯一状态相关的"if"语句代码组成的。例如,一个能在躲避 U 形障碍物的同时实现趋光的有限状态机可由 4 种状态组成,每种状态对应一种期望的行为:第一种状态计算轮子速度,以便机器人朝着光的方向移动;第二种状态使用其传感器避开前方的障碍物;第三种状态计算轮子速度,以便机器人在固定时间内执行"墙跟随";第四种状态是使机器人停止移动。这些状态的示例如图 11-4 所示。

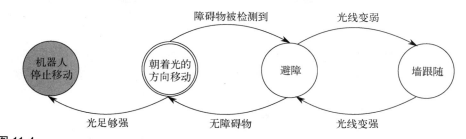

图 11-4
具有 4 个状态的简单有限状态机。灰色圆表示最终状态，双线圆表示初始状态

要确定一个有限状态机，还需要指定状态转换（state transition），也就是说，还需要确定满足什么条件时需要进行状态切换。如果有多个传感器检测到一个障碍物（意味着它可能是一个大的障碍物），则可能需要使有限状态机从其第一种状态（具有简单避障功能的趋光性行为）转换到其第二种状态（避开障碍物）。一旦光线测量值降低，例如当机器人需要掉头以避开障碍物时，状态应转换为"墙跟随"。一旦光线测量值再次增加，例如当机器人绕过障碍物时，状态会转换为"光跟随"。一旦光传感器超过阈值（"足够亮"），机器人就会停止。

此外，必须指定初始状态（系统启动的状态）和任意数量的最终状态（表示程序终止时的终端状态）。在图 11-4 所示的示例中，程序将始终以光跟随模式启动，并在到达标记为"停止"的状态后终止。

形式上，有限状态机可以定义为一个元组 $(\Sigma, S, s_0, \delta, F)$，说明如下。

- Σ 是输入字母表（即表示可以触发状态转换的事件的一组符号）。
- S 是状态的有限集。
- s_0 是一个初始状态并属于 S（即 $s_0 \in S$）。
- δ 是状态转换函数，$\delta: S \times \Sigma \to S$ 表示将 S 中的状态和 Σ 中的符号 x 的组合映射为 S 中的新状态的函数。
- F 是最终状态的集合，是 S 的子集。

上述定义最初源自计算机实际程序符号命令流对有限状态机的正式定义。在机器人中，触发状态转换的符号本身可能是复杂计算的结果。如果机器人在一段时间内没有朝着目标进行实际移动，则会切换到墙跟随行为；一旦到达比以前更接近光线的位置，就会恢复趋光性。

一种能够协同各状态的控制器的有限状态机被称为混合系统（hybrid system）（Van Der Schaft and Schumacher, 2000），它结合了离散（状态）变量和连续（控制器输出）变量。

有限状态机实现

低级的机器人控制器通常被实现为一个具有固定循环时间的循环，例如慢速移动的差速轮式机器人的循环时间通常为 100 ms，而诸如无人机或人形机器人的动态系统的循环时间通常为 1 ms。在每个循环的开始，控制器读取所有传感器的信息，然后执行与当前状态对应的代码部分，处理传感器信息，计算执行器输出，最后将控制命令发送至执行器。

与能够尽可能快地处理信息的计算机程序不同，机器人控制器通常需要等待传感器信息实际可用且执行器的命令实际被执行了（即机器人已经在物理环境中运动了）才能处理信息。当机器人在保持运动的同时进行计算时，以恒定的速度运行主循环是非常重要的。由于计算通常比循环时间快得多，因此可能需要使用内部时钟来等待循环时间完成。

对于图 11-4 所示的有限状态机，获取其所有的状态转换是非常重要的。在实际使用中，有限状态机往往非常难以开发、调试和维护。在控制器的开发和试验中，出现边缘情况一般都需要增加状态转换和状态。对于 N 个状态，可能存在 $N \times N$ 个状态转换，当想要实现一个有限状态机时，通常会发现还需要额外的状态转换。这种具有太多状态转换的有限状态机将会变得难以用图形描述，也很难将程序在实际中会做的操作可视化。

每当有限状态机中要添加或删除一个状态时，就必须确定新状态所需的转换，或修改所有原本需转换到被删除状态的状态，这进一步增加了有限状态机的维护难度。尽管诸如避障之类的行为是通用的，但对于每个特定的应用程序，每个状态也可能包含特定的转换，这使得在其他有限状态机中重用状态（模块化）变得困难。在实现有限状态机的过程中，还存在无法在单个时间步长内评估状态转换条件的困难（例如，为了稳健地检测光的增加或减少，需要计算光传感器读数的平均值）。在这种情况下，需要将这些计算仔细地设计进状态执行代码中，这增加了代码的复杂性并使维护变得困难。

11.3 分层有限状态机

为了使有限状态机更易于管理并应对需要在不同时间尺度上处理的信息，可以将每个状态同与其相关的有限状态机分组为同一集群，从而创建以分层方式组织的"超级状态"。这种结构通常被称为分层有限状态机，也被称为"状态图"（Harel，1987）。如图 11-4 所示，其中的每个状态可能是一个超级状态，例如，"墙跟随"状态可能由一个处理边缘情况（例如处理圆角情况）的有限状态机组成。图 11-5 描述了一个分层有限状态机的示例。超级状态之间的状态转换可以绑定到所包含的有限状态机中的单个状态上，也可以隐式连接到所包含的有限状态机的所有状态上，这种隐式包含的方式允许从有限状态机中的每个状态离开超级状态。

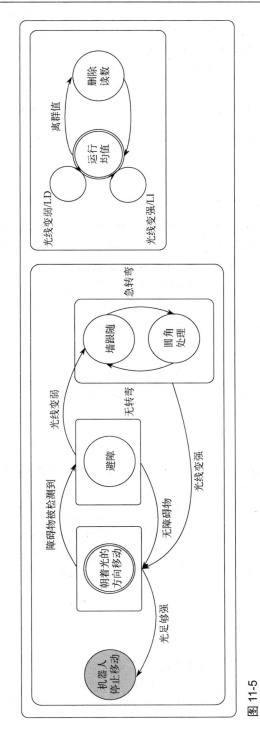

图 11-5 分层有限状态机。使用图 11-4 中的状态作为超级状态，使用更为复杂的"墙跟随"行为，并使用并行执行的光测量值均值化信号处理过程

超级状态也可以并行执行，可以为有限状态机中的其他状态提供状态转换的事件。例如，检测机器人在避开障碍物的同时是否仍朝着光的方向前进，可能需要计算运行均值，同时还需要剔除离群值。这可以通过两个超级状态来说明，一个用于说明实际光跟随行为，另一个用于计算光测量值的运行均值，同时剔除离群值，并生成可用于驱动光跟随行为状态转换的符号。在图 11-5 中使用符号"/"来区隔状态转换条件（比如光线变弱）和在状态转换期间生成的符号（光线变弱对应的符号为"LD"）。这些符号可以驱动其他集群中的状态转换。

分层有限状态机实现

实际使用中，分层有限状态机是在独立异步运行的不同进程中实现的，可以使用进程间通信（inter-process communication，IPC）框架（如 XML-RPC 或 REST）进行通信，该框架是基于套接字的网络协议，允许使用网络接口在相同或不同计算机上的两个进程之间进行基于可扩展标记语言（extensible markup language，XML）或 JavaScript 对象表示法（JavaScript object notation，JSON）数据结构的数据交换。目前存在许多专门针对机器人的 IPC 框架，这些框架引入了针对机器人特定数据结构的抽象概念，如坐标系或视频流、相关的数据结构的管理工具，以及发布和订阅数据的不同编程语言的连接组件。在这方面，机器人操作系统（robot operating system，ROS）是一个为人熟知的优秀示例。

分层有限状态机通过增加模块性和简化可编程性来解决有限状态机的一些问题，但分层有限状态机仍然存在 N 个状态可能衍生 $N \times N$ 个状态转换的问题，另外，每个状态都需要手动编码实现。

11.4 行为树

行为树（Colledanchise and Ögren，2018）提供了能够分层组织系统决策流的结构，这使得需要在有限状态机中显式编码的许多因素可以被隐式编码。行为树的叶节点可称为"动作节点"，可用来表示实际中的单个行为，例如"闭合夹爪"或"搜索障碍物"。行为树的根节点和内部节点由"工具节点"组成，这些节点用于引导树遍历的路径。在有限状态机中手动添加和删除状态转换的操作通常可以通过在行为树中简单地更改工具节点的类型来完成。行为树这种抽象概念的另一个强大之处在于，代表复杂行为的行为树（如"导航到厨房"）可以封装在另一个行为树的单个节点中。

11.4.1 节点定义和状态

在行为树的一般实现中，当行为树中的节点被查询时可以返回"成功""失败"或"正在运行"3 种状态中的任何一种。"正在运行"状态的引入让行为树可以使用需要较长时间才能完成的行为，例如，在机器人主处理循环的多个控制周期内持续地抓取物体的行为，这个行为所需要的时间包括：规划末端执行器路径的时间，将机器人实际移动到目的地的时间，以及关闭夹爪的时间。在上述例子中，如果任何单个行为不起作用，或者末端执行器在行为结束时未成功抓取物体，则节点将会返回"失败"，否则返回"成功"。因此，行为树中的每个节点都需要严格定义其"成功"或"失败"的状态，该状态可以在整个行为树中传播，用来引导行为序列的执行，以实现期望的结果。

与没有包含明确时间概念的有限状态机形式不同，"正在运行"状态允许节点根据其子节点执行所需不同时间的信息来进行操作，每个离散的时间单位被定义为一个刻度（tick）。这种设计简化了控制流的规格，并大大减少了建模系统所需的显式转换的数量。简单地说，对于控制回路为 100 ms 的机器人，许多程序员感兴趣的孤立行为（例如旋转 180° 或向前移动 1 m）大都需要不止一个程序周期，有些动作节点将会运行多个程序周期。

节点可以被参数化，这让从一个节点计算的信息可以被传递并在后续节点中使用。假设现在需要构建一个将桌上的方块按颜色分类装到箱子中的行为树。构建这个行为树的一种方法是重复执行行为序列——"寻找方块""拾取方块""获取方块颜色""将方块放到箱子中"——直到没有方块剩余。在这种情况下，"获取方块颜色"和"将方块放到箱子中"这两个行为是连接的，因为方块的颜色将决定它应该放置在哪个箱子中。行为树节点之间的交互潜力使其对复杂的行为具有强大的表现力。

11.4.2 节点类型

在行为树中，通常可以根据节点的连接性（例如，它们是否有子节点，如果有，有多少子节点）和功能（即节点是决定控制流的工具节点，还是执行动作本身的动作节点）对节点进行分类。行为树中 3 种主要的节点是合成（composite）节点、装饰器（decorator）节点和动作（action）节点，这 3 种节点的具体描述汇总在表 11-1 中。

表 11-1 常见行为树节点及其符号

节点分类	节点类型	符号
合成节点	顺序执行	→
合成节点	选择器/回退	?
合成节点	并行执行	⇉
装饰器节点	装饰器	◇
动作节点	动作	文本

合成节点有一个或多个子节点，负责调节控制流。合成节点包括 3 种重要的节点，分别是顺序执行节点（sequence node）、选择器/回退节点（selector/fallback node），以及并行执行节点（parallel node）。顺序执行节点依次执行它的所有子节点，如果单个节点失败，则返回"失败"；如果所有节点都成功完成，则返回"成功"。选择器/回退节点按顺序执行其每个子节点，如果有一个子节点成功，则返回"成功"；如果所有子节点都失败，则返回"失败"。顺序执行节点可以被理解为类似于和（AND）条件语句，而选择器/回退节点类似于或（OR）条件语句。并行执行节点有 N（大于 1）个子节点，并尝试并行执行其所有子节点，如果 M 个或更多子节点成功，则返回"成功"；如果超过 $(N-M)$ 个子节点失败，则返回"失败"，在任何情况下始终保持 $M \leq N$。

装饰器节点只有一个子节点，它将子节点的输出转换后传递回其父节点。一个简单的装饰器节点的例子是反相器（inverter），反相器是一个反转其子节点返回状态的节点，能有效地产生非（NOT）操作：如果子节点返回"成功"，则装饰器节点返回"失败"，反之亦然。另一个有用的装饰器节点是不管其子节点返回的状态是"成功"还是"失败"，它均返回"成功"，这种装饰器节点允许系统包含成功与否对行为不起决定性作用的动作节点。装饰器节点也可以被用来重复执行其子节点，例如，直到子节点返回"成功"状态或返回"失败"状态，或者无休止地执行子节点（通常将这类装饰器节点设置为树的根节点以确保连续操作）。

动作节点没有子节点，它通常用来表示孤立行为的执行。这些节点可以接收参数输入，返回输出值，且通常可以包含设计者希望在其中编程实现的任何复杂操作。还有一点相当重要，就是动作节点允许将整个行为树视为单个动作节点，这就使组合多个行为树来构建任意复杂的行为成为可能。

11.4.3　行为树执行

对一个行为树进行前向遍历，从左至右地对节点进行递归访问和评估所需要的单位时间（例如，控制周期）通常被称为树传播的时钟信号（propagating a tick）。在上述过程中，每个父节点将会检索其子节点的状态。如果子节点返回的状态为"成功"，则父节点将移动到下一个子节点进行检索。如果子节点返回的状态为"正在运行"，则父节点将返回"正在运行"，而不会移动到下一个子节点进行检索，除非父节点允许并行运行多个子节点。如果子节点返回的状态为"失败"，则父节点的行为将根据其类型而定。如果父节点是顺序执行节点，则将会返回"失败"；如果父节点为选择器节点，则将会移动到下一个子节点。

图 11-6 展示了机械臂轴孔装置任务的行为树。对行为树的第一次遍历将会触发移动方形轴到工件表面（move peg to surface action）这个动作。随后的树遍历将一直被这个动作"吸收"，直到该动作返回一个除"正在运行"之外的状态，此时会触发新动作，且在新动作中也会继续保持这种树遍历的"吸收"行为。如果任何一个动作节点返回"失败"状态，则会导致整个行为返

回"失败"状态。图 11-7 展示了稍微复杂的抓取方形轴（pick square peg）任务的行为树，它允许机器人检查夹爪是否已经抓住了一个方形轴，如果检查到处于"失败"状态，则只能移动夹爪进行抓取操作。

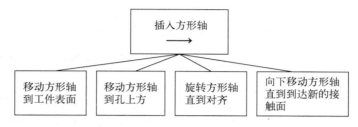

图 11-6
插入方形轴任务的行为树。顺序执行节点触发一个移动动作，该动作将方形轴对准孔并降低方形轴的位置，直到方形轴与孔表面接触

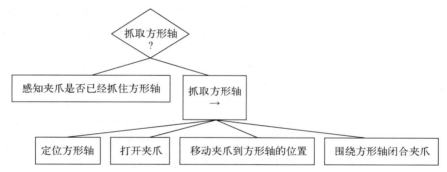

图 11-7
抓取方形轴任务的行为树。首先，选择器节点将检查机器人的夹爪是否已经抓住方形轴。如果没有，则第一个动作节点将返回"失败"，并执行抓取方形轴任务，仅当夹爪成功地抓取方形轴时，才会返回"成功"状态

11.4.4 行为树实现

由于行为树的执行从根本上说是树的遍历过程，因此树是存储合成节点、装饰器节点和动作节点的理想数据结构。由于这些节点的机制在很大程度上保持不变，因此这些节点通常用类（在面向对象的编程意义上）来实现，由程序员在具体的编程实现中去继承、修改和实例化。因此，对复杂的机器人系统进行编程首先要定义和实现基本动作节点，然后将它们与适当的合成节点和装饰器节点重新组合，直到机器人按照预期执行行为。

11.5 任务规划

到目前为止，我们已经了解了如何使用有限状态机和行为树将反应式行为组合成更复杂的程序。尽管行为树使用的隐式化方法有助于处理可能出现的状态转换数量爆炸式增长的情况，但

程序员仍然需要定义整个程序流。以抓取-放置任务为例，这一次，我们不会简单地抓住一个新的物品并防止物品从夹爪中掉下来，而是尝试在桌子上找到它，并尝试从桌子上拿起来。在更复杂的例子中，如果在桌子上找不到，我们也可以继续搜索地板上的物品。但是，如果在桌子和地板上都找不到，为什么不让机器人从仓库中找一个来替换呢，或者直接网购一个新的呢？显然，在对机器人进行编程时，要预见所有这些可能的情况，甚至只是预见所有的现实情况都是非常麻烦的。因此，我们需要一个框架来让实时合成行为变得简单。这正是任务规划（mission planning）所擅长的。

Saito 等人在 2011 年描述了任务规划的一个例子，这个例子中的机器人负责运送三明治。机器人最初移动到冰箱前，打开冰箱，在里面寻找三明治，然后决定乘坐电梯前往东京大学工程大楼地下室的三明治店。在这个例子中，机器人不仅将行为拼凑在一起，而且使用所谓的"语义规划"来选择正确的行动，并以文本形式利用常识知识数据库中的知识。如何以高效和通用的方式表示这些知识是机器人和人工智能领域一个活跃的研究课题，这超出了本书涉及的范围。然而，使用本节中介绍的基本算法，大家也能构建机器人运行时的复杂行为，从而生成比使用手动编码更复杂的机器人反应行为。

通用问题求解器和 STRIPS

60 多年前，一个称为"通用问题求解器"（Newell，Shaw and Simon，1959，64）的规划框架被提出，这一概念后来被不断推广、完善，并在真正的机器人上进行了实际演示，这个演示机器人被称作"斯坦福研究院问题求解器"（Stanford research institute problem solver，STRIPS）（Fikes and Nilsson，1971）。在 STRIPS 中，机器人问题由以下元素描述：

1. 一组表示初始状态（initial state）的符号；
2. 一组表示期望的目标状态（goal state）的符号；
3. 一组动作，每个动作都包含一组先决条件（precondition）和一组后决条件（postcondition）。

动作的先决条件是一组符号，这组符号是动作执行所需的当前状态的一部分。动作的后决条件是动作创建或删除的一组符号，这组符号能够影响后续状态。简而言之，STRIPS 规划器将基于期望的目标状态回溯动作，首先找到具有等效后决条件的动作，然后递归地满足这些动作的先决条件。

对于一个能够给你拿三明治的机器人来说，一个合适的目标状态可以是**机器人有三明治=真**；一些可能的动作可以是**打开冰箱门**和**从冰箱里拿起三明治**；初始状态可能是**三明治在冰箱中=真，冰箱门关闭=真**。**打开冰箱门**这个动作将**冰箱门关闭=真**作为先决条件，并将导致**冰箱门关闭=假**这个后决条件。**从冰箱里拿起三明治**这个动作所需要的先决条件是**三明治在冰箱中=真，冰箱门关闭=假**，所导致的后决条件为**机器人有三明治=真**。在明确目标状态后，规划器就可以从目标状态开始回溯动作，确定适当的动作并递归地满足它们的先决条件。在这个例子中，规划器将会根据**从冰箱里拿起三明治**这个动作识别出**打开冰箱门**这个动作来满足其**冰箱门关闭=假**的先决条件。

这个 STRIPS 问题可以形式化为一个四元组 $\langle P,O,I,G \rangle$。

- P 是一组变元，可以为真，也可以为假，它们详尽地描述了机器人所处的世界。
- O 是一组运算符，每个运算符本身都是一个四元组 $\langle \alpha,\beta,\gamma,\delta \rangle$，其元素决定了一组条件，这些条件需要 α 为真，β 为假，才能执行动作；如果动作执行成功，则条件 γ 将为真，δ 将为假。
- I 是一组状态（满足 $I \subset P$），这组状态初始为真并用于定义初始状态，与之相反，所有其他状态均初始为假。
- G 是一个元组 $\langle N,M \rangle$，其中 N 是一组需要为真的条件，M 是一组需要为假的条件。

读者可以试着根据以上介绍的 STRIPS 框架，对上面提到的"机器人从冰箱里拿起三明治"的任务进行形式化表示。读者在形式化表示过程中很快就会发现，"魔鬼"藏在细节中。例如，前面假设机器人的位置由动作本身决定，而实际上，STRIPS 还需要机器人位置的附加先决条件（例如，**机器人在冰箱附近=真**，这将由规划器来实现）。观察力强的读者可能还会注意到，在确定行动实际影响的变量和指定精确期望的目标状态时，需要非常注意。例如，上述规划将导致冰箱门始终保持打开的状态。

STRIPS 实例的一个常见扩展是将位置和对象参数化。在这种情况下，**机器人在冰箱附近**将变换为**机器人在 X 位置**。X 的值可以在运行时替换，例如，在评估**打开冰箱**的先决条件时进行替换。同样也可以设计一个 STRIPS 规划器来解决饿肚子问题，也就是说，可以用其他食物代替三明治。管理这些不同的类别、不同的背景以及权衡不同结果的量将很快变得极具挑战性，这也是一个目前正在进行的研究课题。

使用 STRIPS 进行规划，面临的其他挑战主要是如何应对那些将会改变环境状态的外部事件。例如，在机器人打开冰箱门后关闭冰箱门的任务预案中，对一个具有偶然性的操作员来说，他的操作可能会导致不同的结果。行为树框架很好地涵盖了这些结果，使得行为树和 STRIPS 规划的结合受到了很多研究者的关注［参见 Colledanchise 和 Ögren（2018）的第 7 章］。

本章要点

- 编写机器人程序与常规计算机程序有着本质上的不同，因为机器人程序的编写流程需要与实际物理世界的变化相关联。
- 离散状态是物理世界的抽象，更复杂的行为导致状态和状态之间转换的数量呈指数级增长。
- 多种可用的编程范式能够降低管理大量状态和它们之间可能转换的难度，但它们需要更多的软件资源，这也相应地增加了计算硬件的需求。

课后练习

1. 差速轮式机器人的尖端有 3 个面朝下的光传感器。传感器的间距使得机器人可以检测到白色地面上的黑线。利用 Braitenberg 形式推导"线跟随"机器人的方程。
2. 设计一种具有"线跟随"和避障功能的机器人控制方案。在考虑实现方案时,假设机器人需要不惜一切代价避开障碍物。
3. 使用你选择的机器人模拟器来实现基本的趋光性和避障行为。
4. 使用你选择的机器人模拟器来实现基本的墙跟随行为。
5. 在你选择的机器人模拟器中实现光跟随机器人,并手动控制其朝着光的方向移动。使用这些数据训练 Braitenberg 控制器的神经网络。
6. 实现一个拥有避障、趋光性和墙跟随功能并能够从 U 形障碍物中逃出的有限状态机。
7. 设计一个有限状态机,该有限状态机能使机器人在遇到障碍物之前按照趋光性执行动作,遇到障碍物之后执行 10 个时间步长的墙跟随。试绘制实现上述行为的有限状态机。请问该有限状态机最少需要几个状态?
8. 机器人以 100 ms 的循环周期运行。执行传感器读数需要 3 ms,里程计计算需要 15 ms,执行逻辑操作平均需要 30 ms。如果执行任务逻辑需要 80 ms,那么上述操作中的哪一个可能失败?
9. 基于有限状态机和行为树为游戏"Ratslife"设计两种实现方式,标记每个状态和条件转换,并比较这两种实现方式的区别。
10. 构建一个行为树,使单臂机器人能够将桌子上的红方块、绿方块和蓝方块按颜色分类放到不同的箱子中。
11. 构建一个行为树,使双臂机器人能够用两只手将桌子上的红方块、绿方块和蓝方块按颜色分类放到不同的箱子中。
12. 形式化描述机器人取回三明治问题的 STRIPS 实例,其中,机器人在取回三明治后需要关闭冰箱门。

第 12 章

地图构建

地图构建是进行环境表示的过程，生成的地图主要供自主算法后续使用或向人类提供信息。地图可以为规划和控制算法提供决策依据，例如，为算法提供关于地面和障碍物以及可与机器人产生交互的对象的信息，或为算法提供房间如何相互连接的拓扑信息。如果环境地图已提供，机器人可以在已提供的地图上进行规划，而不必自己构建地图；事实上，机器人甚至只需在现场收集信息，并将这些信息与已提供的地图进行对比，就可以根据地图确定自己的位置。地图构建还能帮助人类评估机器人能够观察到什么，从而使机器人的设计者或操作者能够知道机器人在环境中能够获得哪些信息。因此，不管地图信息是用于自主运行还是用于设计目的，它都是机器人在真实环境中运行的关键。

从环境中收集的目标量主要可以分为两个不同的类别：尺度（例如，环境的物理范围）和语义（例如，所处房间的类型或其中感兴趣的对象）。这两个类别可以相互交流信息。例如，门具有语义含义且通常也具有特定的高度或宽度，但解析这两个类别中的信息所需的推理过程差别很大。尺度信息通常使用第 7 章中介绍的传感器中使用的几何技术来获得，而语义信息通常通过机器学习技术来获得。在本章中我们只关注尺度地图构建问题，因为尺度地图信息在机器人规划和定位研究方面具有普遍的重要性。语义地图构建也是一个重要的研究领域，其研究对机器人自主性的发展起到了越来越重要的作用。12.1 节将讨论这些不同类型地图之间的更显著的区别。

对于尺度地图构建，距离传感器已经成为使机器实现自主运行的最有效的传感器之一。距离数据可以从传感器的"扫描信息"中收集，每项"扫描信息"都包含一系列点，称之为点云。点云使得构建机器人所处环境的 3D 模型变得简单；这种方法对环境的测量本质上是具有度量属性的，不需要经过像相机从图像中提取类似信息一样的"前端"处理过程。此外，输出点云数据的传感器非常准确，在机器人平台上也越来越常见。Velodyne 3D 汽车激光雷达传感器将 64 个激光扫描器集成到一个组件中，这种组件是赢得美国国防高级研究计划局"大挑战"（DARPA Grand Challenge）的关键，在最近的美国国防高级研究计划局"地下挑战赛"中，所有参赛团队都将激光雷达作为其解决方案的一部分。因此，对于在宽阔区域和封闭走廊中作业的机器人，3D 激光雷达已成为标准。但是激光雷达有一个问题：大多数激光雷达是由旋转的激光阵列构成的，这意味着移动的传感器将以不同的旋转角度从环境中收集信息，从而使激光雷达测量值与传感器的运动相混叠（aliasing）。这种运动混叠可以从激光雷达数据中去除，但如果传感器的运动足够慢，也可以忽略不计。然而，也存在不受此限制而能提供距离信息的传感器，例如 RGB-D（彩色+深度）相机。随着价格只有最便宜的 2D 激光扫描仪 1/10 的廉价 RGB-D 相机的出现，3D 距离数据变得更易获得，其在机器人技术中也更加重要。本章在很大程度上忽略了距离数据的来源，而是专注于对这些数据进行操作的算法。

地图构建本身完成的工作与地图绘图学相似，在这些工作中，自身定位和环境地图构建这两个任务紧密交织在一起。当定位完美时，这可能是一个微不足道的问题；如果定位不准，这也可能会变成一个无限复杂的问题，虽然"SLAM"问题将在第 17 章中介绍，但 12.2 节描述了一种关键算法，该算法基于扫描匹配过程推断连续测量值之间的相对姿态。

可以很容易地利用 RANSAC 实现点云数据中线和平面等特征识别。这些特征可以被基于扩展卡尔曼滤波（extended Kalman filter，EKF）的定位方法所使用，也可以用于里程计改进、回环闭合检测和地图构建。点云数据还可以通过概率方法融合到体素占据栅格地图和全连接曲面表示中，这可以为规划和设计提供信息。本章的目标如下：

- 通过稀疏地图构建示例，介绍用于点云匹配的 ICP 算法。
- 介绍如何利用 RANSAC 算法提供初始猜测来改善 ICP。
- 使用点云生成利用占据栅格构建的全连接地图。
- 介绍 RGB-D 地图构建技术（这是另一种生成曲面表示的全连接地图构建技术）。

12.1 地图表示

为了规划路径，我们需要数字化地表示环境。下面介绍两种互补的方法：离散近似表示和连续近似表示。在离散近似中，地图被细分为相同（例如，网格或六边形地图）或不同大小（例如，建筑物中的房间）的部分。后一种地图也称为拓扑地图（topological map）或基于图形的地图（graph-based map）。离散地图很适合用"图"来表示，其中，地图的每个区域都对应一个顶点（也称为"节点"），如果机器人可以从一个顶点导航到另一个顶点，则这两个顶点通过边连接。例如，道路地图是以交叉路口为顶点、以道路为边的拓扑地图，并用其长度标记（见图 13-2）。在计算时，图可以存储为邻近或关联列表/矩阵。在连续近似中，通常需要以多边形的形式定义内部（障碍物）边界和外部边界，而路径可以用由实数定义的点序列进行编码。尽管连续近似表示具有存储优势，但离散近似表示是机器人技术中的主要地图表示方法。

没有一个地图表示形式是绝对正确的选择，每个应用程序可能需要不同的解决方案，可能使用不同地图的组合。

离散近似表示和连续近似表示通常以巧妙的方式匹配在一起。例如，GPS 中的道路地图的存储形式为拓扑地图，其中存储了每个顶点的 GPS 坐标，但其中也可能包含航空摄影和街道摄影的图层，在路径规划的不同阶段使用不同的地图。

12.2 稀疏地图构建的迭代最近点算法

地图构建的最简单方式是利用从激光扫描仪等仪器中获得的 2D 距离数据进行构建。在缺乏两次测量值之间的精确运动估计的情况下（例如，在使用里程计或 IMU 提供数据进行估计时），这种地图构建方式的挑战是如何将后续的扫描数据关联起来。

此挑战的标准解决方案被称为迭代最近点（iterative closest point，ICP）算法。它于 20 世纪 90 年代初被提出，用于将 3D 距离数据配准到目标对象的计算机辅助设计（computer-aided design，CAD）模型中。Rusinkiewicz 和 Levoy（2001）对 ICP 算法进行了更深入的概述，该算法的关键可以归结为如何找到最小化两组测量值之间距离的最佳变换。

在机器人领域中，ICP 算法可以应用在对 2D 激光扫描仪的扫描信息的匹配中。具体来说，使环境的两个连续快照之间的误差最小化的变换是与机器人的运动成比例的，可应用 ICP 进行信息匹配。但应用 ICP 进行信息匹配是一个难题，因为不清楚这两个连续快照中的哪些点是"成对的"，哪些点是离群值（由于存在传感器噪声），以及哪些点需要丢弃（由于两个快照中并非所有点都是重叠的）。理论上，将一系列快照拼接在一起，可以创建环境的 2D 地图。然而，进行快照拼接也是困难的，类似于里程计，每个快照的误差会不断累积。ICP 算法也可以应用于 3D 场景，它可以推断相机的六维（6D）姿态的变化并创建 3D 地图。目前 ICP 算法已被证明可用于在 3D 对象数据库中识别对象。此外，ICP 算法还可以用于将连续距离（深度）图像缝合在一起，以创建环境的 3D 地图（Henry et al., 2010）。

在给出地图构建问题的解决方案之前，先介绍一下 ICP 算法如何解决两个连续帧的匹配问题。ICP 算法的变体可分为 6 个连续步骤：

1. 在一个/两个网格或点云中选择点；
2. 将选择的点与其他网格或点云中的点进行匹配/配对；
3. 加权相应的配对；
4. 拒绝某些配对；
5. 基于点配对分配误差度量；
6. 最小化误差度量。

根据距离传感器可产生的测量点的数量，使用几个选定的点来确定两个点云之间的最佳转换，然后在所有点上测试该转换的方法是比较合理的。根据数据源的不同，也会发现有些点比其他点更适合，因为这些点更容易识别匹配点。利用 RGB-D 数据时就符合上述情况，可以成功使用 SIFT 特征进行匹配。对于具有凹槽的平面对象也是如此，采样时应确保采样点法向量的角度分布广泛。因此，具体如何匹配取决于所使用的数据类型，应针对不同的数据类型采取针对性的方法。

匹配点

ICP 算法中的关键步骤是将一个点与不同测量值中的对应点进行匹配。例如，一台激光扫描仪用它的第 67 束射线照射墙壁上的某一点，扫描仪移动 10 cm 后，最接近墙壁上这一点的可能是扫描仪的第 3 束射线。在这个过程中，激光实际上不太可能两次击中墙上完全相同的点，因此即使对于最佳配对，也会引入非零误差。目前主要使用的匹配方法包括在其他点云中找到最近的点或找到源点法线与目标曲面的交点（用于将点云与网格匹配）。近期的研究表明，SIFT 使基于视觉外观的点匹配成为可能。与通过 SIFT 特征进行匹配类似，可通过在 k-d 树中表示点云来快速找到最近的匹配点。

配对加权

由于某些配对比其他配对匹配性更好，因此以某种规则对它们进行加权可以显著提高转换的质量。一种方法是给彼此距离较小的配对点赋予更大的权重。另一种方法是考虑配对点的颜色（在 RGB-D 图像中）或考虑它们 SIFT 特征的距离（赋予距离较近的配对较大的权重，赋予距离较远的配对较低的权重）。此外，可以使用预期噪声来对配对进行加权。例如，与以非常大的倾斜角度拍摄相比，当与平面正交进行拍摄时，激光扫描仪所做的估计更加可靠。

拒绝配对

ICP 的一个关键问题是传感器噪声或两个连续测量帧之间不完全重叠导致的离群值。处理此问题的一种常见方法是，当一个点位于点云的边界上时，拒绝配对这样的点，因为这些点可能与非重叠区域中的点匹配。作为底层数据的函数，拒绝距离太远的配对可能也有意义，这种基于阈值进行的处理与上述基于距离的加权是等效的。

误差度量和最小化算法

在经过对点的选择、匹配、加权和拒绝操作之后，需用合适的误差度量来表示两个点云之间的匹配程度并将其最小化。一种直接的方法是考虑每对之间距离的平方和，通常可以用解析法求解。令

$$A = \{a_1, \cdots, a_n\} \tag{12.1}$$

$$B = \{b_1, \cdots, b_n\} \tag{12.2}$$

是 $\mathbb{R}^n$ 中的点云，现在的目标是找到向量 $t \in \mathbb{R}^n$，使得误差函数 $\varphi(A+t, B)$ 最小。在 6 维姿态（平移和旋转）中，可以找到一个等效的表示法表示一个变换（参见正向运动学）。平方距离的误差函数由下式给出：

$$\varphi(A+t, B) = \frac{1}{n}\sum_{a \in A} \|a+t-N_B(a+t)\|^2 \tag{12.3}$$

这里 $N_B(a+t)$ 是一个函数，该函数在 B 中找到 a 转换到 b 的最近邻。现在的一个关键问题是，t 的实际值会影响配对的结果。最初看起来很好的配对结果往往不是最终的配对结果。解决这个问题的一个简单的数值方法是迭代求 t。

初始化时，设 $t=0$ 并建立最近邻/匹配。可以使用优化问题的求解器来计算针对该匹配的优化最小二乘问题的 δt（对于最小二乘的求解，δt 可以通过将其导数设为 0 求解多项式的最小值来解析地获得）。然后可以将 A 中的所有点移动 δt 并重新开始。也就是说，计算新的配对并导出新的 δt。可以一直这样运算，直到代价函数（误差函数）达到局部最小值。

与使用"点对点"距离表示代价函数相比，"点对面"的表示已成为主流方法。代价函数由从每个源点到包含目标点并垂直于目标法线的平面的距离的平方和组成。当将点云与对象的网格/CAD 模型匹配时，这种方法特别有意义。使用这种算法时，没有解析法用来搜索最佳变换，但可以使用一些优化方法（例如 Levenberg-Marquardt）进行计算。

12.3 八叉树地图：体素全连接地图构建

为了刻画障碍物，最常见的地图形式是占据栅格地图（occupancy grid map）。在栅格地图中，环境被离散化为任意分辨率（例如，1 cm×1 cm）的体素（voxel），同时环境中的障碍物也被标记在其中。在概率占据栅格（probabilistic occupancy grid）中，栅格单元可以被标记上包含障碍物的概率。当机器人不确定感知到的障碍物位置时，这一点尤为重要。栅格地图的缺点是其内存需求大，而且遍历具有大量顶点的数据结构需要较长的计算时间。一种解决方案是将栅格地图存储为一个 k-d 树。k-d 树递归地将环境分解为 k 个片段，并遵循一定的细分标准（例如，仅当空间占用率在 5%和 95%之间时才细分区域）。当 $k=4$ 时，符合细分标准的区域将被细分为 4 块。每一块都可以再次细分为 4 块，以此类推，直到达到最大允许分辨率或细分标准不再适用。这些片段可以被存储在一个图中，其中每个顶点都有 4 个子元素，对应于由该顶点表示的空间被分割成的 4 个片段，除非该顶点是树的叶节点。这种数据结构的魅力在于并非所有顶点都需要分解到尽可能小的分辨率，而是只有包含障碍物的区域才需要细分。图 12-1 展示了一个包含障碍物的栅格地图及其对应的 k-d 树。为了捕获 3D 数据，可以将这种表示扩展到 8-d 树，也称为八叉树（octree）。

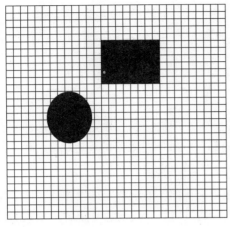 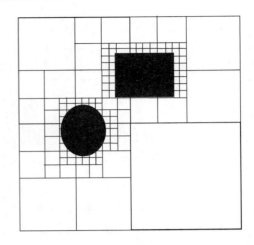

图 12-1
栅格地图及其对应的四叉树（k-d 树）

k-d 树中每个元素的值是特定体素被占用的概率。需要注意的是，该概率可以通过任意数量的传感器模型来计算，例如使用绝对阈值模型或概率模型。如果由传感器测量的一个体素内的点绝对计数大于阈值，则绝对阈值模型将认定体素被占据。对这种方法的一种改进手段是使用概率模型，将假阳发生率（false-positive incidence rate）和假阴发生率（false-negative incidence rate）用于计算传感器的测量值并得到特定体素被填充的概率。无论使用上述哪种方法，这些技术都会产生一个覆盖一系列测量值的概率融合地图，以体积图（volumetric map）的形式指示填充和未填充的空间。

12.4　RGB-D 地图构建：曲面全连接地图构建

虽然基于八叉树等技术的占据栅格地图构建方法对于规划是有效的，但它们也存在一些缺点。首先，从上面的介绍中可以发现，地图体素具有固定的分辨率，且基本上不能以比体素更小的尺度分辨小障碍物；也就是说，小障碍物会显得更大。此外，体素是最小单位，体素内部的信息是不可解的。这些信息似乎无法从任何体素化的环境表示中获取。解决这一问题的方法是使用体素到最近表面的最可能距离（most probable distance）来填充体素值，而不是使用体素被占据的概率来填充体素值。例如，对一个特定的范围进行扫描，如果某个曲面位于某个体素之后，则该距离为正；如果某个曲面位于某个体素之前，则该距离为负。这种数学构造方式的示例见图 12-2，称为有向距离场（signed distance field，SDF）。SDF 是通过以下方式生成的：将光线到曲面的距离输入体素中，并随着从深度通道获取图像帧以概率递增的方式更新体素中的值。需要注意的是，SDF 提供了曲面的隐式表示，如图 12-2 所示。在这幅图中，我们用到了类似前面章节提到的"截断"的概念，将体素值高于某个阈值（称为截断距离）的体素设置为未填充。这是一种可节约内存的方法，并可加速算法的重构；同时还需要避免曲面间的相互干扰。以这种方式修缮的 SDF 称为"截断 SDF"（truncated SDF，TSDF）。

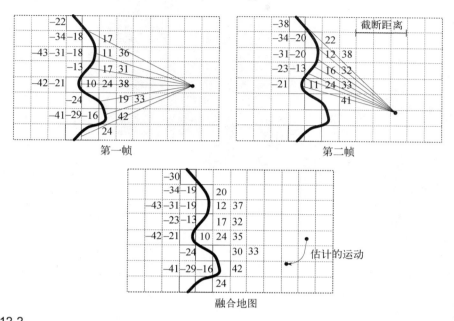

图 12-2
基于传感器 2D 距离数据生成的 TSDF 示意。位于"截断距离"内的体素被填充相应的距离数据

  TSDF 可以自然地表示多尺度障碍物，并且对规划算法有一个额外的好处：能够同时提供到最近障碍物的距离！到障碍物的距离可以用来衡量规划算法中的风险，因此提供此距离对规划是很有帮助的（即在机器人运动轨迹上保持与障碍物的最大距离通常是有利的，与障碍物之间的距离可以很容易地从 TSDF 中获得）。然而，TSDF 技术也有两个显著的缺点。第一，它需要高度精确的姿态信息，这通常意味着必须对传感器的每次扫描执行 ICP 算法。第二，曲面的隐式表示无法实现 3D 地图的直接可视化。为了解决这个问题，需要在 TSDF 上运行渲染器，从而生成图 12-3 所示的地图，该地图是使用 Whelan 等人（2013）的方法创建的。即使基于对环境粗略的体素化，该方法所得到的可视化结果也可以具有令人惊讶的高分辨率。再结合 RGB 信息，就可以对一个环境创建完整的 3D 场景。

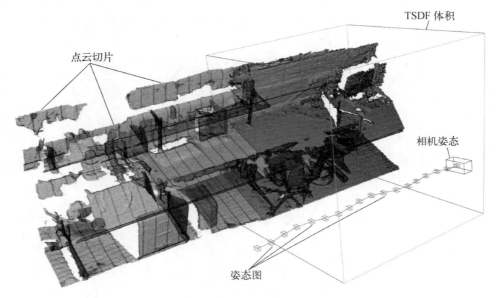

图 12-3
使用"Kintinuous"对办公环境进行一次"漫游"得到的融合点云数据
资料来源：John Leonard

使用 ICP 连续生成这些地图的问题在于，每次转换中的误差都会以地图漂移的形式传播到地图的生成过程中。对于这个问题，可以在检测到闭合环路时立即使用 SLAM 算法（见第 17 章）来纠正先前的错误。但是在环路闭合触发时更新 TSDF，需要对受环路闭合影响的用于生成 TSDF 的所有数据进行持续的保留和全局再处理，这需要付出高昂的代价。

由于 ICP 仅在两个点云已经紧密对齐的情况下才能起作用，这对于使用具有较大噪声的传感器（Xbox Kinect 在几米范围内的误差为 3 cm，而在同样的场景下激光测距扫描仪的误差为毫米级）的快速移动机器人来说可能很难适用。RGB-D 地图构建使用 RANSAC 来找到初始转换。在算法中，RANSAC 的工作原理与线性拟合的类似：它不断猜测 3 对 SIFT 特征点的可能变换，然后在匹配两个点云（其中一个点云使用随机猜测进行变换）时计算内点的数量。

本章要点

- 绘制环境地图的挑战源于定位和感知的不确定性。
- 解决定位和感知中的不确定性问题可以提高对定位和感知的置信程度。例如，给定拐角或墙壁等的稳健特征，ICP 算法可用于提升里程计的估计能力。
- 在缺乏可靠定位的情况下，地图构建问题转化为第 17 章所述的 SLAM 问题。

课后练习

1. 在你选择的模拟器中模拟激光雷达传感器。设计一个栅格地图结构,并在栅格地图中绘制机器人的位置。使用激光雷达传感器的恒定角度偏移和机器人的姿态来计算每次读数的地图坐标。
2. 在一个存在障碍物的环境中运行模拟机器人,并使用模拟激光雷达记录地图。实现本章介绍的 ICP 算法以估计连续扫描之间的平移,并将其与里程计估计值进行比较。
3. 在模拟环境中对机器人设置不同的车轮打滑参数,使用 ICP 改善机器人在不同环境下的状态估计。

第 13 章
路径规划

路径规划能够让自主移动机器人或机械臂在两点之间找到一条移动路径。路径（path）是由起点位姿到终点位姿所组成的位姿集合，这些位姿需要满足一些条件，例如需要使机器人的移动底盘能够避开障碍物，或者使机械臂的末端执行器可以满足特定的外力条件。路径的概念与轨迹（trajectory）的概念不同，轨迹是指在一段时间内实际执行的路径。通过选择不同的路径规划算法，可以使一条路径实现不同标准的最优化，比如最小化路径长度、最小化转弯角度或最小化制动次数等。寻找最短路径的算法不仅在机器人领域应用广泛，而且对网络路由、视频游戏和解析蛋白质折叠领域也十分重要。

路径规划需要一个合适的环境表示（比如在第 12 章中介绍的地图）以及机器人相对于地图环境的位置感知。在本章中，我们假设机器人能够在已有的地图上进行精准的定位，并且能够避开运动过程中的临时障碍物。本章的主要目标如下。

- 介绍路径规划中的"构型空间"的概念。
- 介绍基于图搜索和基于采样的路径规划算法之间的差异。
- 介绍基本的路径规划算法，例如迪杰斯特拉、A*、RRT 等算法。
- 介绍路径规划问题的变式，例如覆盖路径规划。

13.1 构型空间

在绝大多数的路径规划算法中，机器人被视为一个无体积的质点。为了使机器人可以执行一条路径，我们必须考虑到机器人的物理特征及其体积，这一点是非常重要的，但这也使得路径规划过程变得更加复杂。

对于圆形机器人，机器人本体可以简化为一个质点，地图中每个障碍物的占据范围可以超出一个机器人半径的距离。这可以推广到任何形状的机器人，方法是将每个障碍物的占据范围按照从机器人的中心开始延伸到其边的最长长度来增加。这种表示方法被称为构型空间（configuration space），它可以通过简化机器人的结构表示减小机器人的可控自由度（例如，对于在平面移动的机器人，可以用 x、y 坐标来表示其自由度）。图 13-1 展示了一个构型空间的例子。目前为止，构型空间表示既可以用在离散网格地图上，也可以用在连续地图上。

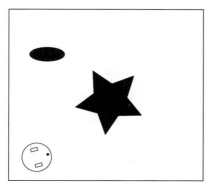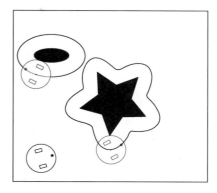

图 13-1
一张带有障碍物的地图及其构型空间表示，这种构型空间表示可以根据机器人的几何形状来增大障碍物的占据范围得到

13.2 基于图搜索的路径规划算法

在一个连通图中找到某一个顶点与另一个顶点之间的"最短路径"问题在多个领域有重要意义，尤其是在网络路由方面，它常常被用来为互联网数据包寻找一条最佳传输路径。这里的"最短"一词是指边的累积代价达到最小，其中，边的代价可以指实际的物理距离（机器人领域）、网络延迟（网络应用领域），或者是其他与任务相关的指标。图 13-2 展示了一个具有任意边长的图的示例。

13.2.1 迪杰斯特拉算法

迪杰斯特拉算法（Dijkstra's algorithm）是最早、最简单的路径规划算法之一（Dijkstra, 1959），该算法包含一个循环迭代的过程。对于给定的图，从"起始"顶点开始，该算法计算到达所有的直接相邻顶点的代价并标记出来。然后，找到代价最小的顶点，将其加入当前路径中，继续检查它的所有相邻顶点，并计算经过当前路径到达这些相邻顶点的代价。如果发现代价更小，则各顶点代价会相应地更新。如果一个顶点的所有相邻顶点都被检查过，算法就会继续寻找下一个具有最小代价的顶点。一旦算法到达目标顶点，并且不存在具有更小代价的顶点，算法结束，机器人可以沿着具有最小代价的边移动。

如图 13-2 所示的例子中，顶点 I 为起始顶点，顶点 VI 为目标顶点，算法首先会检查顶点 II、III、IV，它们的代价分别为 3、5、7。然后，找到目前拥有最小代价的顶点（即顶点 II），继续检查顶点 II 的所有边。此时可以发现，顶点 III 可以经 I→II 到达，且路径代价 3+1 < 5，因此可以将顶

点III的代价标记为 4。

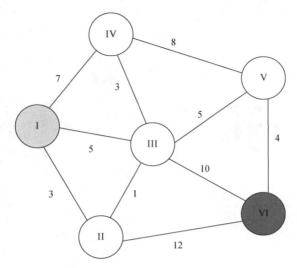

图 13-2
一个常见的路径规划问题（由顶点I到顶点VI）。最短路径为I→II→III→V→VI，路径长度为 13

为了完整地检查顶点II，算法需要在移动前检查剩余的边，并将顶点VI的代价标记为 $3+12=15$。现在代价最小的顶点是顶点III（代价为 4）。因此，我们现在可以将顶点VI的代价重新标记为 14，这比原先的代价 15 更小，并且顶点V的代价为 $4+5=9$，而顶点IV的代价依然是 $4+3=7$。虽然我们现在已经找到了两条通往目标顶点的路径，并且其中一条路径的代价要比另一条路径的代价更小，但是我们还不能停止搜索，因为还存在没有检查的边，即有可能存在总代价小于 14 的路径。事实上，通过继续检查顶点V的边，最终可以找到一条最短路径，即I→II→III→V→VI，总代价为 13。此时，所有的顶点都已经被检查过了。

由于迪杰斯特拉算法只有在没有代价更小的顶点的情况下才会停止迭代，我们可以认定，如果存在一条最短路径，迪杰斯特拉算法就一定会找到它。因此我们可以说迪杰斯特拉算法既是完备的（complete）又是最优的（optimal）。

由于迪杰斯特拉算法总是先探索总代价最小的顶点，对环境的探索类似于一条从起始顶点出发的波浪线，最终到达目标顶点，这样的方法是非常低效的，尤其是在目标顶点距离较远时。举一个例子，如果我们在图 13-2 中的顶点I左侧添加两个顶点，那么算法将持续探索这些顶点，直到发现通往目标顶点的最小代价路径。图 13-3 展示了迪杰斯特拉算法在网格地图中的应用，我们从中也可以观察到这一点。

需要注意的一点是，网格地图也可以被看作图，其中每一个顶点（边界网格除外）都有 4 个或 8 个相邻顶点。

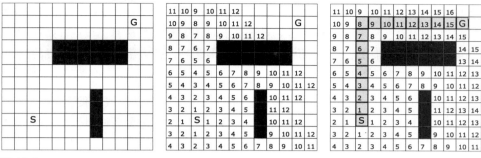

图 13-3

使用迪杰斯特拉算法找到一条从"S"到"G"的最短路径。假设机器人横向或竖向移动（不能沿对角线移动），且每移动一个网格的代价为 1。需要注意的是，即使找到了一条最短路径，也仍有一些网格是从未被探索过的，这是因为迪杰斯特拉算法总是会优先探索路径代价最小的网格

13.2.2 A*算法

与在各个方向上进行探索相比，只探索通往目标顶点的大致方向可能会避免探索那些对完成任务没有价值的顶点。站在人类的角度，我们可以很容易地解释图 13-3 中展示的任务，并且能够理解：如果我们想在短时间内找到一条路径，就不应该探索左上角和右下角的大部分网格。这种人类专家知识在搜索算法中可以用启发式函数（即一种合理的猜测或估计）进行编码。例如，我们可以优先考虑那些与目标顶点的估计距离较近的顶点。为此，我们不仅要在每个顶点上标记出我们到达那里的实际距离（由迪杰斯特拉算法得出），而且要加上到目标顶点的估计代价（例如正在探索的顶点与目标顶点之间的欧氏距离或曼哈顿距离），这种算法被称为 A*算法（Hart, Nilsson, and Raphael, 1968）。图 13-4 用曼哈顿距离的形式对 A*算法进行了说明。根据不同的环境，A*算法完成搜索的速度可能比迪杰斯特拉算法完成搜索的速度更快，即使在最坏的情况下，它们的搜索表现也是一样的。

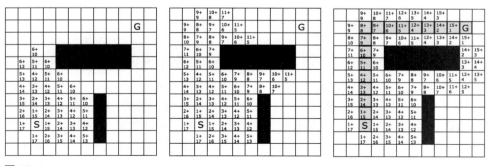

图 13-4

使用 A*算法找到一条从"S"到"G"的最短路径。假设机器人横向或竖向移动（不能沿对角线移动），且每移动一步的代价为 1。与迪杰斯特拉算法类似，A*算法只会评估具有最小路径代价的网格，区别是这些代价包括到达目标顶点的估计距离

对 A*算法的一个改进方法是解决障碍物突然出现在路径上时的重规划（re-planning）问题，该方法被称为 D*算法（Stenz，1994）。与 A*算法不同，D*算法是从目标顶点开始探索的，并且能够改变包含障碍物的部分路径的代价。这使得 D*算法在维持大部分已经计算好的路径的情况下，可以围绕障碍物进行重规划。

当搜索空间很大（例如，执行的任务需要非常精细的分辨率）或者搜索问题的维度很高（例如，规划一个具有多自由度的机械臂）时，A*算法和 D*算法会面临一类相同的问题：计算量需求大。我们可以选择基于采样的路径规划算法有效地解决这类问题。

13.3 基于采样的路径规划算法

13.2 节介绍了一系列关于路径规划问题的完备算法，即如果存在路径，算法可保证（最终）能找到它。然而，在一些状态空间大的情况下，由于内存限制和时间限制，完备算法在实际应用中往往是不可行的，尤其是对于一些多自由度机器人（如机械臂等）而言。更重要的是，大多数算法只是"分辨率完备"的，即只有当环境的分辨率足够精细时，它们才是完备的。但是，由于环境空间需要进行离散化，可能会丢失一些路径解。

基于采样的路径规划算法（sampling-based planner）是除基于图搜索的路径规划算法以外的另一种路径规划算法，它评估所有可能的路径解和基于雅可比矩阵的非完备逆向运动学路径解。在基于采样的路径规划中，路径产生过程为：持续随机采样路径点并将其存储在一个类似于树的结构中，直到找到某个路径解或达到最大规划时间。当采样数趋于无穷大时，找到路径解的概率接近 1。因此基于采样的路径算法都是概率完备的（probabilistic complete）。在基于采样的路径规划算法中，最常见的例子就是快速搜索随机树（rapidly exploring random tree，RRT）（LaValle，1998）和概率路线图（probabilistic roadmap，PRM）（Kavraki et al. 1996）。

图 13-5 展示了 RRT 算法的执行过程。在实际执行过程中，RRT 算法以机器人当前位置为起始点，持续更新一棵树，直到它的某一个分支生长到目标点附近为止。这个例子演示了基于采样的路径规划算法如何快速探索大部分状态空间，并随着时间逐步完善路径解。与 RRT 算法相反，PRM 算法通过在状态空间中随机生成一些采样点，并测试它们之间是否无碰撞，然后用符合机器人运动学的边将它们与相邻的顶点连接起来，从而创建一个图，最后用经典的图搜索最短路径规划算法在图上找到最短路径。PRM 算法的优点是地图只需要创建一次（假设环境不变），可用于多次查询。因此，PRM 是一种多查询的路径规划算法，而 RRT 是单查询的。多年以来，这些不同算法之间的界限已经逐渐模糊。不论是 RRT 还是 PRM，都有单查询和多查询的变体。总而言之，没有完美无缺的算法，也没有万能的启发式函数，甚至参数的选择也需要根据特定的问题而定。因此，在本书中我们仅讨论那些基于采样的路径规划算法的常见启发式函数。

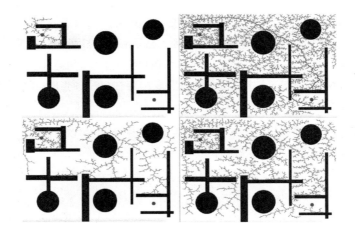

图 13-5
逆时针方向（从左上角开始）：通过随机采样点，随机探索一个二维搜索空间，并将这些采样点连接到树中，直到找到起始点和目标点之间的可行路径

RRT

设 X 是一个 d 维的状态空间，它可以表示用平移变量和旋转变量（通常是一个六维集合的子集）给出的机器人状态，或者表示关节状态空间（每个关节一个维度），所选的表示方法将决定我们如何判定一个点是否可以到达，而不影响算法本身。

设 G⊂X 为状态空间中的一个 d 维子空间，或者可以理解为一个目标区域。max_dist 为边的最大允许长度，t 为规划时间，k 为树的最大顶点数，而 goal_bias 为算法尝试连接到目标点的采样百分比阈值。RRT 规划器的伪代码如下：

```
Tree=Init(X, G, start, max_dist, t, k, goal_bias);
iteration = 0
WHILE (ElapsedTime() < t AND iteration < k
AND NoGoalFound(Tree,G)) DO:
 iteration = iteration + 1
 IF RandomPercentage() < goal_bias THEN
  q_rand = SampleRandomGoal(G);
 ELSE
  q_rand = SampleRandomState(X);
 ENDIF
 q_nearest = NearestVertex(q_rand)
 q_new = Extend(q_nearest, q_rand, max_dist)
 edge = CreatePath(q_nearest, q_new);
 IF IsAllowablePath(edge) THEN
  Tree.addVertex(q_new);
  Tree.addEdge(edge);
 ENDIF
ENDWHILE
return Tree
```

如伪代码中所示，该算法表示一个在有限时间内的迭代过程，其中树的最大顶点数和 `goal_bias` 都是可配置的参数。RRT 被视为一种 "Anytime" 算法，意思是，只要找到一个初始解，无论用户在何时终止算法迭代，都可以提供一条可行路径。给定一个合适的距离度量标准，路径代价可以存储在树的每个节点上。当在目标区域内存在多个顶点时，我们就可以在树上找到一条最短路径。以下是 RRT 的 4 个关键点。

1. 如何确定下一个采样点是否添加到树的顶点集合中（如伪代码中的 `SampleRandomGoal`、`SampleRandomState` 和 `Extend`）。
2. 如何确定新的顶点与哪个顶点相连接以及如何连接，有时可能需要考虑机器人运动学（如伪代码中的 `NearestVertex`、`CreatePath`）。
3. 检查路径是否有效（如伪代码中的 `IsAllowablePath`），也就是对路径进行碰撞检测。
4. 平滑路径（伪代码中未提及）。

选择下一个最优点

一个简单的方法是在状态空间中随机选择一个点，并将其与树上现有的最近节点相连。一些其他的方法可能会优先考虑那些出度小的节点（即没有很多连接的节点），并且选择它们附近的采样点进行连接，以促进 RRT 向状态空间中未被充分探索的区域扩展。重要的是，这些方法都可以使 RRT 快速探索整个状态空间。如果需要对机器人的路径加以限制，例如，机器人需要拿着一个杯子，那么不应该旋转机器人的手腕，在规划期间这个维度可以简单地从状态空间中分离出来并固定。

节点与树相连接

直观地说，一个新的点 q_rand 应该与树中最近的相邻节点或目标点相连接。这需要对树上的所有节点进行迭代，并计算它们与候选点 q_rand 的距离，这是一个计算量很大的过程；所得到的点 q_nearest 就是与 q_rand 距离最近的相邻节点。选择合适的图存储数据结构可以降低计算成本，使其在顶点数量上平均达到次线性复杂度。

但是，按照这种方法并不能保证找到最短路径。RRT* 算法是一种普遍采取的替代方案，它的树总是以一种可以使从根到每个顶点的总路径长度最小的方式生长。这分两步完成。

- 第一步，只考虑以 q_rand 为中心、半径固定的 d 维球体（在二维地图上，$d=2$，是一个圆）内的节点，将到根节点（注意，这里不是球内的节点到 q_rand）的路径距离最短的那个节点作为父节点。通过这一步，我们可以保证新的顶点 q_rand 连接到树根的路径是最短且可达的。
- 第二步，重新布线阶段，评估 q_rand 附近的顶点，并检查它们与 q_rand 之间的边是否比当前边更短，如果更短并且边是合理的（即不发生碰撞或在机器人的运动能力以内），则图的节点被重新连接，使新发现的顶点成为 q_rand 的新父节点。

一旦找到最近的顶点，Extend 函数就使用 max_dist 参数来限制最大边长，将 q_rand 替换为 q_nearest 和 q_rand 连线上的点 q_new，该点与 q_nearest 的距离为 max_dist。此步骤，也是考虑机器人特定的运动学及其运动能力的好时机。以汽车为例，局部规划器可用于生成合适的轨迹，该轨迹考虑了车辆在树中每个点的方向。使用开源的物理模拟器（例如那些为计算机游戏开发的模拟器）也可以让人们考虑动力学（包括漂移）。在规划框架内使用这样的模拟器已经能够产生满足操作员需求的轨迹（Keivan and Sibley，2013）。

碰撞检测

高效的碰撞检测算法值得用一个专门的小节来讲述。这个问题在二维构型空间规划中很直观，可以通过简单地判断点是否在多边形内部来解决（因为机器人可以简化为一个质点），然而这个问题对于由多个刚体连接在一起的机械臂来说很复杂，因为机械臂可能会发生自我碰撞。通常，此类对象的碰撞检测是通过将它们转换为三角网格来实现的，然后可以对三角网格进行交叉测试。近年来，提供内置碰撞检测的计算机游戏引擎广受欢迎。此类引擎可用于预测 CreatePath 函数内的刚体动力学，这对于路径规划算法来说有重大意义。

通常，碰撞检测环节会占用路径规划算法执行时间的 90%。因此，探寻降低计算成本的方法是非常迫切的。以"惰性碰撞评估"（lazy collision evaluation）算法为例，与一般碰撞检测算法的不同之处在于，它不会评估每个节点是否可能发生碰撞，而是首先找到一条合适的路径，只有在找到一条路径后，它才会评估每条边碰撞的可能性。这样，可能会发生碰撞的边将会被删除，算法继续运行，而无碰撞的边会被保留下来。

RRT 一旦找到一条可达的路径，就可以将采样空间缩减为一个以最大路径长度为界的椭圆体。这个椭圆体可以通过在起始点和目标点之间放置一条具有最大路径长度的线并用笔将其向外推来构建。一般来说，只有包含在这个椭圆体区域中的点才能提供比已知路径长度更短的路径，因此在椭圆体之外的状态空间区域扩展树会浪费时间。并行运行 RRT 规划器的多个改进版本，在找到路径后将最短路径进行对比时，可以发现这种方法特别有效（Otte and Correll，2013）。

路径平滑

由于路径规划算法从离散和粗糙的地图中随机采样，因此生成的路径通常是锯齿状或不规则的，在实践中并非最佳路径。这可以通过路径平滑得到显著改善。一种路径平滑方法是使用样条、多项式曲线或已知对特定平台可行的轨迹片段来连接路径上的点。还有一些其他的方法，可以使用实际平台的模型，并使用在 3.4.2 节中的移动机器人和 3.2.2 节中的机械臂所用到的反馈控制器，这将生成机器人可以实际运行的轨迹。当与动力学相结合时，这种方法被称为模型预测控制（model-predictive control）。

13.4 不同环境尺度下的路径规划

通过在现实场景中执行复杂、自主的动作可以得出：在实际应用中，可能没有一种地图表示和路径规划算法是完全适用的。例如，为汽车规划路线是机器人自主性与人类智能交织的多步骤过程，如图 13-6 所示，需要一个越来越精细的地图表示和路径规划算法的层级结构。

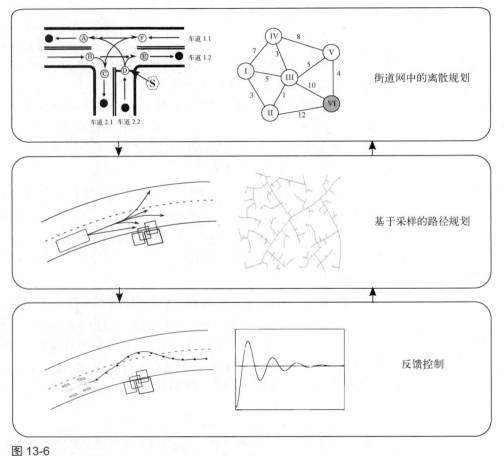

图 13-6

跨不同环境尺度的路径规划，需要各种地图表示和路径规划算法，箭头表示层之间传递的信息

首先，在街道网上进行粗略搜索（例如，使用你喜欢的地图和导航应用程序），然后进行更精确的规划，确定选择哪些车道以及如何在环岛和十字路口导航；在距离地图和街道网两个抽象层中，基于图的路径规划算法都是理想的。然后，可以使用基于采样的路径规划算法来确定如何在车道之间实际移动汽车以及采取什么轨迹来避开障碍物。最后，需要将此类轨迹转化为车轮速度和转向角——可以使用某种形式的反馈控制。在图 13-6 中，向下的箭头表示一个规划层为低级

别规划层提供的输入，而向上的箭头则表示在低级别层中无法处理的异常。例如，反馈控制器无法处理障碍物，需要基于采样的路径规划器重新规划轨迹。如果整条道路都被阻塞，则该规划器需要将控制权移交给基于车道的规划器。操作机器人也有类似的情况，它们也需要结合不同的地图表示和控制器来有效地规划和执行轨迹。

需要注意的一点是，这里的决策表示并没有达到对交通规则和一般常识进行编码这一推理级别。虽然其中一些规则和常识可以使用代价函数进行编码，例如最大化与障碍物的距离或确保平稳行驶，但其他更复杂的行为，比如骑自行车或适应地面特性，需要再加一个有权访问所有规划层的垂直层来实现。

13.5 覆盖路径规划

到目前为止，我们只考虑了寻找（最短）路径的问题。路径规划问题的一个变体是覆盖路径规划问题。这与清洁、割草或喷漆等应用领域相关，通常旨在最大限度地减少覆盖区域的作业完成时间和冗余面积。覆盖路径规划问题与最短路径问题密切相关。例如，可以通过在图上执行深度优先搜索（depth first search，DFS）或广度优先搜索（breadth first search，BFS）来实现区域覆盖，其中每个顶点都具有机器人覆盖工具的尺寸大小。"覆盖"不仅对清洁地面工作有用，还可用于构型空间的穷举搜索，如图 3-3 所示，我们绘制了机械臂在其构型空间上到达所需位姿的误差。使用穷举搜索法在此图中找到最小值，可以解决逆向运动学问题。

使用 DFS 或 BFS 可能会生成有效的覆盖路径，但它们并不是最佳的，因为许多顶点可能会被访问两次。连接图中所有顶点但仅通过每个顶点一次的路径称为哈密顿路径（Hamiltonian path）。返回到其起始顶点的哈密顿路径被称为哈密顿循环，求解哈密顿循环的问题称为旅行商问题（traveling salesman problem，TSP），即需要计算一条路线，该路线仅访问旅行中每个城市一次，TSP 也被视作一个非确定性多项式（non-deterministic polynomial，NP）完全问题。

13.6 总结与展望

路径规划是一个正在持续研究的问题。为具有高自由度的机器（例如在共享空间中运行的多机械臂、多机器人系统或涉及动力学的系统）寻找无碰撞路径仍然是一个计算密集型问题。虽然基于采样的路径规划器可以大大加快寻找路径解的速度，但它们并不是最优的，而且会与算法特定的问题起冲突（例如在狭窄的通道中导航）。现在还没有解决所有路径规划问题的完美算法，在一种情况下能使算法速度大幅度提升的启发式函数在其他情况下可能是行不通的。此外，算法的参数大多是临时的，将它们正确调整以适应特定环境可能会大大提高算法的性能。

本章要点

- 路径规划的第一步是选择一个合适的地图表示（见第 12 章）方法。
- 路径规划的第二步是将机器人简化为质点，以便于在构型空间（或称 C-space）中进行规划。
- 基于图搜索的路径规划算法得到了广泛应用，不仅仅局限于机器人领域，在其他领域中也同样应用广泛。
- 基于采样的路径规划算法通过环境中的采样点来寻找路径。启发式函数被用来最大化探索空间以及指导搜索方向的选择，这使得此类算法具有很快的处理速度，但它们既不是最优算法，也不具备完备性。
- 由于产生的路径是随机的，多次规划可能得出完全不同的路径解。
- 路径规划没有万能的算法，一定要依据问题条件，选择恰当的形式（例如，单查询与多查询等）、启发式函数以及参数。

课后练习

1. 当搜索空间由 2D 变为 3D 时，迪杰斯特拉算法的计算复杂度将如何变化？
2. A*算法使用了启发式函数来使搜索的方向偏向于目标顶点的方向，为什么 A*算法要用启发式函数，而不是只用路径的实际长度呢？
3. 假设在 RRT 算法中，点是均匀采样的，且采样不重叠。在状态空间的总面积 A_{total} 和树的占据面积 A_{free} 已知的条件下，当采样点数量趋于无穷大时，试计算树节点与采样点占据面积的比值的极限值。
4. 假设 k-d 树被用作最近邻数据结构并且点被随机均匀采样，计算将一个点插入容量为 N 的树时的运行时间（使用 $O(N)$ 表示法）。
5. 在进行基于采样的运动规划时，除了单独的计算复杂度之外，还必须考虑什么实际运行问题？你能提出解决这些问题的方法吗？
6. 编写一段程序，读取一张简单的地图，该地图被编码在一个文本文件中，其中"1"表示障碍物，"0"表示自由空间。

    a）使用迪杰斯特拉算法寻找自由空间中任意两点之间的最短路径。
    b）使用 A*算法寻找自由空间中任意两点之间的最短路径。
    c）比较两种算法实现的计算复杂度。

7. 编写一段程序，读取一个图像文件，其中白色区域代表可通行的空间，而黑色区域代表障碍物。使用基本的 RRT 算法来找到任意两点之间的最短路径。

8. 在互联网上寻找实现路径规划的相关工具，它要与你选择的编程语言相匹配。你找到了什么工具？它如何定义地图？它可以进行避障操作吗？机器人运动学在此工具中重要吗？
9. 扩展路径规划的代码，使其适用于差速轮式机器人。请描述对于迪杰斯特拉、A*和RRT这3种算法，你需要采取的步骤有哪些？
10. 扩展路径规划的代码，使其适用于双连杆机器臂。你考虑在关节空间还是构型空间中进行规划？每个空间的优缺点是什么？
11. 从具有单个6自由度的机器臂到具有两个6自由度机器人的躯干，计算复杂度会如何变化？你能想出一种维持原有计算复杂度的方法吗？这种方法有什么缺点？
12. 考虑一个机器人装配任务，其中机器人从已知位置寻找对象并在桌子上装配它们。你认为什么时候可以依靠简单的逆向运动学？什么时候需要路径规划？
13. 当你不仅要考虑关节位置，还要考虑力和扭矩时，路径规划问题会发生什么样的变化？你能使用RRT算法的变体来解决这些问题吗？
14. 在互联网下载一个可以让你尝试不同路径规划算法的工具。

    a）比较不同算法得出的路径解的质量和计算速度。

    b）使用不同规划器时需要考虑什么？比较单次实验结果是否足够，说明规划器的优缺点。

15. 使用深度优先搜索在网格地图上为单个机器人实现覆盖路径规划器。评估不同起始位置的冗余量。

第 14 章

操 作

虽然抓取（见第 5 章）通常涉及将物体连接到机器人的运动链，但是抓取行为本身通常只是现实中处理物体所涉及任务的一小部分。

> 想想你每天与物体互动的所有可能方式。确定哪些交互可以归类为"抓取"以及什么是真正的"操作"。你需要为一系列复杂的动作（例如，早上煮咖啡）计划多少次？

通常，抓取动作的目的是以精确、可重复和有目的的方式改变物体的姿态。例如，在布置餐桌时，餐具和盘子需要放在指定的位置，并相互对齐；商品需要整齐地摆放在货架上；机器零件需要按照特定的顺序装配。这些活动通常被称为操作（manipulation）。

本章的目标是介绍以下内容。

❑ 抓取和操作的区别。
❑ 执行正确抓取的算法。
❑ 典型的操作任务，例如拾取和放置以及装配。

14.1 非抓取操作

操作可以被视作抓取的超集，其中包括被称为非抓取（nonprehensile）的附加能力，也就是除了抓取之外的任何操作。事实上，物体可以被推、戳、扔、翻转、插入、拧入、转动、扭曲等。然而，讨论对象被操作的所有可能方式，以及需要采取此类操作的许多不同情况（这极有可能会显著改变机器人所要选择的方式）远远超出了本书的范围，但其仍然是一个值得研究的问题。

许多操作问题可以转化为一系列拾取和放置问题，其中某些抓取方式会受到相应的约束。例如，一个物体可以通过规划一系列的拾取和放置运动来转动或翻转，每次运动都会使物体转动一定的角度。类似地，使用两个机械臂，其中一个机械臂从另一个机械臂手中抓取物体，将允许机器人系统几乎任意地改变物体姿态（物体能够达到的姿态取决于物体的精确几何形状、机械臂的运动学以及工作空间中的约束）。所谓的手持操作（in-hand manipulation）仍然是一个活跃的研究领域，因为重复拾取和放置物体以及在不同手臂之间传递物体非常慢，并且对于许多应用领域来说是不切实际的。

14.2 选择正确的抓取

到目前为止，我们只考虑了抓取的机构（见第 5 章），但选择合适的姿态以特定方式抓取物体是一个算法问题。

找到一个能充分约束物体以抵消所有可能的外力和扭矩的抓取方式（即 5.1.1 节详述的"抓取力旋量空间"内的抓取）可能过于严格，而且通常不是必需的。例如，找到一个简单地抵消重力约束的物体的抓取方式可能就足够了。其他应用可能需要抓取来限制物体的运动，还需要抵消由于加速度而产生的侧向力。在实践中，这些考虑通常会引出简单的针对应用的启发式方法。例如，在仓库场景下的拾取任务中（Correll et al.，2016），问题可以被限定为让机器人只抓取适合用简单吸盘获取的物体，于是找到一个好的抓取点就被简化为找到一个靠近物体重心的平面。在考虑家务时，例如处理和放置盘子、使用餐具夹起食物或拿着水罐，我们通常对支持后续预期操作的具体的抓取方式感兴趣。

从理论上讲，拾取物体或通过转动把手开门等抓取是一类特定于任务力旋量空间的抓取。当任务力旋量空间是抓取力旋量空间的子集时，我们可以说抓取是"好"的；否则抓取会失败。我们可以查看实际施加到物体上的力与执行期望的力旋量空间所需的最小力之间的比率。如果这个比率很高（例如，当机器人抓取一个远离其重心的物体或必须用力挤压一个物体以防止它滑动时），则这种抓取不如比率低的抓取，因为在比率低的抓取情况下，机器人施加的所有力都被有效地用于预期目的。但是，通常不可能找到抓取力旋量空间的闭合表达式。我们可以对合适的力向量的空间进行采样，例如，通过选择位于锥体底部边界上的几个力，计算得到力旋量空间上的凸包。

14.2.1 为简单的夹爪寻找好的抓取方法

为简单的夹爪（即如 5.2 节所述的那些只有一个或最多两个自由度的夹爪）寻找好的抓取，将问题简化为在物体上找到适合放置夹爪的几何形状。也就是说，我们需要找到两个平行面，它们相当平整，并且距离小于夹爪的最大孔径。在实践中，物体可能会被立体相机或激光扫描仪等 3D 感知设备感知，这些设备仅提供物体的一个视角描述，并可能引入噪声和不确定性（见第 15 章）。使用激光扫描仪设备的典型抓取过程如图 14-1 所示，其过程如下：

1. 获取：获取目标物体的"点云"或"深度图像"（见图 14-1b）。
2. 预处理：移除桌面或其他离传感器太近或太远的点（见图 14-1c）。
3. 分割：将足够近的点聚类，以识别单个对象（见图 14-1d）。

4. 过滤：按大小、几何形状或其他特征过滤集群，以缩小目标对象的规模（见图 14-1e）。
5. 规划：计算相关集群的质心和主轴（见图 14-1f）。
6. 碰撞检测：生成可能的抓取并使用点云检测碰撞（见图 14-1g）。
7. 执行：通过监测手指的距离以及手腕处的力和扭矩来实际测试抓取（见图 14-1h）。

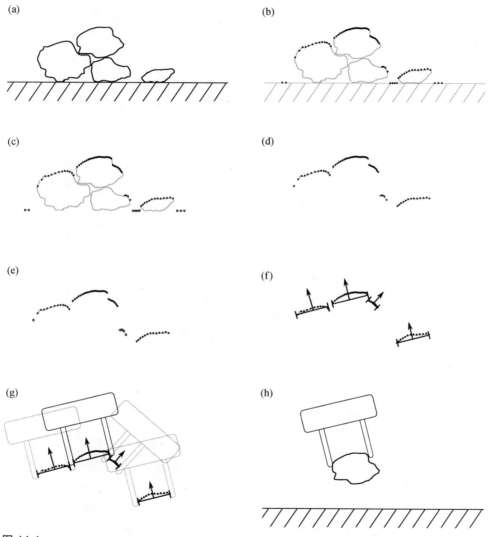

图 14-1
(a) 桌子上的随机物体；(b) 激光扫描仪对物体表面的测量；(c) 去除工作台平面；(d) 分割后的连接组件；(e) 根据尺寸移除连接组件；(f) 主轴的计算；(g) 基于碰撞评估可能的抓取；(h) 在实际中试图抓取

对于抓取来说，并非所有步骤都是必需的，其中一些步骤对于某些抓取任务可能会变得非常复杂。例如，预处理通常用于从数据中移除已知量（例如桌面），但在移除箱子的边缘或操作任意大小的容器时，预处理可能变得不重要。

分割是最关键的步骤，需要具备一些抓取对象的先验知识，例如它们的大小或几何特征。在图 14-1 中，使用基于距离的聚类就足够了，例如使用 DBSCAN 算法（Ester et al., 1996），但它需要对对象大小进行假设以选择合适的阈值。其他分割算法可能使用表面法线、点云与图像数据（如颜色或图案）的组合，或深度学习。

过滤生成的集群以识别目标对象可以像排除那些太小的对象一样简单（如图 14-1e 所示），但它也可能涉及将点与所需对象的 3D 模型匹配或使用图像数据识别目标对象（例如，第 12 章中的 ICP 和 RANSAC）。

规划抓取的一种简单方法是使用主成分分析（见附录 B.5 节）计算物体的质心和主轴。其他方法可能同样需要将现有点与对象的 3D 模型进行匹配，以识别特定的抓取点（例如杯子的把手），或依赖图像特征来识别特定的抓取点。

在规划所有或一些可能的抓取之后，需要检查它们的可行性（feasibility）。虽然与点云中的点发生碰撞可能会排除一些抓取方式，但有时会使用局部搜索来寻找无碰撞的方式，例如，通过（虚拟地）上下移动夹具以及沿主轴移动夹爪。在其他应用中（例如，拾取箱子），当期望夹爪将其他物体推开时，一些碰撞可能会被忽略。

尽管在点云表示中，抓取可能很稳健，但在实际执行时可能并不能成功，可能失败的情况包括与物体碰撞、与物体的摩擦力不足或物体在夹爪完全闭合之前移动等。为此，在接近物体之前需要尽可能闭合夹爪，这增加了对准确感知的要求。

近来，随着（深度）机器学习的进展、神经网络（见第 10 章）逼近复杂函数的能力的提升，用深度训练的 CNN 替换图 14-1 中所示的部分或全部算法步骤成为可能。虽然数据密集，但这种方法可以无缝衔接图像和深度数据，并且比手动编码算法更好地适应特定应用的数据。

14.2.2 为多指手寻找良好的抓取方法

14.2.1 节描述的简单抓取流程在计算上消耗很大，因为通常有许多可能的抓取候选对象，并且每个候选对象都需要进行碰撞检测。当考虑带有铰接手指的夹爪时，这个问题变得更加明显。这可以通过仅考虑一组预定义的抓取（例如，对于较小的物体，使用两根或 3 根手指捏；对于较大的物体，用整只手抓取）来克服。

一种搜索多指手的抓取完整空间的合适方法是使用随机采样，例如将末端执行器移动到随机姿态，在物体周围将手指闭合，并观察在生成满足任务要求的力旋量空间时会发生什么。"查看会发生什么"通常先在模拟软件中进行，需要进行碰撞检测和动态模拟。动态模拟将牛顿力学（即力导致物体加速）应用于一个物体并以非常小的时间步长移动物体。虽然这可以单独使用点云中标识的连接组件来完成，并假设摩擦和接触点的合理参数，但点云数据也可以通过对象的模型来增强，以模拟抓取是否可能成功。在这里，在模拟中探索可能的抓取空间和尝试使用真实硬件进行抓取之间存在权衡。

14.3 拾取和放置

最基本的操作问题之一被称为"拾取和放置"，它涉及抓取、运输和放置物体。然而，看似简单的操作实际上是一系列可能因多种原因而失败的独立任务。拾取和放置包括以下步骤（见图 14-2）：

1. 接近物体；
2. 抓取物体；
3. 提起物体；
4. 移动物体到中间姿态；
5. 放置物体；
6. 释放物体。

这些动作中任何一个无法按预期工作时，就要求机器人中止并重新执行。例如，看起来可靠的抓取可能实际上不适合提起物体。或者可能找不到通向所需接近姿态的合适路径（见第 13 章），因此需要首先找到另一个合适的接近姿态，这个问题被称为任务和运动规划（task and motion planning，TAMP）。一旦找到合适的接近姿态，放置物体时需要监测力和扭矩，以确保轻柔地放置。最后，释放物体时可能需要我们验证预期的姿态。

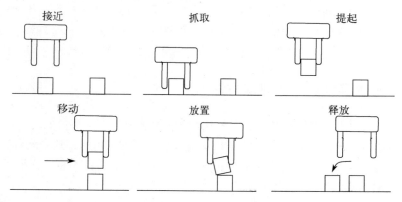

图 14-2
从接近到释放的拾取和放置（或抓取）的各个阶段。前期步骤（例如此处所示的放置过程）的问题，可能会导致后面阶段的失败

由于上述操作中的任何步骤都可能失败，并且手动编码所有可能的状态转换很快就会难以控制，因此行为树（见 11.4 节）已成为编码基于传感器的复杂动作序列的强大工具。抓取任务的示例行为树如图 11-7 所示。

14.4 轴孔装配问题

典型的拾取和放置问题的特例是轴孔装配（peg-in-hole）问题及其变体（包括孔在轴上装配的问题），它包含插入和装配操作。轴孔装配需要重复抓取物体并使用基于力和扭矩的搜索运动方式来找到孔。通常，插入模式包括倾斜插入和螺旋插入（Watson, Miller, and Correll，2020）。两种模式各有优缺点。对轴孔装配任务来说，倾斜插入往往对直径大于 1 cm 的物体更有效。

倾斜插入详见图 14-3，过程如下：(a) 给定孔的姿态，轴在孔上方垂直保持预设距离；(b) 夹爪围绕其局部 y 轴倾斜，并在全局坐标系中沿与手的局部 x 轴对应的方向水平平移；(c) 平移将轴底部边缘的最低部分直接放在估计的孔中心上方，然后手在全局坐标系中向下平移，直到轴与孔接触；(d) 当以这种方式倾斜时，轴不会深入孔中，相反，孔的圆弧与轴的圆周表面相遇并利用夹爪的柔顺性将轴聚集到孔的中心；(e) 对准孔后，轴反向倾斜几度，偏离垂直方向；(f) 轴返回到真正的垂直位置并向下插入孔中，直到达到预设的反作用力（与孔配合相称）。如果手的最终姿态的 z 轴分量接近预期值，则认为插入成功。

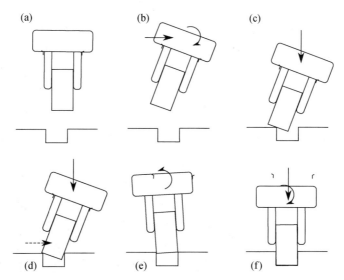

图 14-3
倾斜插入，箭头指示夹爪平移和旋转的方向，虚线表示由柔顺抓取引起的运动

螺旋插入适用于孔在轴上装配的操作和轴的直径小于 1 cm 的轴入孔操作。图 14-4 中描述了孔在轴上的装配，该算法过程如下。(a) 给定轴端姿态，将抓取的部件（例如，带有中心孔的齿轮）垂直固定在轴上方预设距离处。(b) 手沿着插入轴向下移动，直到达到反作用力阈值。(c) 机器人在原点位于接触点处的极坐标中进行螺旋运动。该算法还探测接触面以确定在 z 方向上对手腕的反作用力是否低于阈值，并以这种方式继续下去，直到满足几个条件之一：(d) 夹爪的姿态超过了一个阈值，低于这个阈值，预期的孔的姿态就不会存在；(e) 手腕处的横向扭矩超过阈值，表明齿轮已滑到轴上并且无法横向平移。垂直探测步骤可以在尝试横向移动之前将零件下落到适当的位置，否则可能插入失败。一旦达到横向扭矩的阈值，手就会向下推，直到达到预设的反作用力（与孔的公差相当）。(f) 如果手的最终姿态的 z 轴分量接近预期值，则认为装配成功。

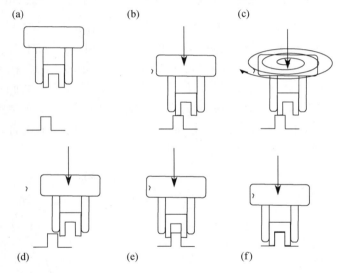

图 14-4
基于螺旋的孔在轴上的装配。箭头指示夹爪平移和旋转的方向。螺旋运动在水平面内进行，并伴有向下的压力，它或错过孔(d)或找到孔(e)并完成装配(f)

实现轴入孔和孔在轴上的插入也有大量可能的失败情况，这使得非常适合采用行为树架构。然而，基于力和扭矩的控制需要在比典型行为树架构支持的带宽更高的情形下运行——大约数百赫兹甚至更高。如何实现这些闭环控制回路强烈依赖于实际的硬件。例如，一些机器人手臂不会以实时控制所需的速率提供原始力/扭矩值，但会根据内置功能来移动直到满足一定的力限制。这使得机器人制造商可以使用确保安全的实时控制器，但这使为用户提供底层控制变得困难。

本章要点

- 得益于高分辨率、手内传感和足够快的计算速度，如今可以实时筛选大量点云数据，使得执行简单的拾取和放置任务成为可能。
- 规划和执行抓取是一个复杂的问题，涵盖了前面多个章节的内容，从识别、定位物体到计算逆向运动学以到达物体。
- 操作将这些技术从机器人本身扩展到机器人处理的对象以及操作对象之间是如何联系的，这仍然是一个开放的研究领域。
- 看似简单的操作任务（如拾取和放置或轴孔装配）需要高级规划和力-扭矩实时控制，从而提出了一个任务和运动规划的组合问题。

课后练习

1. 编写代码生成具有随机尺寸和方向的矩形，矩形可以重叠。使用多边形中的点来模拟其表面上的随机点样本，使用深度传感器模拟自上而下的视角。

   a）实现一个基于最小距离聚类分割对象的例程。

   b）实现一个滤波器，根据大小移除连接组件。对于哪种类型的对象，这种方法效果很好？这种方法在什么情况下会失效？

   c）实现一个滤波器，移除非矩形形状的连接组件。你能指定一个与对象大小无关的滤波器吗？

   d）应用主成分分析来计算矩形的主轴并与实际情况进行比较。样本数量如何影响估计的准确性？

2. 使用类型为 $u(x-i) + \mathrm{rand}(j)$ 的函数，$u()$ 为单位阶跃函数，$\mathrm{rand}()$ 用于产生均匀分布的随机噪声，i, j 为合适的参数，用来模拟宽度为 i 的立方体的噪声深度图像。使用每个点的最近邻来计算其法线，并使用合适的聚类算法来识别立方体。i 和 j 如何影响估计的准确性？

3. 考虑用机器人模拟器模拟轴孔装配。在模拟紧密装配问题时，使用模拟环境会出现哪些问题？

4. 在互联网上搜索"开源"机器人装配问题，并在实验室中复现它们，实现基于螺旋和倾斜的装配控制器。

第四部分

不确定性

第 15 章

不确定性和误差传播

机器人是具备传感、驱动、计算和通信等能力的系统，它的所有子系统都受到高度不确定性的影响。在日常生活中可以观察到：通话信号差导致难以听清对方在说什么，文本字符很难从远处或以低分辨率阅读，雨天在红灯过后加速时轮子可能打滑，神经网络将猫误认为狗。在机器人技术中，机载传感器对不断变化的环境条件十分敏感，并受到电气和机械方面的限制。类似地，执行器也不准确，因为关节和齿轮间有齿隙并且轮子可能打滑。此外，尤其是无线通信，无论是使用无线电还是红外线，都是出了名地不可靠。考虑一下这些不同类型的不确定性有何不同：它们是连续的还是离散的？不确定性如何破坏"理想情况"？如何量化和解释这些不同类型的不确定性？到目前为止，我们仅考虑了准确性和精密度方面的不确定性，并且假设它们无关紧要。本章的目标是介绍以下内容。

- 如何使用概率论从数学上处理不确定性。
- 如何融合具有不同不确定性的测量。
- 连续进行多次测量时误差如何传播。

本章的讨论将帮助我们更好地理解传感器误差如何影响更高级别的特征和决策，同时也为处理不确定性和由此产生的问题奠定基础。

本章要求了解随机变量、概率密度函数和正态（也称为"高斯"）分布。这些概念在附录 C.1 节中进行了解释。

15.1 作为随机变量的机器人学中的不确定性

由于"到墙的距离""在平面上的位置""我是否能看到一个蓝色十字"之类的量是不确定的，我们可以将它们视为随机变量。随机变量（random variable）可以被视作"随机"实验的结果，例如掷骰子时显示的面或房间中单个气体分子的速度。一个变量是随机的并不意味着我们对它一无所知。例如，我们可以掷一个 6 面的骰子数百次，然后创建每面出现的可能性表。我们还可以测量房间内的温度，并根据气体动力学理论了解这些气体分子的平均速度。

受实验的规模和设计的影响，机器人实验很少涉及真正的统计随机性。其实，机器人实验有两个主要的不确定性来源：传感器和物理交互。由于与传感器相关的物理现象，传感器测量本质上是有噪声的。这些不确定性来源通常使用高斯（或"正态"）概率分布函数建模，因为它可以根据中心极限定理准确地模拟大样本的测量不确定性。此外，高斯分布在数学上便于组合多个噪声测量和分析不确定性的传播。由于可以将单个传感器读数视为随机变量，因此从多个传感器导出的量也可以视为随机变量。此外，一些物理交互非常难以精确建模，尤其是那些涉及摩擦的相互作用，会导致最终模型的不确定性。本章重点介绍如何通过表征单个传感器和建模假设的不确定性来表征此类总量的不确定性。

15.2 误差传播

我们将从一个误差传播的例子开始介绍，它是需要量化不确定性的主要动机：差速轮式机器人在给定轮子旋转量的情况下行进的距离。事实证明，高斯分布非常适合对这个过程中的不确定性进行建模。机器人以预期位移（例如，由每个轮子的电动机命令控制）加上一些不确定的位移（由于轮子打滑，这些位移可以分解至每个时间步长的径向和切向上）移动（见图15-1）。我们可以认为，从高斯分布中提取的过程噪声（process noise）被叠加到运动命令所产生的位置上。该过程噪声在径向和切向上均值为0且方差明显；过程噪声是轮子–地面相互作用的静态特性。

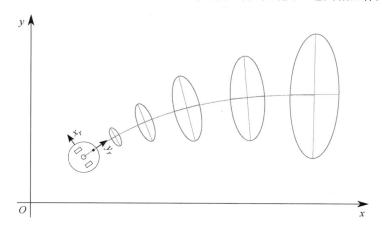

图 15-1

二维高斯分布描绘了随着机器人移动而增加的不确定性。虽然开始时 x 和 y 的不确定性相等，但运动方位上的小误差的巨大影响导致机器人 y 方向上的误差增长更快

机器人（当容易打滑时）的位置不确定性实际上会随着其行进距离的增加而增加，最初在一个已知位置，其位置的预期值（或均值）将变得越来越难以确定，相应的位置方差也在不断增加。这种方差显然在某种程度上与底层机制的方差（过程方差，打滑的轮子产生）有关。有趣的是，我们会看到机器人的位置方差在垂直于机器人运动的方向上增长得更快，因为沿着运动方位上的

小误差对位置的累积影响要比纵向上的小误差的影响大得多，如图 15-1 所示。

如果有一种方法可以通过某种传感器测量来纠正这种无界误差就好了！然而，即使是传感器测量也会受到不确定性的影响，因此我们必须考虑到这一点。我们将提出一个纠正方法来快速解决这个问题。

类似地，当用点云数据估计到墙壁的距离和角度（二维线特征）时，描述到墙壁的距离和角度的随机变量的不确定性与在墙壁上测量的每个点的不确定性有关。这些关系是由误差传播定律（error propagation law）决定的。

误差传播定律背后的关键是，为随机变量贡献噪声的每个分量的方差都有一个与之相关的权重。该权重是该分量对随机变量影响程度的函数。对聚合随机变量影响很小的分量对其方差也应该影响很小，反之亦然。一个变量对另一个变量的影响"有多强"可以用第一个变量的微小变化与第二个变量的微小变化之间的比率来表示，这个说法听起来应该很熟悉，因为它就是第一个变量对第二个变量的偏导数。例如，设 $y = f(x)$ 是将随机变量 x（传感器读数）映射到随机变量 y（特征）的函数。令 x 的标准差由 σ_x 给出。然后我们可以通过下面的公式计算相应的标准差 σ_y

$$\sigma_y = \left(\frac{\partial f}{\partial x}\right)\sigma_x \tag{15.1}$$

以及方差 σ_y^2

$$\sigma_y^2 = \left(\frac{\partial f}{\partial x}\right)^2 \sigma_x^2 \tag{15.2}$$

如果 $y = f(x)$ 是将 n 个输入映射到 m 个输出的多变量函数，则这些变量之间的方差可以由协方差矩阵（covariance matrice）表示，协方差矩阵是这些变量一个接一个影响彼此的各种组合的表示。协方差矩阵对角线元素表示 n 个输入变量间的方差，在其他位置如果随机变量不相关则为 0。我们可以这样写：

$$\sum\nolimits^Y = J \sum\nolimits^X J^T \tag{15.3}$$

其中，$\sum^X$ 和 $\sum^Y$ 分别是包含输入变量和输出变量方差的 $n \times n$ 和 $m \times m$ 协方差矩阵，J 是一个 $m \times n$ 的雅可比矩阵，它包含偏导数 $\frac{\partial f_i}{\partial x_j}$。由于 J 有 n 列，故每行包含关于 x_1 到 x_n 的偏导数。

15.2.1 示例：线拟合

检测墙壁是移动机器人的一项相当常见的传感任务，它可以通过激光雷达等测距传感器来完成。为了解释下一个例子，我们可以做一些简化的假设，即 2D 旋转激光雷达感应到的墙壁在 3D 空间中显示为排成直线的点。因此，墙壁检测问题可以描述为使用式(9.4)和式(9.5)从 (ρ_i, θ_i) 给出的一组点（激光雷达读数）估计线（墙壁）的角度 α 和距离 r。我们现在可以用下式表示 ρ_i 的变化与 α 的变化之间的关系：

$$\frac{\partial \alpha}{\partial \rho_i} \tag{15.4}$$

类似地，我们可以计算 $\dfrac{\partial \alpha}{\partial \theta_i}$、$\dfrac{\partial r}{\partial \rho_i}$ 和 $\dfrac{\partial r}{\partial \theta_i}$。之所以能这样做，是因为我们在第 9 章中已经推导出了作为 θ_i 和 ρ_i 的函数的 α 和 r 的解析表达式。

我们现在感兴趣的是推导用于计算作为距离测量方差函数的 α 和 r 的方差方程。假设每个距离测量值 ρ_i 的方差为 $\sigma_{\rho,i}^2$，每个角度测量值 θ_i 的方差为 $\sigma_{\theta,i}^2$。我们现在想要计算作为 $\sigma_{\rho,i}^2$ 和 $\sigma_{\theta,i}^2$ 的加权和的 $\sigma_{\alpha,i}^2$，每一个加权和都根据其对 α 的影响加权：

$$\sigma_{\alpha,i}^2 = \frac{\partial \alpha_i^2}{\partial \rho_i} \sigma_{\rho,i}^2 + \frac{\partial \alpha_i^2}{\partial \theta_i} \sigma_{\theta,i}^2 \tag{15.5}$$

$\sigma_{r,i}^2$ 的求导也是类似的。

更一般地，如果我们有 I 个输入变量 X_i 和 K 个输出变量 Y_k，则输出变量 σ_Y 的协方差矩阵可以表示为 $\sigma_Y^2 = \dfrac{\partial f^2}{\partial X} \sigma_X^2$，其中 σ_X 是输入变量的协方差矩阵，J 是函数 f 的雅可比矩阵，该函数由 X 计算 Y，并具有以下形式：

$$J = \frac{\partial f}{\partial X} = \begin{bmatrix} \dfrac{\partial f_1}{\partial X_1} & \cdots & \dfrac{\partial f_1}{\partial X_I} \\ \vdots & \ddots & \vdots \\ \dfrac{\partial f_K}{\partial X_1} & \cdots & \dfrac{\partial f_K}{\partial X_I} \end{bmatrix} \tag{15.6}$$

15.2.2 示例：里程计

线拟合示例演示了多对一映射（其中多个瞬时测量形成一个特征），而里程计需要计算由多个连续测量产生的方差。误差传播让我们不仅可以表示机器人的位置，还可以表示估计的方差。对于里程计示例，我们要回答的问题如下。

1. 什么是输入变量，什么是输出变量？
2. 给定输入，计算输出的函数是什么？

3. 输入变量的方差是多少？

像往常一样，我们用元组 (x,y,θ) 来描述机器人的位置，这是 3 个输出变量。我们可以根据编码器刻度和已知的轮子半径测量每个轮子移动的距离 Δs_r 和 Δs_l，这是两个输入变量。我们现在计算机器人位置的变化：

$$\Delta s = \frac{\Delta s_r + \Delta s_l}{2} \tag{15.7}$$

$$\Delta x = \Delta s \cos\theta \tag{15.8}$$

$$\Delta y = \Delta s \sin\theta \tag{15.9}$$

$$\Delta \theta = \frac{\Delta s_r - \Delta s_l}{b} \tag{15.10}$$

机器人的新位置由下式给出：

$$f(x,y,\theta,\Delta s_r,\Delta s_l) = [x,y,\theta]^T + [\Delta x, \Delta y, \Delta \theta]^T \tag{15.11}$$

我们现在有一个将我们的测量值与输出变量相关联的函数。更复杂的是，输出变量也是它们先前值的函数。因此，它们的方差不仅取决于输入变量的方差，还取决于之前输出变量的方差。因此我们需要写成

$$\sum\nolimits_{p'} = \nabla_p f \sum\nolimits_p \nabla_p f^T + \nabla_{\Delta_{r,l}} f \sum\nolimits_{\Delta} \nabla_{\Delta_{r,l}} f^T \tag{15.12}$$

第一项是从初始位置 $\boldsymbol{p}=[x,y,\theta]$ 到新位置 $\boldsymbol{p}'$ 的误差传播。为此，我们需要计算 f 关于 x、y 和 θ 的偏导数，这是一个 3×3 的矩阵：

$$\nabla_p f = \begin{bmatrix} \frac{\partial f}{\partial x} & \frac{\partial f}{\partial y} & \frac{\partial f}{\partial \theta} \end{bmatrix} = \begin{bmatrix} 1 & 0 & -\Delta s \sin(\theta+\Delta\theta/2) \\ 0 & 1 & \Delta s \cos(\theta+\Delta\theta/2) \\ 0 & 0 & 1 \end{bmatrix} \tag{15.13}$$

第二项是轮子实际移动的误差传播。这需要计算 f 关于 Δs_r 和 Δs_l 的偏导数，这是一个 3×2 的矩阵。第一列包含 x、y、θ 关于 Δs_r 的偏导数，第二列包含 x、y、θ 关于 Δs_l 的偏导数：

$$\nabla_{\Delta_{r,l}} f = \begin{bmatrix} \frac{1}{2}\cos\left(\theta+\frac{\Delta\theta/2}{b}\right) - \frac{\Delta s}{2b}\sin\left(\theta+\frac{\Delta\theta}{b}\right) & \frac{1}{2}\cos\left(\theta+\frac{\Delta\theta/2}{b}\right) - \frac{\Delta s}{2b}\sin\left(\theta+\frac{\Delta\theta}{b}\right) \\ \frac{1}{2}\sin\left(\theta+\frac{\Delta\theta/2}{b}\right) + \frac{\Delta s}{2b}\cos\left(\theta+\frac{\Delta\theta}{b}\right) & \frac{1}{2}\sin\left(\theta+\frac{\Delta\theta/2}{b}\right) + \frac{\Delta s}{2b}\cos\left(\theta+\frac{\Delta\theta}{b}\right) \\ \frac{1}{2} & -\frac{1}{2} \end{bmatrix} \tag{15.14}$$

最后，我们需要定义测量噪声的协方差矩阵。由于误差与行进的距离成正比，我们可以通过

下式定义 Σ_Δ：

$$\Sigma_\Delta = \begin{bmatrix} k_r |\Delta s_r| & 0 \\ 0 & k_l |\Delta s_l| \end{bmatrix} \quad (15.15)$$

这里，k_r 和 k_l 是需要通过实验找到的常数，$|\cdot|$ 表示移动距离的绝对值。我们假设两个轮子的误差是独立的，由矩阵中的 0 表示。

现在我们有了式(15.12)的所有量，可以计算机器人姿态的协方差矩阵，正如图 15-1 所示。

15.3 最佳传感器融合

我们已经看到不同来源的误差如何通过将输入与输出误差相关联的方程传播到复合测量的误差中。我们现在感兴趣的是如何将同一个量的独立观测结果结合起来。例如，我们考虑了从两个不同的轮子获得的测量值，这些测量值组合用在一个姿态估计中。如果我们获得机器人姿态的两个独立测量值，情况会怎样？类似地，我们已经知道如何将多个点测量组合成一条线。如果利用两个不同的传感器对同一条线（距离和角度）进行观测，结果如何呢？

设 $\hat{q}_1$ 和 $\hat{q}_2$ 是随机变量的两个不同估计值，σ_1^2 和 σ_2^2 分别是它们的方差。设 q 为真值，它可以代表一条线的真实姿态，当通过不同的方式获得观测值时——比如，使用激光雷达获取 $\hat{q}_1$，使用相机获取 $\hat{q}_2$——它们具有不同的方差。我们现在可以定义加权均方误差：

$$S = \sum_{i=1}^{n} \frac{1}{\sigma_i} (q - \hat{q}_i)^2 \quad (15.16)$$

也就是说，S 是 $n=2$ 的每个观测值 $\hat{q}_i$ 的误差之和，由它们的标准差的倒数 $\frac{1}{\sigma_i}$ 加权。将每个误差都用其标准差的倒数加权，以强调不确定性较低的观测值。通过取 S 关于 $\hat{q}_i$ 的导数并将它们设置为 0 来最小化 S，得到以下 q 的最优表达式：

$$q = \frac{\hat{q}_1 \sigma_2^2}{\sigma_1^2 + \sigma_2^2} + \frac{\hat{q}_2 \sigma_1^2}{\sigma_1^2 + \sigma_2^2} \quad (15.17)$$

或者，等价地，

$$q = \hat{q}_1 + \frac{\sigma_1^2}{\sigma_1^2 + \sigma_2^2}(\hat{q}_2 - \hat{q}_1) \quad (15.18)$$

我们现在推导出了一个表达式，用于融合两个具有不同方差的独立观测值，该表达式可被证明能够最小化我们的估计值与实际值之间的误差。由于 q 是两个随机变量的线性组合（见附录 C.4 节），新方差由下式给出：

$$\sigma^2 = \frac{1}{\frac{1}{\sigma_1^2} + \frac{1}{\sigma_2^2}} \tag{15.19}$$

有趣的是，得到的方差比 σ_1 和 σ_2 都小。也就是说，结合额外的观测值总是有助于提高准确性，而不是引入更多的不确定性。

卡尔曼滤波器

尽管我们将上面的等式解释为融合同一个量的两个观测值并根据方差对它们进行加权，但我们也可以将上面的等式解释为一个更新步骤，该步骤根据旧估计值和新测量值计算一个观测值的新估计值。具体来说，我们可以将式(15.18)中的表达式 $(\hat{q}_2 - \hat{q}_1)$ 解释为机器人实际看到的和它期望看到的之间的差值，这被称为卡尔曼滤波器（Kalman filter）中的新息（innovation）。我们现在可以将式(15.18)重写为

$$\hat{x}_{k+1} = \hat{x}_k + K_{k+1} \tilde{y}_{k+1} \tag{15.20}$$

上式也称为感知更新步骤（perception update step）。这里，$\hat{x}_k$ 是我们在时间 k 感兴趣的状态，$K_{k+1} = \frac{\sigma_1^2}{\sigma_1^2 + \sigma_2^2}$ 被称为卡尔曼增益（Kalman gain），$\tilde{y}_{k+1} = \hat{q}_2 - \hat{q}_1$（即新息）。

遗憾的是，很少有系统能让我们直接测量感兴趣的信息。相反，我们获得了一个传感器测量值 z_k，我们需要将其转换成可以用来更新状态的量。然后我们可以考虑从状态 x_k 预测测量值 z_k 的逆问题。这是使用观测模型 $\boldsymbol{H}_k$ 完成的，因此

$$\tilde{y}_k = z_k - \boldsymbol{H}_k x_k \tag{15.21}$$

其中，$\boldsymbol{H}_k x_k$ 是测量预测。在我们的示例中，$\boldsymbol{H}_k$ 是单位矩阵；在机器人位置估计问题中，$\boldsymbol{H}_k$ 是一个函数，可以预测机器人如何通过传感器观察位置变化。如你所见，所有基于方差的加权都在卡尔曼增益 K 中完成。

现在是给出简短免责声明的时候了：卡尔曼滤波器仅适用于线性模型。即使是最简单的机器人的正向运动学本质上也大多是非线性的，将传感器观测结果与机器人位置相关联的观测模型也是如此。非线性系统可以通过使用扩展卡尔曼滤波器来处理，稍后将在第16章中进行介绍。

本章要点

- 不确定性可以通过概率密度函数来表示。
- 通常情况下，选择高斯分布是因为它允许使用强大的分析工具处理误差。

- 为了计算从一系列测量中得出的变量的不确定性，我们需要计算一个加权和，其中每个测量的方差都根据其对输出变量的影响进行加权。这种影响用输入与输出相关的函数的偏导数表示。
- 可以融合相同数量的独立观测，每个观测都有自己的方差，这通常会减小观测结果的方差。

课后练习

1. 给定两个观测值 $\hat{q}_1$ 和 $\hat{q}_2$，它们分别是高斯分布随机过程的估计值，并具有方差 σ_1 和 σ_2。我们可以通过最小化下列表达式来计算这个随机过程的最优估计：

$$S = \frac{1}{\sigma_1^2}(\hat{q}-\hat{q}_1)^2 + \frac{1}{\sigma_2^2}(\hat{q}-\hat{q}_2)^2$$

    计算 $\hat{q}$，使 S 最小化。

2. 超声波传感器测量距离 $x = c\Delta t/2$。这里，c 是声速，Δt 是发射和接收信号之间的时间差。

    a）设时间测量 Δt 的方差为 σ_t^2。当假定 c 为常量时，x 的方差是多少？（提示：考虑 Δt 的变化如何影响 x。）

    b）现在假设 c 根据位置和天气而变化，例如，可以用方差 σ_c^2 来估计。现在 x 的方差是多少？

3. 考虑以角速度 $\dot{\phi}$ 转动且半径为 r 的独轮车，它的速度是 $\dot{\phi}$ 和 r 的函数，由下式给出：

$$v = f(\dot{\phi}, r) = r\dot{\phi}$$

    假设测量 $\dot{\phi}$ 有噪声并且具有标准差 $\sigma_{\dot{\phi}}$。使用误差传播定律来计算速度估计值的最终方差 σ_v^2。

4. 考虑一个机器人可以根据地标定位自己的场景。描述以下 3 种情况下机器人的位置误差会发生什么。

    a）地标位置是已知的，机器人可以可靠地定位到它。
    b）地标位置有一个方差，机器人可以可靠地定位到它。
    c）地标和定位机制都有方差。

5. 编写一个程序，以图形方式说明在 1D 和 2D 中合并具有两个不同方差的观测值的过程。

第 16 章
定　　位

机器人使用的传感器和执行器可能会受不确定性因素的影响。第 15 章描述了如何使用概率密度函数量化这种不确定性，概率密度函数将概率与随机过程的每个可能结果（例如传感器的读数或执行器的实际物理变化）相关联。机器人姿态是一个复合度量，对移动机器人技术至关重要，这是本章关注的重点。

有很多方法可以在环境中定位机器人，里程计只是其中一种。也可从多种不同的传感器数据中提取高级特征（见第 9 章），例如到墙的距离，从而实现定位。

正如我们在第 15 章中看到的那样，不确定性在没有校正测量的情况下会不断传播。本章的目标是介绍一些数学工具和算法，使你能够通过将测量的不确定性与其他观测数据相结合来减小实际测量的不确定性。本章主要包含以下主题。

- 使用地标提高离散位置估计的准确性（马尔可夫定位和贝叶斯滤波器）。
- 近似连续位置估计（粒子滤波器）。
- 使用扩展卡尔曼滤波器来估计连续位置。

16.1　启发性的例子

想象一个有 3 扇门的楼层，其中两扇门离得较近，第三扇门在走廊的更远处（见图 16-1）。假设现在你的机器人能够检测到门，也就是说，它能够判断自己是在墙前还是在门前。像这样的特征可以作为地标（landmark）供机器人使用。给定这个简单环境的地图，如果我们没有关于机器人位置的任何信息，一旦机器人经过其中一扇门，我们就可以使用地标来大幅缩小机器人可能的位置空间。这种信念（belief）的一种表示方法是用 3 个高斯分布来描述机器人的位置，每个高斯分布都以门为中心，其方差是机器人检测到门中心的不确定性函数。由于我们假设机器人可以在每扇门的前面，因此该信念也被称为多假设信念。如果机器人继续移动会发生什么呢？我们可以根据误差传播定律发现以下现象。

1. 描述机器人 3 个可能位置的高斯分布将随着机器人移动而发生变化。

2. 每个高斯分布的方差会随着机器人移动距离的增加而不断增大。

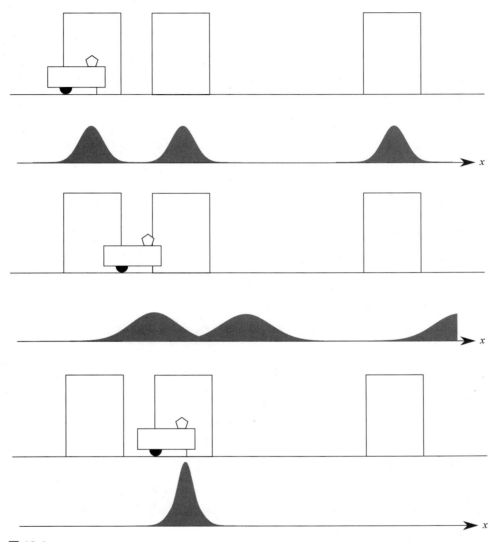

图 16-1
在一个给定地图的环境中，机器人使用"门检测器"来定位自己。第一张图：遇到一扇门时，机器人可能位于 3 扇门中的任意一扇门前。第二张图：机器人向右行驶时，表示其位置的高斯分布也向右移动并变宽，代表不确定性增加。第三张图：检测到第二扇门后，机器人会丢弃不在门前的假设，并确定其位置

如果机器人到达另一扇门会怎样？给定环境地图，我们现在可以将 3 个高斯分布映射到 3 扇门的位置。3 个高斯分布都会移动，但由于门之间的距离不相等，所以只有一些波峰会与门的位置重合。假设相较于里程计，我们更愿意相信门检测器的测量数据，我们现在可以删除所有与门

不一致的信念。再次假设我们的门检测器能够以一定的精度检测门的中心，那么我们的位置估计的不确定性现在仅受门检测器的限制。

如果我们的门检测器也受到不确定性的影响，事情就会稍微复杂一些：机器人有可能在门前，但检测器没有注意到它，那么消除这种信念是错误的。因此，我们应当权衡所有信念与存在一扇门的可能性。假设我们的门检测器有 10%的概率检测到假阳性（即门检测器告诉我们机器人在门的位置，但实际有 10%的概率位于其他位置）。同样，我们的门检测器也可能会有 20%的概率检测到假阴性（即门检测器告诉我们没有门，但机器人实际就在门前）。因此，如果机器人告诉我们它没有在门前的任何位置，但它确实在一扇门前，这时我们需要权衡所有位于门前的位置的 20%可能性和所有不在门前的位置的 80%可能性。

16.2 马尔可夫定位

给定某些观测值的似然概率，计算机器人位于某个位置的概率，这与其他的条件概率的计算过程相似。我们可以用一种标准的方式来描述，即贝叶斯法则（Bayes' rule，见附录 C.2 节）：

$$P(A|B) = \frac{P(A)P(B|A)}{P(B)} \tag{16.1}$$

16.2.1 感知更新

如何将贝叶斯法则用于定位框架呢？假设事件 A 对应于在特定位置 loc，假设事件 B 对应于看到某个特征 feat。我们现在可以将贝叶斯法则重写为

$$P(\text{loc}|\text{feat}) = \frac{P(\text{loc})P(\text{feat}|\text{loc})}{P(\text{feat})} \tag{16.2}$$

根据上述公式，在机器人看到了特征 feat 的前提下，我们可以计算机器人位于位置 loc 的概率。这个过程称为感知更新（perception update）。以 16.1 节中的例子来说，loc 可以对应门 1、2 或 3，feat 可以对应感应到门的事件。那么我们需要知道哪些条件才能使用这个公式呢？

1. 需要知道机器人位于 loc 时的先验概率 $P(\text{loc})$。
2. 需要知道当机器人位于 loc 时，可以看到特征 feat 的概率 $P(\text{feat}|\text{loc})$。
3. 需要知道看到特征 feat 的概率 $P(\text{feat})$。

让我们从第 3 个条件开始，这可能是我们需要收集的信息中最令人困惑的一个。可能考虑 $P(\text{feat}) = \sum_{x \in \text{locations}} P(\text{feat}|x) \cdot P(x)$ 会更有意义，即我们在每个可能位置上看到此特征的概率，这一项经常被设置为 1，而 $P(\text{loc}|\text{feat})$ 经常被表示为与式(16.2)中的分子成正比，而非相等。

机器人位于位置 loc 时的先验概率 $P(\text{loc})$ 称为信念模型（belief model）。在 16.1 节 3 扇门的例子中，该值等于 loc 对应的门下方的高斯分布值。

最后，我们需要知道机器人位于 loc 时看到特征 feat 的概率 $P(\text{feat}|\text{loc})$。假设机器人在位置 loc，如果传感器足够准确，则在此位置观察到 feat 时，该概率为 1；如果在此位置无法观察到 feat，则该概率为 0。如果传感器不够准确，则 $P(\text{feat}|\text{loc})$ 对应于传感器观察到该特征（如果存在）的可能性。

如何表示可能的位置呢？在图 16-1 中，我们假设每个可能的位置都服从高斯分布。或者，我们可以将环境离散化为一个网格地图并计算机器人位于所有网格中的可能性。在 16.1 节 3 扇门的环境中，我们选择和门一样宽的网格单元来表示环境，这样的方法是比较实用的。

16.2.2 动作更新

上述实验中的假设之一是我们已知机器人是向右移动的。我们现在更正式地研究如何处理运动的不确定性。回想一下，我们曾假设里程计也是服从高斯分布的传感器输入；如果里程计告诉我们机器人走了 1 m，它可能会走得少一点或多一点，测量的值越大，测量误差越大。因此，我们可以计算在给定里程计输入 odo 的条件下，机器人从位置 loc′ 移动到 loc 的后验概率：

$$P(\text{loc}' \to \text{loc} | \text{odo}) = P(\text{loc}' \to \text{loc})P(\text{odo} | \text{loc}' \to \text{loc}) / P(\text{odo}) \tag{16.3}$$

这仍然符合贝叶斯法则。非条件概率 $P(\text{loc}' \to \text{loc})$ 对应于机器人处于位置 loc′ 的先验概率。$P(\text{odo} | \text{loc}' \to \text{loc})$ 对应于从位置 loc′ 移动到 loc 后获得里程计读数 odo 的概率。如果获得的里程计读数 odo 对于从 loc′ 到 loc 的距离来说是合理的，那么这个概率值就会很高；如果是不合理的（例如，距离大于物理上可能的距离），那么这个概率应该很低。

由于机器人的位置是不确定的，真正的难点在于机器人可能从任何位置开始移动。因此，我们必须计算所有可能位置 loc′ 的后验概率 $P(\text{loc}|\text{odo})$。这可以通过对所有可能的位置求和来实现：

$$P(\text{loc} | \text{odo}) = \sum_{\text{loc}'} P(\text{loc}' \to \text{loc})P(\text{odo} | \text{loc}' \to \text{loc}) \tag{16.4}$$

换句话说，全概率法则要求我们考虑机器人可能去过的所有位置。这个步骤称为动作更新（action update）。实际上，我们不需要计算所有可能的位置，只需计算那些给定机器人的最大速度的条件下技术上可行的位置。我们还要注意一点，求和操作在技术上对应于求机器人在环境中的位置的概率分布与机器人里程计误差概率分布的卷积（见附录 C.3 节）。

16.2.3 例子：马尔可夫定位在拓扑地图上的应用

我们现在已经学习了两种方法来更新机器人在环境中可能位置的信念分布。第一种方法，机器人可以使用外部地标来更新其位置，这被称为感知更新并依赖于外部感知。第二种方法，机器人可以使用内部传感器的观测数据更新位置，这是动作更新的一个例子，它依赖于机器人本体的观测感知。动作更新和感知更新的组合称为马尔可夫定位（Markov localization）。可以将动作更新看作增加机器人位置的不确定性，而感知更新则用于降低这种不确定性（也可以将动作更新视为误差传播模型的离散版本）。

为了说明马尔可夫定位，我们现在描述一个早期在办公环境中采用马尔可夫定位的成功的真实机器人系统，该系统的实验在 1995 年《AI 杂志》(Nourbakhsh, Powers, and Birchfield, 1995) 上发表的一篇文章中有详细的表述。办公环境由两个房间和一条走廊组成，可以用拓扑地图建模（见图 16-2）。在拓扑图中，机器人可以进入的区域被建模为顶点，它们之间的可导航连接被建模为图的边。机器人的位置现在可以表示为图中顶点上的概率分布。

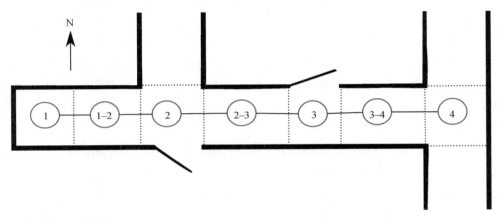

图 16-2
办公环境由两个房间组成，通过走廊相连。图中还叠加了一张拓扑图

其中，机器人具备以下感知能力：

- 可以检测左右两侧关闭的门；
- 可以检测左右两侧打开的门；
- 可以检测当前是否处于一条开放的走廊。

不过令人头疼的是，机器人的传感器不太可靠。研究人员通过实验得出了在环境中使用机器人特定传感器获得特定物理位置的概率。这些值在表 16-1 中提供。

表 16-1　Dervish 机器人检测到斯坦福大学实验室的某些特征的条件概率

	墙	关闭的门	打开的门	走廊	大厅
未检测到	70%	40%	5%	0.1%	30%
检测到一扇关闭的门	30%	60%	0%	0%	5%
检测到一扇打开的门	0%	0%	90%	10%	15%
检测到走廊	0%	0%	0.1%	90%	50%

例如，检测到一扇关闭的门的成功率仅为 60%，但在实验中，大厅有 15%的概率被视作一扇打开的门。表 16-1 中数据对应于给定一个当前位置，机器人检测到某个特定特征的条件概率。

现在给定以下初始状态分布：$p('1\text{-}2') = 0.8$ 和 $p('2\text{-}3') = 0.2$。这里的"1-2"和"2-3"指的是图 16-2 中拓扑图上的位置。在这个实验中，我们已知机器人是向东行进的。机器人现在会持续行进一段时间，直到它检测到：左边是走廊，右边是一扇打开的门。这实际上对应于位置 2，但机器人实际上可能处于其他任何地方。例如，有 10%的可能性打开的门实际上是一条开放的走廊（即机器人实际处于位置 4）。那么我们该如何计算机器人位置的最新概率分布呢？以下是可能产生的轨迹。

机器人可以从 2-3 移动到 3、3-4，最后移动到 4。我们选择这个顺序是因为对于 3 和 3-4 这两个位置来说，检测到右侧一扇打开的门的概率为 0，这使得位置 4 成为机器人在 2-3 开始时的唯一选择。为了使这个假设成立，需要发生以下事件（它们的概率在括号中给出）：

1. 机器人一定始于位置 2-3（20%）；
2. 机器人一定没有看到位置 3 左侧打开的门（5%）和右侧的墙（70%）；
3. 机器人位于位置 3-4 时，一定没有看到它左侧的墙（70%）和右侧的墙（70%）；
4. 机器人可以正确地识别左侧的走廊（90%），并将其右侧的走廊误认为是一扇打开的门（10%）。

因此，机器人从位置 2-3 到达位置 4 的可能性为 $0.2 \times 0.05 \times 0.7 \times 0.7 \times 0.7 \times 0.9 \times 0.1 \approx 0.03\%$，这几乎是不可能的。

机器人也可以从 1-2 移动到 2、2-3、3、3-4、4。我们可以用类似的方式评估这些假设。

- 机器人在位置 2 可以正确检测到走廊和打开的门的概率为 0.9×0.9，因此从位置 1-2 开始到位置 2 的概率是 $0.8 \times 0.9 \times 0.9 \approx 65\%$。
- 机器人不可能最终到达位置 2-3、3 和 3-4，因为在这些情况下，在右侧看到一扇打开的门而不是一堵墙的概率为 0。
- 为了到达位置 4，机器人在位置 1-2 有 0.8 的概率向位置 2 移动。机器人在经过位置 2 时一定没有看到左侧的走廊和右侧打开的门，这种情况发生的概率为 0.001×0.05。机器人必须在位置 2-3（0.7×0.7）处检测不到任何东西，在位置 3（0.05×0.7）处检测不到任何东西，在位置 3-4（0.7×0.7）处也检测不到任何东西，最后在位置 4 将右侧的走廊误认为是一扇打开的门（0.9×0.1）。把这些结果相乘可以得到一个评估结果，但这个结果在概率上几乎是不可能的。

基于上述信息，现在我们可以把到达位置 4 的每条可能路径的概率加起来，从而得出机器人位于拓扑图上某个位置的后验概率。

16.3 贝叶斯滤波器

我们已经学习了如何使用贝叶斯法则将传感器的测量值用于位置估计，该法则在机器人实际位于特定位置的假设下，将机器人看到特定特征时处于该位置的似然概率与机器人实际位于假设位置时看到该特征的似然概率联系起来。我们还学习了机器人如何使用其传感器模型将观测结果与可能的位置相关联。机器人的真实位置可能介于其初始信念位置（基于误差传播模型）和传感器探测的位置之间。我们现在将介绍一种算法，通过多假设、迭代来定位机器人，该过程不依赖于特定类别的运动或传感器模型（例如，卡尔曼滤波器使用的高斯噪声模型）。

为了表示术语和符号，我们将机器人的运动模型描述为概率分布 $P(x'|x,u)$，即从状态 x 开始，执行动作 u 后，机器人处于状态 x' 的概率。我们将传感器模型描述为概率分布 $P(z|x)$，即机器人处于状态 x，能够得到传感器观测值 z 的概率。这并不像之前的传感器那样限于离散位置，还可以是如超声波传感器在一定距离处能够检测到墙的可能性。通常，求解 $P(z|x)$ 需要对环境进行离散化，例如使用网格地图。最后，我们将机器人处于特定状态 x 的概率定义为 $P(x)$。

我们使用贝叶斯滤波的目的是在给定动作和观测（传感器测量）历史数据的情况下，估计机器人随时间变化的状态（x_t，其中 t 表示时间步长）。为此，我们将使用这些历史数据来计算状态估计的后验概率，也称为信念。给定动作 $(u_1,\cdots,u_t)$ 和传感器观测值 $(z_1,\cdots,z_t)$，我们将机器人在 t 时刻处于状态 x 的信念定义为

$$\text{Bel}(x_t) = P(x_t | u_1, z_1, u_2, z_2, \cdots, u_t, z_t) \tag{16.5}$$

利用马尔可夫假设，即机器人的当前状态仅取决于前一时刻的状态 x_{t-1} 和动作 u_t，我们可以简化所需的计算：

$$P(x_t | x_{0:t}, z_{1:t-1}, u_{1:t}) = P(x_t | x_{t-1}, u_t) \tag{16.6}$$

举个例子，如果我们想计算观测值 z_t 的概率，那么真正重要的一项就是机器人的当前状态（因为其他项不影响我们获得的传感器读数）：

$$P(z_t | x_{0:t}, z_{1:t-1}, u_{1:t}) = P(z_t | x_t) \tag{16.7}$$

现在我们将推导信念的递推公式，它可以让我们很容易用之前的动作和观测数据来迭代计算状态信念。我们从信念的初始定义开始，使用贝叶斯法则、马尔可夫性质、全概率法则和递归计算来得到信念的递推公式。c 表示归一化常数（来自贝叶斯法则的分母），它对所有可能的 x_t 都是相同的，如下所示：

$$\text{Bel}(x_t) = P(x_t | u_1, z_1, \cdots, u_t, z_t) \tag{16.8}$$

$$\text{Bel}(x_t) = c * P(z_t | x_t, u_1, z_1, \cdots, u_t, z_t) * P(x_t | u_1, z_1, \cdots, u_t) \tag{16.9}$$

$$\text{Bel}(x_t) = c * P(z_t \mid x_t) * P(x_t \mid u_1, z_1, \cdots, u_t) \tag{16.10}$$

$$\text{Bel}(x_t) = c * P(z_t \mid x_t) * \sum_{x_{t-1} \in X} P(x_t \mid u_1, z_1, \cdots, u_t, x_{t-1}) * P(x_{t-1} \mid u_1, z_1, \cdots, z_{t-1}, u_t) \tag{16.11}$$

$$\text{Bel}(x_t) = c * P(z_t \mid x_t) * \sum_{x_{t-1} \in X} P(x_t \mid u_1, x_{t-1}) * P(x_{t-1} \mid u_1, z_1, \cdots, z_{t-1}) \tag{16.12}$$

$$\text{Bel}(x_t) = c * P(z_t \mid x_t) * \sum_{x_{t-1} \in X} P(x_t \mid u_1, x_{t-1}) * \text{Bel}(x_{t-1}) \tag{16.13}$$

最终得到的公式非常有用，因为它使我们可以通过结合传感器观测和基于动作的运动预测来对状态进行信念更新。通过式(16.13)，我们可以定义一个信念更新算法，它以我们当前的信念、一组动作和观测数据以及构成状态空间的状态集合为输入，最终更新得到一个包含这些信息的信念：

```
BayesFilter(Belief Bel, Data d, Set of States X):
  while d is not empty:
    c = 0
    if (d[0] is a sensor measurement):
      z = d.pop(0)
      for all x ∈ X:
        Bel'(x) = P(z|x)Bel(x)
        c += Bel'(x)
      for all x ∈ X:
        Bel'(x) = c^{-1}*Bel'(x)
    elif (d[0] is an action):
      u = d.pop(0)
      for all x ∈ X:
        Bel'(x) = ∑_{x_{t-1}} P(x|u,x_{t-1})*Bel(x_{t-1})
    Bel = Bel'
  return Bel
```

这种结合了传感器观测和运动预测的实用思路，是整个状态估计相关方法的基础。在本书后面的部分，我们将扩展这个思路以适用于常见的机器人应用：状态空间无穷大且连续，无法通过穷举迭代解决。

例子：贝叶斯滤波器在网格地图中的应用

除了使用简单的拓扑图，我们还可以将环境建模为精细的网格地图。每个网格都存有一个概率，对应于机器人处于该位置的可能性（见图16-3）。假设在机器人的正面、背面和侧面都装有一个短程超声波传感器，能够比较准确地检测到墙壁。图16-3中右侧的图像显示了机器人的实际位置，而左侧的图像显示了机器人出现在每个网格单元中的概率。最初，机器人检测不到墙，因此机器人可能在环境中的任何位置。机器人现在向北移动，动作更新环节将会更新机器人出现在北边的概率。一旦机器人遇到墙壁，感知更新环节就会增加机器人位于靠近墙壁的网格单元中的概率。由于墙壁检测器存在不确定性，因此机器人有可能直接贴着墙壁，也有可能在靠近墙壁的其他位置（概率逐渐递减）。由于动作更新只涉及向北的连续运动，因此机器人靠近南边的墙的可能性几乎为0。然后，机器人右转并沿顺时针方向沿着墙壁移动。一旦碰到东边的墙，就基本上确定了自己的位置，之后随着机器人继续行进，其位置的概率不确定性将重新逐渐增加。

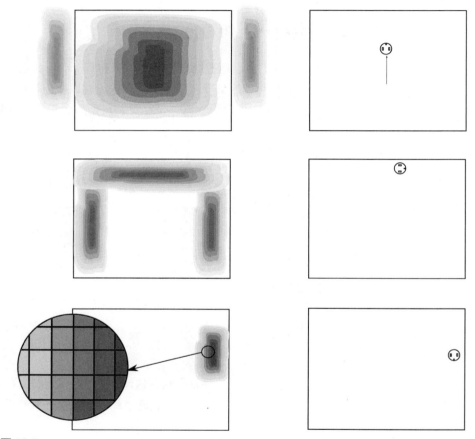

图 16-3
贝叶斯滤波器在网格地图上的应用。左侧图像用灰度值显示机器人出现在特定网格中的概率（颜色越深，对应的概率越高）。右侧图像显示机器人的实际位置。箭头表示先前的动作。最初，机器人的位置是未知的，但向上的运动使得机器人位置更有可能位于地图的顶部。机器人检测到墙壁后，机器人位于远离墙壁的位置的可能性变小。经过向右和向下运动后，机器人可能的位置缩小到一个小区域

16.4 粒子滤波器

尽管基于网格地图的马尔可夫定位可以得到令人满意的结果，但它可能需要耗费巨大的计算资源，尤其是在环境很大、网格分辨率很低的情况下。部分原因在于，我们需要为网格地图上的

每个网格计算机器人在此位置的概率,无论这个概率有多小。解决这个问题的一个可用方案就是粒子滤波器,它的工作原理如下。

1. 用随机分布在机器人初始估计位置周围的 N 个粒子表示机器人的位置。为此,我们可以使机器人初始估计位置周围的粒子服从一个或多个高斯分布,或者服从均匀分布(见图 16-4)。

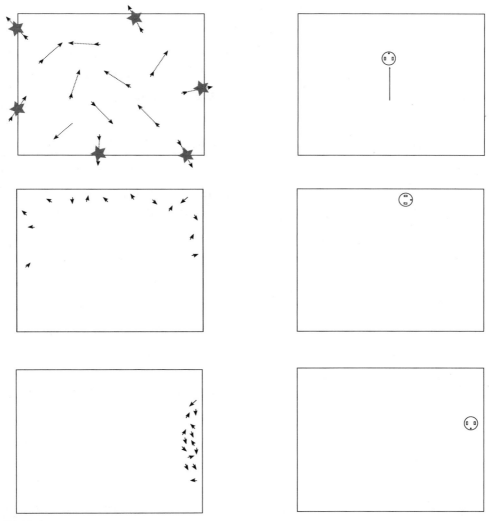

图 16-4

粒子滤波器示例。机器人可能的位置和方向最初是均匀分布的。粒子根据机器人的运动模型移动。在没有感知到墙的情况下,需要机器人穿过墙的粒子被删除(用"星星"标记),而在感知到墙之后,距离墙太远的粒子不太可能是机器人所在的位置,这些粒子被重新采样以位于墙的附近。最终,粒子滤波器将会收敛

2. 每当机器人移动时,我们都会以完全相同的方式移动每个粒子,但会为每次移动添加噪声,就像真实机器人的观测那样。如果没有感知更新,这些粒子将散开得越来越远。
3. 当感知更新事件发生时,我们使用传感器观测模型评估每个粒子。在该位置观察到感知事件发生的可能性有多大?然后我们可以使用贝叶斯法则来更新每个粒子的位置。
4. 偶尔或发生使某些粒子不可行的感知事件期间,可以删除概率过低的粒子,重新采样概率最高的粒子。

第1步:观测

假设我们现在可以检测到一些线特征 $z_{k,j} = (\alpha_i, r_i)^T$,其中 α 和 r 是这些线特征与机器人在极坐标系下的角度和距离。这些线特征受方差 $\sigma_{\alpha,i}$ 和 $\sigma_{r,i}$ 的影响,它们构成了 R_k 的对角线。有关如何从激光扫描仪计算角度和距离及其方差,请参阅 9.3 节。观测矩阵是一个 2×1 矩阵。

第2步:测量更新

假设我们可以准确地识别看到的线,并从给定的地图中得到它们的真实位置。这对于独有的特征来说很容易,如果我们的传感器误差足够小,那么我们也可以搜索我们的地图并选择最近的线来得到线的位置。由于特征存储在全局坐标系中,因此我们需要转换到机器人的坐标系来看待它们。实际上,这只不过是一系列的线,每条线都有一个角度和长度,但这里的角度和长度是相对于全局坐标系来说的。将它们变换到机器人坐标系下非常简单。已知 $\hat{x}_k = (x_k, y_k, \theta_k)^T$ 和地图中对应位置处的 $m_i = (\alpha_i, r_i)$,我们可以得到

$$h(\hat{x}_{k|k-1}) = \begin{bmatrix} \alpha_{k,i} \\ r_{k,i} \end{bmatrix} = h(x, m_i) = \begin{bmatrix} \alpha_i - \theta \\ r_i - (x\cos(\alpha_i) + y\sin(\alpha_i)) \end{bmatrix} \tag{16.14}$$

并计算其雅可比矩阵 H_k,其中第一行是 α 对 x、y、θ 的偏导数,第二行中是 r 的偏导数。

第3步:匹配

我们现在基于地图中存储的特征得到了测量值 z_k 和预测值 $h(\hat{x}_{k|k-1})$。现在可以计算一个更新量:

$$\tilde{y}_k = z_k - h(\hat{x}_{k|k-1}) \tag{16.15}$$

可以简单地将它理解为地图上每个特征的测量值和预测值之间的差值。更新量依然是一个 2×1 矩阵。

粒子滤波器的一个主要优势在于它们是对于任意概率分布的非参数估计方法,因此能够适应卡尔曼滤波器无法适应的非线性函数。然而,这并非唯一利用非线性运动和传感器模型进行状态估计的算法。现在我们介绍一种对卡尔曼滤波器进行改良的算法,使它适用于非线性模型。

16.5 扩展卡尔曼滤波器

与卡尔曼滤波器需要线性模型相反,扩展卡尔曼滤波器不要求状态转移模型和观测模型是状态的线性函数,它们可以是任意函数,只要可微即可。动作更新步骤如下所示:

$$\hat{x}_{k'|k-1} = f(\hat{x}_{k-1}, u_{k-1}) \tag{16.16}$$

上式中,$f()$ 是前一时刻的状态 x_{k-1} 和控制输入 u_{k-1} 的函数。这类公式的一个很好的例子就是我们之前已经熟悉的里程计更新。这里,$f()$ 是一个描述机器人正向运动学的函数,其中 x_k 是机器人的位置,u_k 是我们设置的轮速。

继续讨论我们所熟知的例子,我们还可以计算机器人位置的协方差矩阵:

$$P_{k'|k-1} = \nabla_{x,y,\theta} f P_{k|k-1} \nabla_{x,y,\theta} f^{\mathrm{T}} + \nabla_{r,l} f Q_{k-1} \nabla_{r,l} f^{\mathrm{T}} \tag{16.17}$$

式中,Q_k 是车轮打滑误差的协方差矩阵,同时也是正向运动学方程 $f()$ 相对于机器人位置(由 x、y、θ 表示)和相对于机器人左右轮打滑的雅可比矩阵。

感知更新步骤如下所示:

$$\hat{x}_{k|k'} = \hat{x}_{k'|k-1} + K_{k'} \tilde{y}_{k'} \tag{16.18}$$

$$P_{k|k'} = (I - K_{k'} H_{k'}) P_{k'|k-1} \tag{16.19}$$

每次计算分为两步:首先,我们使用运动模型进行动作更新,从 $k-1$ 步更新到 k' 步,得到中间结果;然后我们将执行从 k' 步到 k 步的感知更新以获得最终结果。

我们还需要计算 3 个附加的变量:

1. 更新量 $\tilde{y}_k = z_k - h(\hat{x}_{k|k-1})$;
2. 更新量的协方差 $S_k = H_k P_{k|k-1} H_k^{\mathrm{T}} + R_k$;
3. 卡尔曼增益(近似最优)$K_k = P_{k|k-1} H_k^{\mathrm{T}} S_k^{-1}$。

其中,$h()$ 是观测模型,H 是它的雅可比矩阵。这里涉及这些方程是如何推导出来的(并且能成为控制理论中的基本结论之一),其思想与上面介绍的大致相同:我们希望最小化预测的误差。

用卡尔曼滤波估计里程信息

本节将演示在有地图的条件下,装有激光扫描仪的移动机器人如何依靠不准确的里程计和传感器来最大限度地校正其位置估计。尽管其更新步骤相当于我们之前学到的正向运动学和误差传播,但是观测模型和计算更新量都需要额外的步骤来计算里程信息。

第 1 步：预测

现在我们假设读者已经对计算 $\hat{x}_{k'|k-1} = f(x, y, \theta)^T$ 及其协方差矩阵 $P_{k'|k-1}$ 非常熟悉了。在此，车轮打滑误差的协方差矩阵 Q_{k-1} 由下式给出：

$$Q_{k-1} = \begin{bmatrix} k_r |\Delta s_r| & 0 \\ 0 & k_l |\Delta s_l| \end{bmatrix} \tag{16.20}$$

式中，Δs_l 和 Δs_r 是左右轮的运动，k_l 和 k_r 是常数。有关这些计算的详细推导以及如何估计 k_r 和 k_l，请参阅 15.2.2 节。状态向量 $\hat{x}_{k'|k-1}$ 是一个 3×1 向量，协方差矩阵 $P_{k'|k-1}$ 是一个 3×3 矩阵，误差传播期间使用的 $\nabla_{\Delta_{r,l}}$ 是一个 3×2 矩阵。有关如何计算 $\nabla_{\Delta_{r,l}}$ 的详细信息，请参阅第 15 章。

第 2 步：观测

假设我们可以检测到线特征 $z_{k,i} = (\alpha_i, r_i)^T$，其中 α 和 r 分别是机器人坐标系中的线的角度和距离。这些线特征受方差 $\sigma_{\alpha,i}$ 和 $\sigma_{r,i}$ 的影响，它们构成了 R_k 的对角线。有关如何从激光扫描仪计算角度和距离及其方差，请参阅 9.3 节。观测矩阵是一个 2×1 矩阵（代表角度和距离）。

第 3 步：测量更新

假设我们可以准确地识别看到的线并从地图上得到它们的真实位置。这对于独有的特征来说很容易；但对于多条线，也可以假设传感器误差足够小，通过搜索地图并选择最近的线来实现。由于特征被存储在全局坐标系中，因此我们需要将它们转换到机器人坐标系来观察。实际上，这些特征只不过是全局坐标系下的一系列线，每条线都有一个角度和长度。根据式(16.14)，可以很简单地将它们变换到机器人坐标系下。

第 4 步：匹配

现在我们根据地图中存储的特征，得到了测量值 z_k 和预测值 $h(\hat{x}_{k|k-1})$。我们可以计算更新量：

$$\tilde{y}_k = z_k - h(\hat{x}_{k|k-1}) \tag{16.21}$$

这可以简单地理解为我们实际看到的每个特征（传感器的测量值）与我们使用地图（不使用传感器）进行预测的测量值之间的差值。更新量仍然是一个 2×1 矩阵。

第 5 步：估计

现在，我们已经具备了进行卡尔曼滤波感知更新的所有要素：

$$\hat{x}_{k|k'} = \hat{x}_{k'|k-1} + K_{k'} \tilde{y}_{k'} \tag{16.22}$$

$$P_{k|k'} = (I - K_{k'} H_{k'}) P_{k'|k-1} \tag{16.23}$$

这些要素将为我们实现位置更新，该位置更新融合里程计输入以及从环境特征中提取的信息，同时考虑了它们的方差。也就是说，如果你之前位置的方差很高（因为你不知道在哪里），但是传感器测量的方差很低（可能来自 GPS 定位或墙上一个可高度识别的记号），那么卡尔曼滤波将更重视你的传感器观测。如果你的传感器质量很差（可能不能区分不同的线或墙），那么卡尔曼滤波将更重视里程计数据。

由于状态向量是 3×1 向量，更新量是 2×1 矩阵，因此卡尔曼增益一定是 3×2 矩阵。这也可以推出协方差矩阵一定是 3×3 矩阵，而观测函数的雅可比矩阵是 2×3 矩阵。我们现在可以用下列公式计算出更新量的协方差和卡尔曼增益。

$$S_k = H_k P_{k|k-1} H_k^T + R_k \tag{16.24}$$

$$K_k = P_{k|k-1} H_k^T S_k^{-1} \tag{16.25}$$

16.6 总结：基于概率图的定位

为了依靠地图来定位机器人，我们需要执行以下步骤：

1. 用正向运动学和发送给机器人的轮速信息来计算位置的估计值，直至机器人遇到一些独特的可识别特征；
2. 计算特征（例如，墙壁、地标或标记）与机器人的相对位置；
3. 使用特征在全局坐标系中的位置来预测机器人应该观测到的信息；
4. 计算机器人实际的观测值和它估计的观测值之间的差异（例如，使用卡尔曼滤波）；
5. 通过权衡每个观测值及其方差，使用第 4 步的结果来更新位置的信念。

第 1 步和第 2 步以"正向运动学"（3.1 节）和"线特征识别"（9.3 节）部分为基础。第 3 步再次使用简单的正向运动学来计算存储在全局地图中的特征在机器人坐标系下的位置。第 4 步可以简化为计算传感器观测到的特征和地图上已有特征之间的差异。第 5 步可以引入卡尔曼滤波或误差最小化约束。

本章要点

- 如果机器人没有其他传感器并且它的里程计有噪声，那么无论使用马尔可夫定位还是卡尔曼滤波器，误差传播都会导致机器人位置的不确定性不断增加。
- 一旦机器人感知到位置已知的特征，就可以使用贝叶斯法则来更新位置的后验概率。关键的一点是，在给定特定观测的情况下，处于特定位置的条件概率可以根据给定位置观察此观测的可能性推断出来。
- 对离散位置执行上述过程的完整解决方案称为马尔可夫定位。

- 扩展卡尔曼滤波器是融合满足高斯分布的不同随机变量观测值的最佳方式。
- 随机变量可以是根据里程计和对环境中位置已知（但感知具有不确定性）的静态地标的观测对机器人位置的估计。
- 为了发挥上述方法的优势，你需要将测量值与状态变量相关联的可微函数，以及传感器协方差矩阵的估计值。
- 粒子滤波器最大限度地结合了马尔可夫定位（多重假设）和卡尔曼滤波器（位置估计的连续表示）的优点。

课后练习

假设天花板上放有机器人可以准确识别的红外标记。你的任务是开发一个概率定位方案，在给定一个确定的传感器读数和机器人移动信息的条件下，你需要计算机器人接近某个标记的概率 $p(marker|reading)$。

a）假设你估计了正确识别标记 $p(reading|marker)$ 的概率和位于特定标记下方的概率 $p(marker)$，推导 $p(marker|reading)$ 的表达式。

b）假设机器人正确识别标记的可能性为 90%，错误识别标记的可能性为 10%，在标记正下方通过时没有看到标记的可能性为 50%。现有一条放有 4 个标记的狭窄走廊。你确切地知道机器人从靠近标记 1 的入口处出发并沿直线向右移动。机器人得到的第一个传感器读数是"标记 3"。计算机器人实际位于标记 3 下方的概率。

c）机器人有可能位于标记 4 下方吗？

第 17 章

同步定位与地图构建

机器人能够使用传动系统中产生的噪声模型和正向运动学将误差传递到空间概率密度函数中（见 15.2 节），从而跟踪自身的位置和方向（称为位姿）。若机器人能够观测到位置已知的地标，那么该空间概率分布的方差将会减小。可以使用贝叶斯法则（见 16.2 节）对离散位置进行估计，也可以使用扩展卡尔曼滤波器（见 16.5 节）对连续位置进行估计。关键的一点是每次观测都会减少机器人位置估计的方差。卡尔曼滤波器通过对方差进行反向加权（即不可靠的观测值权重比可靠的观测值权重低）来对两个观测值进行最优融合。在机器人定位问题中，一个观测值通常来自机器人对本体位置的测量（例如，使用轮式编码器或前馈控制输入），而另一个观测值通常来自地图上已知的地标，该地标由环境中的各种标记组成。现在，我们假设这些地标位置都是已知的。本章主要介绍以下内容。

- 协方差的概念（或者说协方差矩阵中所有非对角线元素描述的是什么）。
- 如何同时估计机器人的位置和地图中地标的位置（即 SLAM）。

17.1 概述

长期以来，SLAM 问题一直是自主移动机器人的基础问题。它为处于未知区域的机器人提供了导航基础，让机器人可以探索该区域并通过机载的传感器得到精确的地图和姿态估计。无论是对于陆地、外星、海底还是对于未探索的建筑环境，SLAM 都十分有用。本章主要介绍 SLAM 问题的早期解决方案，来帮助读者理解 SLAM，尽管它们已被各种通过算法加速和准确性提升的更高效的版本所取代。让我们从学习一系列的特例开始。

17.1.1 地标

由于外部传感器的测量频率很高，并且通常必须用某种方式进行简化处理使数据可为算法所用，因此这些测量数据通常会被提炼成特征（见第 9 章）。每次传感器测量得到的特征（如 9.3 节中关于线特征识别的介绍）比得到的数据点数量少，尽管观察的视角会有轻微变化，但这些特征可以在测量中进行重复匹配。值得注意的是，不是所有的特征都可以用于传感器测量匹配。那些能够稳定匹配的特征代表了环境中的连续结构（例如，墙或边缘），并且在几何上是相关的，这些结构被称为地标。它们是现实环境中的几何对象，可用于引导机器人在环境中的运动。

17.1.2 特例一：含有一个地标的环境

已知环境中只含有一个地标，但地标的位置是未知的。我们假设机器人能够获得这个地标的相对距离和角度，但都有一些误差。这个地标可以是一座塔，也可以是机器人可以识别的图形标签。全局坐标系中地标 $m_i = [\alpha_i, r_i]$ 的测量位置是未知的，但如果机器人位置的估计值 $\hat{x}_k$ 是已知的，则可以计算出该地标的位置。m_i 分量的方差是机器人位置的方差加上观测的方差。

现在考虑机器人向地标移动并获得对它的观测值。虽然机器人的位置不确定性随着它的移动而增加，但它现在可以依靠 m_i 来减少其先验位置的方差（只要 m_i 是静止的）。从不同角度和距离重复观测同一地标可以提高机器人对地标位置估计的准确性，从而提高其自身位置估计的准确性。因此，机器人有机会将其位置方差保持在与最初观测地标时的方差非常接近的水平，并将方差存储到地图中！

如何进行观测融合的算术运算呢？你可能已经猜到，这种概率更新可以通过使用 16.5 节中的扩展卡尔曼滤波框架来完成。在该框架中，我们假设地标位置已知，但机器人在感知过程中引入了误差，该误差将会传播到更新量（S）的协方差矩阵中。现在我们可以简单地将地标位置估计的方差与机器人传感器感知的方差相加。

17.1.3 特例二：含有两个地标的环境

现在有一个包含两个地标的地图。机器人的位置方差会随时间的增加而增加，第二个地标的位置将以更高的方差被观察到，但机器人仍然可以通过逐一观测来将这些地标存储在地图中。虽然两个地标的观测是相互独立的，但它们方差之间的关系取决于机器人的轨迹。如果机器人通过直线移动观察它们，那么这两个方差之间的差异比在它们之间执行一系列转弯时要小得多，因为转弯会引入更大的位置方差。

作为一个引导性实验，思考一下：一个机器人行驶了相当长的时间，并且在其位置上积累了很大的方差，然后，它会在短时间内一个接一个地观察地标。这样做的结果是，两个地标之间距离的概率密度函数一定是窄分布的。这个概率密度函数可以理解为两个随机变量（每个变量由距离和角度组成）的协方差。在概率论中，协方差衡量了两个变量相对于彼此变化的情况。显然，机器人紧接着访问的两个相邻地标的位置协方差要比两个地标的观察视点相隔很远的情况大得多。这并不表示地标位置存在更大的不确定性；相反，这意味着变量之间存在相关性。因此应该使用地标之间的协方差来校正对地标位置的估计。如果机器人返回到它观察到的第一个地标，它将能够减少地标位置估计的方差。因为机器人知道自从它观察到第二个地标以来还没有走得很远，所以它可以纠正第一个地标的位置估计。

17.2 协方差矩阵

在估计具有多变量的某个量时（例如由 x 坐标、y 坐标和方向组成的机器人的位置），矩阵是一种标记它们之间关系的便捷方法。对于误差传播，我们将每个输入变量的方差写入协方差矩阵的对角线。例如，当使用差速轮式机器人时，我们根据机器人左右轮的不确定性，用 σ_x、σ_y 和 σ_θ 来表示其位置的不确定性。我们将左右轮的方差输入一个 2×2 矩阵中，得到一个 3×3 矩阵，其对角线上是 σ_x、σ_y 和 σ_θ。我们可以将协方差矩阵的其他元素设置为 0，并忽略矩阵中不在其对角线上的元素。之所以能够这样做，是因为左右轮的不确定性是独立的随机过程：不会因为右轮打滑而导致左轮打滑。因此，协方差（衡量两个随机变量一起变化的情况）为 0。然而，对于机器人位置并非如此：一个车轮的不确定性会同时影响所有的输出随机变量（即 σ_x、σ_y 和 σ_θ），这些变量由它们的协方差表示。因此，输出协方差矩阵的对角线上会有非零项。

在本章中，机器人感知到的地标姿态始终表示为列向量。地标的方差将会构成协方差矩阵的对角线。当机器人访问连续的地标时，它们的方差是相关的，因此协方差矩阵对角线上的元素是非零的。

17.3 EKF SLAM

EKF SLAM 的核心思想是将状态向量由原先的机器人位置（包括机器人可能的姿态）扩充到包含所有地标的位置。因此，状态向量

$$\hat{x}_{k'|k-1} = (x, y, \theta)^T \tag{17.1}$$

将变为

$$\hat{x}_k = (x, y, \alpha_1, r_1, \cdots, \alpha_N, r_N)^T \tag{17.2}$$

假设有 N 个地标，这是一个 $(3+2N)\times 1$ 向量。动作更新（或"预测更新"）与地标已知的情况一样，机器人直接使用里程计更新其位置，并使用误差传播来更新其位置方差。现在，协方差矩阵是一个 $(3+2N)\times(3+2N)$ 矩阵。最初，该矩阵的对角线元素包含机器人位置和每个地标的方差。

那么感知更新呢？这里需要注意的是，同一时刻只能观察到一个地标，即使它们在几乎相同的时间被观察到，EKF SLAM 算法也需要先观察一个地标再观察下一个地标。因此，如果机器人

一次观察到了多个地标,则需要进行多次连续的感知更新。在实际过程中,这表明只有与机器人观察到的地标相对应的观测向量[一个$(3+2N)\times 1$向量]的值才会是非零值。这同样适用于观测函数及其雅可比矩阵。

17.3.1 EKF SLAM 算法介绍

我们现在介绍 EKF SLAM 算法,该算法是一种基于状态向量及其协方差矩阵的迭代近似方案。这里的状态向量包括机器人的位置(或可能的姿态)和所有地标的位置。EKF SLAM 算法按下面步骤进行。

初始化

初始化状态向量,首先将其所有元素设置为 0。假设环境中没有地标,使用下式表示状态向量:

$$\boldsymbol{x}_0 = (0,0,0)^\mathrm{T} \tag{17.3}$$

并将其协方差矩阵的对角线元素设置为一个很小的数:

$$\boldsymbol{P}_0 = \begin{bmatrix} \epsilon & 0 & 0 \\ 0 & \epsilon & 0 \\ 0 & 0 & \epsilon \end{bmatrix} \tag{17.4}$$

这么做的原因是起初我们是无法确切地知道任何量的,并且协方差矩阵不能是零矩阵,否则它将是不可逆的。

更新

如果机器人处于运动状态并且传感器正在提供有关地标的信息,则状态向量将即时变化,同时机器人的姿态也将针对每个时间步长进行更新。在 EKF SLAM 中,传感器模型和过程模型可能都是非线性的,因此我们需要计算这些函数关于状态向量和协方差矩阵的雅可比矩阵。

更新分为两步:首先是预测更新,然后是感知更新。

预测更新:如果 f 是系统的非线性转换模型,$\boldsymbol{u}$ 是设定的控制输入,则状态预测更新为

$$\hat{\boldsymbol{x}}_{k'|k-1} = f(\hat{\boldsymbol{x}}_{k-1}, \boldsymbol{u}_{k-1}) \tag{17.5}$$

同时协方差的预测更新为

$$\hat{\boldsymbol{P}}_{k'|k-1} = \boldsymbol{F}_{\hat{\boldsymbol{x}}_{k-1}} \boldsymbol{P}_{k-1} \boldsymbol{F}_{\hat{\boldsymbol{x}}_{k-1}}^\mathrm{T} + \boldsymbol{N} \tag{17.6}$$

上式中，$F_{\hat{x}_{k-1}} = \frac{\partial f(x,u)}{\partial x}|_{k-1}$ 表示非线性转换模型相对于 $k-1$ 时刻估计状态向量的雅可比矩阵，N 表示影响系统执行器的噪声协方差矩阵（假设在当前状态下噪声是可以累加的）。

一个显著的结果是仅机器人的状态（非世界坐标系内的地标位置）依赖于 k，所以大部分 $\hat{P}_{k'|k-1}$ 在此步骤中不会更新。

感知更新：我们假设传感器的观测函数 $h(x)$ 可能是非线性的，并且受协方差为 R 的累加噪声的影响。传感器实际含噪声的测量值表示为 y_k。前一时刻估计的观测函数的雅可比矩阵为 $H_{\hat{x}_{k'}} = \frac{h(x)}{\partial x}|_{k'}$。感知更新对预测更新的结果进行操作，以提供"完全融合"的状态估计。感知更新会产生下一时刻状态估计和相应的状态协方差矩阵估计，可用下式表示：

$$\hat{x}_{k|k-1} = \hat{x}_{k'|k-1} + K_{k'}\left(y_k - h(\hat{x}_{k'|k-1})\right) \tag{17.7}$$

以及

$$\hat{P}_{k|k-1} = \hat{P}_{k'|k-1} - K_{k'}Z_{k'}K_{k'}^{\mathrm{T}} \tag{17.8}$$

上式中，$Z_{k'}$ 和 $K_{k'}$ 分别用下列公式表示：

$$Z_{k'} = H_{\hat{x}_{k'}}\hat{P}_{k'|k-1}H_{\hat{x}_{k'}}^{\mathrm{T}} + R \tag{17.9}$$

$$K_{k'} = \hat{P}_{k'|k-1} - K_{k'}Z_{k'}K_{k'}^{\mathrm{T}} \tag{17.10}$$

重要的是，此步骤需要将特征与地标准确无误地关联在一起，这个过程被称为数据关联（data association）。数据关联可以通过以下两种方式完成：在特征上使用描述向量，在描述向量的相似性高于一个特定的阈值时进行匹配；或者通过使用匈牙利算法（Hungarian algorithm）进行最优分配。如果地标被准确地标记出来且不依赖于特征匹配，那么可以跳过数据关联的步骤。数据关联还可能依赖于新地标的生成或旧地标的删除来保持状态向量的有限长度。

这里需要注意，由于矩阵的稀疏性，因此刚才所提到的更新方程中的矩阵求逆和乘法有显著的计算加速，我们在这里没有明确说明。总的来说，更新的总复杂度为 $O(kn^2)$，其中 k 是地标的数量，n 是状态的数量。实际过程中，有一些方法可以通过边缘化过程（marginalization）（Sibley, Matthies, and Sukhatme, 2010）使该算法保持恒定时间，其中一些变量实际上不需要再重新估计（例如，不再显著影响当前位姿的旧位姿）。

17.3.2　多传感器融合

传感器在机器人技术中的应用面临着多种成本效益分析。例如，视觉传感器可以提供有关环境结构的信息和姿态到姿态之间的信息（如通过帧间对齐）；然而，它在光线不足或无纹理的环境中会显得力不从心，在这些环境中，由于信息内容不足，帧间对齐可能不可行。深度传感器可以提供结构信息，但是在具有冗余几何特征的环境内（如建筑物走廊中）估计里程时，深度传感器可能会失效。IMU 本质上可以提供短时间的里程计估计，但在没有任何环境感知时，里程计估计会快速漂移和发散。越来越多的传感器被纳入这种成本效益分析的组合，但是由于尺寸、重量、功率和成本等限制，一个机器人平台往往只能安装数量有限的传感器。因此，必须根据预期的环境和设计考虑因素来选择传感器。

一旦确定了传感器的选择，就可以通过简单的叠加将这些传感器集成到 EKF SLAM 系统中。在这种情况下，17.3.1 节更新步骤中可能会增加任意数量的传感器，以便使系统能够克服单传感器的局限性，更加具有稳健性。例如，IMU 可以提供机器人方向的观测，而深度传感器可以提供基于地标方向和位置的观测。EKF SLAM 的整体算法并没有改变，只是在不同的传感器频率上引入了更多的更新步骤。

17.4　基于图的 SLAM 算法

通常，机器人会使用一些机载传感器（例如里程计、光流传感器）获得对自身位置的初始估计，利用该估计来定位环境中的地标（例如墙壁、墙角、图案），并通过匹配连续视野中的传感器信息进行估计，不断更新其位姿，匹配时可使用 ICP 算法（见 12.2 节）或特征匹配。一旦机器人再次观察到同一个地标，它就可以更新对自身位置的估计。由于连续的观测不是独立的而是密切相关的，因此可以沿着机器人的路径得到改善的位置估计。这在基于 EKF 的 SLAM 中得到形式化阐述，其中准确的新观测可以纠正先前观测中的误差。

看待这个问题的一种更直观的方式是将其视为一个由一系列类似于质量块的节点和类似于弹簧的边组成的"图"。根据弹簧—质量块进行类比：每个可能的位姿（质量块）都通过弹簧受到相邻位姿的限制。两个位姿之间的相对变换的不确定性越高（例如，使用里程计），弹簧越软。当机器人对相对位姿的准确度十分确信时，弹簧就会变硬。最终，所有位姿都将被拉到合适位置上，以最小化图的整体张力。这可以通过使用梯度下降法，根据所有可用的观测值最小化总体误差来实现。这种表述 SLAM 问题的方式被称为基于图的 SLAM（Grisetti et al., 2010）。图 17-1 展示了一个具有特征地标的位姿图示例。

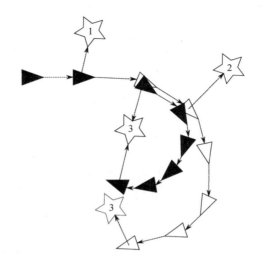

图 17-1
机器人位姿（三角形）和特征地标（星星）在 2D 地图上形成位姿图。机器人位姿之间的边表示里程计测量。机器人位姿和特征地标之间的边表示距离和方向的测量。在闭环后，地标 3 被机器人重新观测到，此时所有的位姿都会被调整

17.4.1　SLAM：一个最大似然估计问题

SLAM 问题的经典思想是，将问题描述为在给定里程计输入和观测值的情况下最大化机器人轨迹上所有点的后验概率。符号化表述为

$$p(\boldsymbol{x}_{1:T}, \boldsymbol{m} \mid \boldsymbol{z}_{1:T}, \boldsymbol{u}_{1:T}) \tag{17.11}$$

其中，$\boldsymbol{x}_{1:T}$ 表示从时间 $t \in (1, T)$ 开始的所有离散位置，z 表示观测值，u 表示里程计测量值。该公式大量使用了问题的时序。在实践过程中，解决 SLAM 问题要满足两个需求：

1. 已知运动更新模型——在给定里程计测量值 $\boldsymbol{u}_t$ 和位于位置 $\boldsymbol{x}_{t-1}$ 的情况下，机器人位于位置 $\boldsymbol{x}_t$ 的概率 $p(\boldsymbol{x}_t \mid \boldsymbol{x}_{t-1}, \boldsymbol{u}_t)$；
2. 已知传感器模型——在机器人位于位置 $\boldsymbol{x}_t$ 和地图 $\boldsymbol{m}_t$ 的情况下，观测 z_t 的概率 $p(z_t \mid \boldsymbol{x}_t, \boldsymbol{m}_t)$。

这里需要注意回想在 EKF 中对动作更新和感知更新使用的概率。也就是说，在 EKF SLAM 中，我们为机器人姿态以及地图上所有地标的位置维护了一个概率密度函数。解决特征与相对应的地标数据的关联问题是极其重要的。与 EKF SLAM 一样，基于图的 SLAM 也没有解决这个问题，如果地标发生混淆，算法将会无法使用。

在基于图的 SLAM 中，机器人的轨迹形成图的节点，图的边表示位姿变换（平移和旋转），具有与之相关的方差。类比上面提到的弹簧−质量块，基于图的 SLAM 不是让每个弹簧拉动一个节点到合适位置，而是希望找到那些最大化所有观测的联合似然性的位置。换句话说，在状态

变量可以取的所有可能值中，基于图的 SLAM 会根据一些依据（来自里程计和传感器的观测）找到可能值中的"最优值"。因此，基于图的 SLAM 是一个最大似然估计（maximum-likelihood estimate，MLE）问题。

为了从算术上证明这一点，让我们回顾一下高斯分布：

$$\frac{1}{\sigma\sqrt{2\pi}}e^{\frac{-(x-\mu)^2}{2\sigma^2}} \tag{17.12}$$

它提供了测量值 x 的概率，假设该测量值服从均值为 μ 和方差为 σ^2 的高斯分布。式(17.12)是高斯分布的单变量公式；然而，若将 x 和 μ 视为向量，将 σ^2 视为协方差矩阵，它可以扩展到多元分布。现在我们可以将这样的分布与每个节点到节点的转换相关联。将节点 i 和节点 j 之间的转换表示为 z_{ij}，其期望值表示为 $\hat{z}_{ij}$，这里的期望值是基于对状态变量进行操作的某些测量模型的，根据当前的状态变量输出"期望测量值"。

关于期望测量值的快速说明：回想一下，在 8.4 节中，我们基于 2D 测量为 3D 相机构建了一个传感器模型。那些 3D 点代表我们正在跟踪的地标，而 2D 测量值是地标的位置和投影之间约束的期望测量值 $\hat{z}_{ij}$。注意，在使用相机的情况下，地标投影作为一个传感器测量值是 2D 的，因此这里存在一个地标实际测量值 z_{ij} 与基于机器人和地标估计位置的预测值 $\hat{z}_{ij}$ 之间的关联。

用均值为 $\hat{z}_{ij}$ 和协方差矩阵为 Σ_{ij}（其对角线上包含 z_{ij} 所有分量的方差）的高斯分布来表示测量值 z_{ij} 是目前直接的方法。注意，式(17.12)涉及的观测值和其期望值之间的差值，与标准差的平方成反比，在我们所举的例子中，可以使用协方差矩阵的逆来表示，这也称为信息矩阵（因为它表示可用变量的"信息"量），我们用 $\Omega_{ij} = \Sigma_{ij}^{-1}$ 表示。

我们感兴趣的是使用 MLE 方法来最大化所有边 ij 在所有测量值 $\prod z_{ij}$ 的联合概率，所以通常使用似然函数的对数来表示概率密度函数（probability density function，PDF）。注意，这为代数运算提供了两点便利：第一，对数运算是一种单调递增的运算，所以任何函数的对数都不会改变它的极值点；第二，式(17.12)的对数为 x 的线性函数，这比烦琐的指数函数更容易处理。通过将式(17.12)中的 PDF 表达式两边取自然对数，指数函数将会消失且 $\log(\prod z_{ij})$ 将变成 $\sum \log(z_{ij})$ 或 $\sum l_{ij}$，这里的 l_{ij} 是 z_{ij} 的对数似然分布，即：

$$l_{ij} \propto (\alpha_{ij} - \hat{z}_{ij}(x_i, x_j))^T \Omega_{ij} (z_{ij} - \hat{z}_{ij}(x_i, x_j)) \tag{17.13}$$

同样，观测值 z_{ij} 的对数似然分布可以直接从高斯分布的定义中推导出来，但要使用信息矩阵而不是协方差矩阵，通过在两边取对数来去掉指数函数。

现在，最优化问题可以用下式描述：

$$x^* = \arg\min_x \sum_{i,j} e_{ij}^T \Omega_{ij} e_{ij} \tag{17.14}$$

其中，$e_{ij}(x_i, x_j) = z_{ij} - \hat{z}_{ij}(x_i, x_j)$ 表示测量值与期望值之间的误差。请注意，实际上需要最小化误差的总和，因为每个误差项是负对数似然的形式。

17.4.2 基于图的 SLAM 的数值方法

解决 MLE 问题并非易事，尤其是在提供的约束（即将一个地标与另一个地标相关联的观测数据）数量很大的情况下。一种经典做法是在当前位姿下将问题线性化，并将其简化为 $Ax = b$ 形式的问题。这里可以直观地理解为计算所有节点位置的微小变化对 e_{ij} 的影响。执行这一步操作后，可以重复线性化和优化，直至 e_{ij} 收敛。

近年来，更强大的数值方法已经被开发出来。可以使用随机梯度下降法代替求解 MLE 问题。梯度下降法是一种迭代方法，通过沿着函数的梯度移动来找到函数的最优值。梯度下降法会根据所有可用的约束计算适应度函数的梯度，并会选择一个子集，这里的子集不一定是随机选择的。一个直观的例子是用一条线来拟合 n 个点，但计算下一个最佳估计时，只取这些点的一个子集。因为梯度下降法是迭代工作的，所以希望该算法考虑到很大一部分约束。为了解决基于图的 SLAM，随机梯度下降法不会考虑机器人的所有约束，而是迭代地一个接一个地处理约束。在这里，约束是对节点 i 和 j 相对位姿的观测。优化这些约束需要同时移动节点 i 和 j，以便使机器人认为节点应该处于的位置与它实际看到的位置之间的误差会减少。因为这是对多个可能存在相互矛盾的观测之间的权衡，所以结果将近似于 MLE。

更具体地说，由于 e_{ij} 是观测结果与机器人期望看到的结果之间的误差，根据其先前的观测结果和传感器模型，可以将误差分布在约束涉及的两个地标之间的整个轨迹上。也就是说，如果约束涉及地标 i 和 j，不仅 i 和 j 的位姿会更新，而且中间的所有节点都会进行微小的调整。

在基于图的 SLAM 中，边对一个节点到另一个节点的相对平移和旋转进行编码。因此，要改变两个节点之间的关系，其关系变化有必要传播到图网络中的所有节点，这是因为图的本质是一个节点链，其边包含里程计测量值。每当观测（无论使用任何传感器）引入额外约束时，这个链就会变成一个图。每当产生这种"闭环"时，产生的误差将分布在连接两个节点的整个轨迹上。但是这并不总是必要的。例如，当一个机器人走一个"8"字形时，如果走到的一半出现闭环，则另一半的节点可能不涉及约束的建立。

这也可以通过构建约束图的最小生成树（minimum spanning-tree，MST）来解决。MST 是在里程计约束后的约束图上进行 DFS 来构建的。在闭环处（即图中对先前看到的位姿添加约束所形成的一条边），DFS 回溯到该节点并从那里继续构建生成树。更新所有受此约束影响的位姿，仍然需要更新两个地标之间路径上的所有节点，但加入其他约束会大大简化这个过程。每当机器人观察到任意两个节点之间的新约束关系时，只需要更新 MST 上两个地标之间最短路径上的节点即可。

本章要点

- SLAM 是移动机器人在环境中自主运行的关键能力。
- 对于具有易识别地标（即可以准确地定位和识别的地标）的环境，可以使用不同形式的优化方法在给定测量的情况下找到可能性最大的位姿集合。
- 提供额外观测的传感器对 SLAM 非常有帮助，特别是基于全局定位的传感器，例如 GPS 等。
- 如何处理具有动态对象的环境（即地图是变化的），仍然是一个待解决的问题。

课后练习

1. 根据下列要求，开发一个带有已知地标的 EKF SLAM 系统。

   a）实现一个单地标的 SLAM 系统。用你选择的模拟器实现基本的里程计估计，并用传感器测量地标的位置和方向。用里程计测量的均值和方差初始化第一个测量值，并展示在给定额外观测时，如何使用卡尔曼滤波器对里程计误差加以限制。

   b）引入另一个地标，让机器人在观察到第二个地标后返回到第一个地标。当你第二次观察到第一个地标时，在修正方差后，你能说出第二个地标的方差是多少吗？

   c）构建一个由多个分立地标组成的模拟环境。Ratslife 环境（见图 1-3）就是一个很好的例子。在针对地标进行定位时，通过实验确定平均方差。如何完成此操作将取决于你使用的工具，可以提供一些先验知识，例如，向机器人提供附近的地标列表，或者模拟传感器距离和方位的测量；也可以下载开源的 SLAM 数据集，例如 UTIAS 数据集。

   d）使用你开发的上述工具实现一个 EKF SLAM 系统。

2. EKF SLAM 要求地标是可以准确识别的。思考一个场景：我们只能使用墙角和墙壁检测器。如何让这些地标具有独特性？这种方法的局限性是什么？

3. 根据下列要求，开发一个基于图的 SLAM 系统。

   a）实现一个图结构，使其能够存储机器人和环境地标的位姿。在每条边上分别存储节点到节点或到地标的平移和旋转。

   b）实现一个 DFS 算法，使其能够计算图上任意两个节点之间的最短路径。

   c）使用模拟器或固定的数据集来实现基于图的 SLAM 系统。闭环后，通过取平均值的方式来更新基于地标位置的位姿估计。并使用最新估计沿到达先前能够观察到该地标的节点位姿的最短路径更新之前的位姿。尝试用不同的策略来更新姿态并记录你的发现。

第五部分

附 录

附录 A

三角学

三角学涉及三角形的角度和长度。图 A-1 展示了一个直角三角形和标注它的角、边和角度的惯例。接下来,我们假设所有三角形都至少有一个直角(90°或$\frac{\pi}{2}$),因为所有的平面三角形都可以被分割成两个直角三角形。

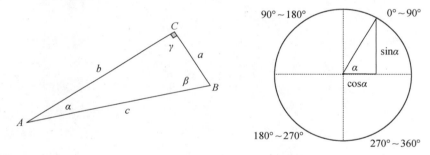

图 A-1
左:采用公共定义的直角三角形。右:单位圆上的三角函数关系和 4 个象限对应的角度

任意三角形的所有内角之和为 180°或者 π,也就是:

$$\alpha + \beta + \gamma = 180° \tag{A.1}$$

如果一个内角是直角,则三角形的三条边 a、b 和 c(c 为直角对应的边)的关系为:

$$a^2 + b^2 = c^2 \tag{A.2}$$

直角三角形的边和角度的关系通过三角函数衡量:

$$\sin\alpha = \frac{对边}{斜边} = \frac{a}{c} \tag{A.3}$$

$$\cos\alpha = \frac{邻边}{斜边} = \frac{b}{c} \tag{A.4}$$

$$\tan \alpha = \frac{\text{对边}}{\text{邻边}} = \frac{\sin \alpha}{\cos \alpha} = \frac{a}{b} \tag{A.5}$$

上述公式中的斜边（hypotenuse）是和直角对应的三角形的边，邻边（adjacent）和对边（opposite）是和特定角度对应的边。例如，在图 A-1 中，α 角的邻边是 b，α 角的对边是 a。

单一的角度和所有边的关系通过余弦定理（law of cosines）给出：

$$a^2 = b^2 + c^2 - 2bc\cos\alpha \tag{A.6}$$

A.1 反三角学

给定两条边，为了计算角度，我们使用反三角函数，如 arcsin、arccos 和 arctan（不要和 $\frac{1}{\sin}$ 混淆）。按照定义，函数只能将一个值映射为另外一个值。arcsin 和 arctan 在区间 $[-90°, +90°]$ 定义。arccos 在区间 $[0°, 180°]$ 定义。这使得我们无法分别计算第二象限和第三象限或第三象限和第四象限中的角度（见图 A-1）。为了解决这个问题，大多数编程语言采用函数 atan2(对边, 邻边)，它评估分子和分母的符号，分子和分母作为两个独立的参数提供。

A.2 三角恒等式

正弦函数和余弦函数都是周期性的，我们有如下等式：

$$\sin\theta = -\sin(-\theta) = -\cos\left(\theta + \frac{\pi}{2}\right) = \cos\left(\theta - \frac{\pi}{2}\right) \tag{A.7}$$

$$\cos\theta = \cos(-\theta) = \sin\left(\theta + \frac{\pi}{2}\right) = -\sin\left(\theta - \frac{\pi}{2}\right) \tag{A.8}$$

角度之间的和或差的正弦或余弦可以使用以下等式计算：

$$\cos(\theta_1 + \theta_2) = \cos(\theta_1)\cos(\theta_2) - \sin(\theta_1)\sin(\theta_2) \tag{A.9}$$

$$\sin(\theta_1 + \theta_2) = \sin(\theta_1)\cos(\theta_2) + \cos(\theta_1)\sin(\theta_2) \tag{A.10}$$

$$\cos(\theta_1 - \theta_2) = \cos(\theta_1)\cos(\theta_2) + \sin(\theta_1)\sin(\theta_2) \tag{A.11}$$

$$\sin(\theta_1 - \theta_2) = \sin(\theta_1)\cos(\theta_2) - \cos(\theta_1)\sin(\theta_2) \tag{A.12}$$

同一个角的正弦和余弦的平方之和为 1：

$$\cos\theta\cos\theta + \sin\theta\sin\theta = 1 \tag{A.13}$$

附录 B

线性代数

线性代数涉及向量空间和它们之间的线性映射关系。线性代数是机器人学的核心,因为它可以描述机器人和与之连接的部分的位置和速度。线性代数也用来处理经常用矩阵形式表示的图像和深度数据。

B.1 点积

点积(或称为标量积)是两个向量对应元素乘积的和,设 $\hat{\boldsymbol{a}} = (a_1, \cdots, a_n)$、$\hat{\boldsymbol{b}} = (b_1, \cdots, b_n)$ 为两个向量,它们的点积 $\hat{\boldsymbol{a}} \cdot \hat{\boldsymbol{b}}$ 为

$$\hat{\boldsymbol{a}} \cdot \hat{\boldsymbol{b}} = \sum_i^n a_i b_i \tag{B.1}$$

因此,点积取两个数字序列,也就是两个向量,返回一个数字标量。

在机器人领域,由于点积具有良好的几何表达能力,它是最常用的:

$$\hat{\boldsymbol{a}} \cdot \hat{\boldsymbol{b}} = \|\hat{\boldsymbol{a}}\| \|\hat{\boldsymbol{b}}\| \cos\theta \tag{B.2}$$

这里的 θ 是向量 $\hat{\boldsymbol{a}}$ 和 $\hat{\boldsymbol{b}}$ 之间的夹角。

如果向量 $\hat{\boldsymbol{a}}$ 和 $\hat{\boldsymbol{b}}$ 是正交的,那么 $\hat{\boldsymbol{a}} \cdot \hat{\boldsymbol{b}} = 0$;如果向量 $\hat{\boldsymbol{a}}$ 和 $\hat{\boldsymbol{b}}$ 是平行的,那么 $\hat{\boldsymbol{a}} \cdot \hat{\boldsymbol{b}} = \|\hat{\boldsymbol{a}}\| \|\hat{\boldsymbol{b}}\|$。

B.2 叉积

两个向量的叉积 $\hat{\boldsymbol{a}} \times \hat{\boldsymbol{b}}$ 定义为一个同时垂直于向量 $\hat{\boldsymbol{a}}$ 和 $\hat{\boldsymbol{b}}$ 的向量 $\hat{\boldsymbol{c}}$,该向量的方向由右手定则给出,其大小等于向量所张成的平行四边形的面积。

设 $\hat{\boldsymbol{a}} = (a_1, a_2, a_3)^T$、$\hat{\boldsymbol{b}} = (b_1, b_2, b_3)^T$ 是三维空间 $\mathbb{R}^3$ 中的两个向量,那么这两个向量的叉积为:

$$\hat{\boldsymbol{a}} \times \hat{\boldsymbol{b}} = \begin{pmatrix} a_2 b_3 - a_3 b_2 \\ a_3 b_1 - a_1 b_3 \\ a_1 b_2 - a_2 b_1 \end{pmatrix} \tag{B.3}$$

B.3 矩阵的乘积

给定一个 $n \times m$ 的矩阵 $\boldsymbol{A}$ 和一个 $m \times p$ 的矩阵 $\boldsymbol{B}$，矩阵的乘积 $\boldsymbol{AB}$ 被定义为：

$$(\boldsymbol{AB})_{ij} = \sum_{k=1}^{m} A_{ik} B_{kj} \tag{B.4}$$

这里下标 ij 表示生成的 $n \times p$ 矩阵的第 i 行第 j 列。因此生成的矩阵的每一个元素由矩阵 $\boldsymbol{A}$ 的第 i 行和矩阵 $\boldsymbol{B}$ 的第 j 列的点积组成。

注意，为了能够实现向量乘积的计算，右边矩阵（这里是 $\boldsymbol{B}$）的列数要和左边矩阵（这里是 $\boldsymbol{A}$）的行数相等。因此，这里矩阵乘积的操作符是不可交换的（也就是 $\boldsymbol{AB} \neq \boldsymbol{BA}$）。

例如，一个 3×3 的矩阵和一个 3×1 的矩阵相乘时：

$$\boldsymbol{A} = \begin{pmatrix} a & b & c \\ p & q & r \\ u & v & w \end{pmatrix} \qquad \boldsymbol{B} = \begin{pmatrix} x \\ y \\ z \end{pmatrix}$$

矩阵的乘积为：

$$\boldsymbol{AB} = \begin{pmatrix} a & b & c \\ p & q & r \\ u & v & w \end{pmatrix} \begin{pmatrix} x \\ y \\ z \end{pmatrix} = \begin{pmatrix} ax + by + cz \\ px + qy + rz \\ ux + vy + wz \end{pmatrix}$$

B.4 矩阵的逆

给定矩阵 $\boldsymbol{A}$，寻找逆 $\boldsymbol{B} = \boldsymbol{A}^{-1}$ 的过程就是求解以下方程的过程：

$$\boldsymbol{AB} = \boldsymbol{BA} = \boldsymbol{I} \tag{B.5}$$

这里 $\boldsymbol{I}$ 是单位矩阵（单位矩阵除了对角线元素为 1 外，其余元素均为 0）。

在列彼此正交且长度为 1 的正交矩阵的特殊情况下，逆矩阵等价于转置矩阵。也就是：

$$\boldsymbol{A}^{-1} = \boldsymbol{A}^{\mathrm{T}} \tag{B.6}$$

这是非常重要的，因为所有的旋转矩阵都是正交的。

如果矩阵不是二次型的，我们可以计算其伪逆，伪逆定义为：

$$A^+ = A^T(AA^T)^{-1} \tag{B.7}$$

经常用于求逆向运动学解。

B.5 主成分分析

主成分分析（principal component analysis，PCA）把 n 维数据分解成 n 个向量，这样每个数据点都可以用 n 个向量的线性组合表示。这 n 个向量有两个有趣的特点：第一，它们按照方差排列，所以第一个向量是所有数据中方差最高的代表性数据；第二，它们是正交的。这些向量也因此被称为主成分（principal component）。图 B-1 展示了一个二维数据的例子及其两个主成分。

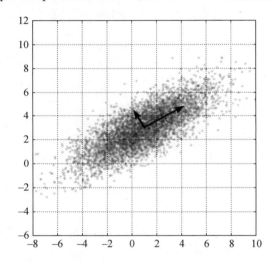

图 B-1

以(1,3)为中心的多元高斯分布的主成分分析，其标准差在(0.866,0.5)方向上为 3，在正交方向上为 1。所示的向量是协方差矩阵的特征向量，按相应特征值的平方根缩放，并进行位移，使其尾部位于平均值处

资料来源：Nicoguaro CC BY 4.0

这种方法有很有力的几何学解释：沿矩形长轴的点比沿短轴的点具有更高的方差。这个点云中的每一个点都可以通过沿长轴和短轴的主成分重建。找到这些向量类似于找到矩形的主轴，而无论矩形的方向如何。

可以看出，主成分是数据协方差矩阵的特征向量。为此，我们需要计算图 B-1 中数据在每个维度上的均值和方差，移动数据使其均值为 0，然后计算数据的协方差矩阵。还可以证明，对应特征值的值与每个特征向量的重要性成比例。

更一般地，给定 N 个数据 $x_i \in \mathbb{R}^n$，我们可以计算 $n \times n$ 维协方差矩阵 C 的元素：

$$C_{jk} = \frac{1}{N}\sum_{i=1}^{N}(x_j^i - \mu_j)(x_k^j - \mu_k) \tag{B.8}$$

这里 μ_j 是第 j 列数据的均值。特征值 λ 和特征向量 $\boldsymbol{u}$ 通过下式给出：

$$\boldsymbol{Cu} = \lambda\boldsymbol{u} \tag{B.9}$$

它们等同于数据的主成分。

尽管 PCA 典型的应用是给数据降维（通过仅用前 n 个主成分来表示数据），但 PCA 在机器人学中的点云数据分析中也很重要，例如，在寻找一个好的抓取位置时。

附录 C
统计学

C.1 随机变量和概率分布

随机变量既可以描述离散变量（如掷骰子的结果），也可以描述连续变量（如测量距离）。为了得到随机变量产生特定结果的可能性，我们可以重复进行多次实验，并记录得到的随机变量值，包括随机变量的实际值和出现的次数。对于一个完美的立方体骰子，我们可以看到，随机变量包含从 1 到 6 的自然数，并且每次实验得到这些自然数的可能性相同，即 1/6。

描述随机变量取特定值的概率的函数称为概率分布。因为掷骰子实验中所有可能的随机变量值出现的可能性是相同的，所以掷骰子的结果服从均匀分布。更准确地说，由于掷骰子的结果是离散的数字，因此它实际上服从离散的均匀分布。大多数随机变量不是均匀分布的，有些变量的可能性比其他变量的可能性更大。例如，当考虑用一个随机变量描述同时扔出的两个骰子的点数之和时，我们可以看到，分布完全不是均匀的：

$$
\begin{aligned}
&2:1+1 &&\to \frac{1}{6}\frac{1}{6}\\
&3:1+2,2+1 &&\to 2\frac{1}{6}\frac{1}{6}\\
&4:1+3,2+2,3+1 &&\to 3\frac{1}{6}\frac{1}{6}\\
&5:1+4,2+3,3+2,4+1 &&\to 4\frac{1}{6}\frac{1}{6}\\
&6:1+5,2+4,3+3,4+2,5+1 &&\to 5\frac{1}{6}\frac{1}{6}\\
&7:1+6,2+5,3+4,4+3,5+2,6+1 &&\to 6\frac{1}{6}\frac{1}{6}\\
&8:2+6,3+5,4+4,5+3,6+2 &&\to 5\frac{1}{6}\frac{1}{6}\\
&9:3+6,4+5,5+4,6+3 &&\to 4\frac{1}{6}\frac{1}{6}
\end{aligned}
\tag{C.1}
$$

$$10:4+6,5+5,6+4 \quad \rightarrow 3\frac{1}{6}\frac{1}{6}$$

$$11:5+6,6+5 \quad \rightarrow 2\frac{1}{6}\frac{1}{6}$$

$$12:6+6 \quad \rightarrow \frac{1}{6}\frac{1}{6}$$

可以看到，和为 7 的可能性比和为 3 的可能性大。虽然可以将这样的概率分布保存为一个查找表，以预测实验（或测量）的结果，但我们也可以通过分析法计算两个随机过程的和（见附录 C.3 节）。

C.1.1 高斯分布

最常用的概率分布之一是高斯分布（高斯分布）。高斯分布由均值和方差表征。其中，均值对应于随机变量的平均值（或分布的峰值），方差用于衡量变量在均值周围分布的广度（或分布的宽度）。

高斯分布定义为

$$f(x) = \frac{1}{\sqrt{2\pi\sigma^2}} e^{-\frac{(x-\mu)^2}{2\sigma^2}} \tag{C.2}$$

其中 μ 是均值，σ^2 是方差（σ 本身就是标准差）。$f(x)$ 可计算随机变量 X 的值为 x 的概率。

平均值可以通过下式计算：

$$\mu = \int_{-\infty}^{+\infty} x f(x) \mathrm{d}x \tag{C.3}$$

换句话说，将每个可能的值 x 根据其可能性进行加权，然后相加，如图 C-1 所示。

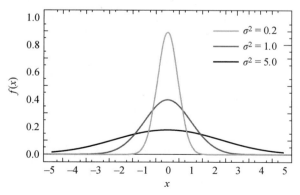

图 C-1

不同方差和均值为 0 的高斯分布

方差可以通过下式计算：

$$\sigma^2 = \int_{-\infty}^{+\infty}(x-\mu)^2 f(x)\mathrm{d}x \tag{C.4}$$

换句话说，我们计算每个随机变量与均值的偏差的平方，然后根据其可能性对其进行加权。虽然对掷双骰子实验也进行这样的计算是很有吸引力的，但得到的结果是有问题的，因为掷双骰子实验的结果不服从高斯分布。我们知道这样的结果是因为我们已经列举了所有可能的结果。对于其他实验，例如你所选课程的成绩，我们并不知道真实的分布是什么。

C.1.2　二维高斯分布

高斯分布并不局限于只有一个随机变量的随机过程。例如，机器人在平面上的 X/Y 位置可被视为二维的随机过程。在 k 维多元分布的例子中，随机变量 $\boldsymbol{X}$ 是一个 k 维随机向量，$\boldsymbol{\mu}$ 是一个 k 维均值向量，而 σ 则被 $k\times k$ 维的协方差矩阵 $\boldsymbol{\Sigma}$（在对角线上表示每个随机变量方差的矩阵）所取代。

C.2　条件概率与贝叶斯法则

设 A 和 B 是概率分别为 $P(A)$ 和 $P(B)$ 的随机事件。我们可以说事件 A 和事件 B 发生的概率 $P(A\cap B)$ 由下式给出：

$$P(A\cap B) = P(A)P(B\mid A) = P(B)P(A\mid B) \tag{C.5}$$

这里，$P(B\mid A)$ 是事件 A 发生的前提下，事件 B 发生的条件概率（conditional probability）。同样，$P(A\mid B)$ 是在事件 B 发生的前提下，事件 A 发生的条件概率。

贝叶斯法则将条件概率与其逆概率联系起来。换句话说，如果我们知道在事件 B 发生的前提下事件 A 发生的概率，那么，我们可以计算在事件 A 发生的前提下事件 B 发生的概率。贝叶斯法则可以从一个简单的观察中推导出来：A 和 B 同时发生的概率 $P(A\cap B)$ 由 $P(A)P(B\mid A)$（A 发生的概率和给定 A 发生的前提下 B 发生的概率）给出［式(C.5)］。由此，推导出贝叶斯法则就很简单了：

$$P(A\mid B) = \frac{P(A)P(B\mid A)}{P(B)} \tag{C.6}$$

换句话说，如果我们知道在 A 发生的前提下 B 发生的概率，我们也可以计算在 B 发生的前提下 A 发生的概率。

C.3 两个随机过程的和

设 X 和 Y 是与两个骰子上显示的数字相关的随机变量 [参见式(C.1)]，$Z = X+Y$。$P(X = x)$、$P(Y = y)$ 和 $P(Z = z)$ 分别表示随机变量取特定值 X、Y 和 Z 的概率。给定 $z = x+y$，事件 $Z = z$ 是独立事件 $X = k$ 和 $Y = z-k$ 的并集。我们可以写出：

$$P(Z = z) = \sum_{k=-\infty}^{+\infty} P(X = k)P(Y = z - k) \tag{C.7}$$

根据卷积的定义也可以写为：

$$P(Z) = P(X) * P(Y) \tag{C.8}$$

通过数值方法计算卷积总是有效的，并且可以对某些概率分布进行解析计算。

另外，两个高斯分布的卷积仍然是一个高斯分布，且其方差等于两个高斯分布的方差之和。

C.4 独立高斯随机变量的线性组合

设 $X_1, X_2, \cdots, X_n$ 为 n 个独立随机变量，均值为 $\mu_1, \mu_2, \cdots, \mu_n$，方差为 $\sigma_1^2, \sigma_2^2, \cdots, \sigma_n^2$。设 Y 是一个随机变量，它是 X_i 与权重 a_i 的线性组合，可表示为 $Y = \sum_{i=1}^{n} a_i X_i$。

因为两个高斯随机变量的和也符合高斯分布，所以 Y 是具有均值

$$\mu_Y = \sum_{i=1}^{n} a_i \mu_i \tag{C.9}$$

和方差

$$\sigma_Y^2 = \sum_{i=1}^{n} a_i^2 \sigma_i^2 \tag{C.10}$$

的高斯分布。

C.5 检验统计显著性

机器人学是一门实验性学科，这意味着你开发的算法和系统需要通过实际的硬件实验进行验证。通过实验来验证假设是科学方法的核心，而正确地做实验本身就是一门学问。关键是要表明你的结果不是偶然的结果，在实践中，这是很难实现的。不过，你可以表明你的结果不是偶然获得的可能性，这就是所谓的统计显著性水平。如何计算统计显著性水平取决于你研究的问题。本节将介绍机器人学中常见的 3 个问题：

1. 检验数据是否确实服从特定的分布；
2. 检验两组数据是否来自不同的分布；
3. 检验真假实验的结果是否靠运气。

C.5.1 分布的零假设

零假设是来自统计显著性文献的一个术语，直观地反映了你的主要想法。统计检验可以拒绝零假设，也可以接受零假设。零假设永远无法被证明，因为总会存在非零概率，即实验结果只是幸运的巧合。零假设的统计显著性水平被称为 p 值。

数据的分布是一类重要的零假设。例如，考虑将信息从一个进程传递到另一个进程所花费的时间，该时间遵循具有异常值的对数高斯分布。我们在这个直方图中观察到 3 个峰值。关于信息传递时间，我们能假设什么呢？示例如下。

- H_0：信息传递时间服从高斯分布。
- H_0：信息传递时间服从双峰分布。
- H_0：信息传递时间服从对数高斯分布。

第一个零假设意味着信息传递有时需要多一点时间，有时需要少一点时间，但是信息传递时间有平均值和方差。第二个零假设意味着信息传递通常花费较低的平均时间，但由于某些其他进程（例如操作系统任务）的影响，它们的传递偶尔会被延迟。现在，你可以通过计算分布的参数来检验这些假设，并计算每个测量值是从该分布中得出的联合概率。你会发现上面所有的假设几乎都具备一样的可能性。总之，没有一个检验能否定你的假设。因此，你需要更多的数据。

现在，你可以再次为你怀疑的每个分布计算参数。例如，你可以计算信息传递时间的平均值和方差，并绘制得到的高斯分布曲线。高斯分布的平均值可能稍微偏移到峰值的右侧。你也可以将数据拟合成对数高斯分布。现在可以计算数据实际上是从两个分布中的任意一个中抽取的可能性。你会看到所有数据点的联合概率（所有可能性的乘积）实际上比任何高斯分布或任何双峰分布的概率都要高得多。形式上，这可以通过遵循皮尔逊（Pearson）的 χ^2 检验（读作卡方检验）来完成，该检验从所有样本中计算出一个近似服从 χ^2 分布的值，以及该样本基于预期分布的可能性。将结果值代入 χ^2 分布，可得到统计显著性水平（或 p 值）。

检验统计量计算如下：

$$\chi^2 = \sum_{i=1}^{n} \frac{(O_i - E_i)^2}{E_i} \tag{C.11}$$

说明如下。

- χ^2 表示皮尔逊的累积检验统计量，渐近地趋近于 χ^2 分布。
- O_i 表示在数据直方图中观察到的频率。
- E_i 表示预期（理论）频率，由零假设（即你认为数据应该遵循的分布）断言。
- n 表示样本数。

此示例还说明了如何使用统计检验来确定是否有足够的数据。如果没有足够的数据，p 值就会很差。在实践中，由你来决定什么可能性是重要的。标准显著性水平通常为 10%、5% 和 1%。如果你对你的 p 值不满意，可以收集更多的数据，并检查你的 p 值是否有所改善。

C.5.2 检验两个分布是否独立

检验两个实验的数据是否独立可能是最常见的统计检验。例如，你可能使用算法 1 进行 10 次实验，使用算法 2 进行 10 次实验，由你来证明结果分布在统计上确实有显著差异。换句话说，你需要证明算法之间的差异确实实现了系统的改进，而一组实验结果比另一组实验结果"更好"并不纯粹是运气。

如果你有充分的理由证明你的数据是服从高斯分布的，那么你可以使用一系列简单的检验。例如，要测试两组数据是否服从具有相同均值的高斯分布，可以使用学生 t 检验。学生 t 检验在 3 组或 3 组以上数据上的推广是方差分析（analysis of variance，ANOVA）。这些检验必须小心进行，因为机器人学中的大多数分布不是高斯分布。通常假设服从高斯分布的例子是通过红外传感器或里程计获得的距离测量中的传感器噪声。

如果数据不服从高斯分布，还有其他数值测试方法可用来确定两个分布独立的可能性。例如，你可以通过测试在运行一些计算开销大的图像处理例程时和不运行时的信息传递时间，来验证额外的计算是否会影响信息传递时间。如果会影响，则两个分布需要显著不同。此时，仅仅使用学生 t 检验是行不通的，因为分布不是高斯分布。

此外，测试两组数据是否具有相同的平均值可利用数值方法。常用的检验是 Mann-Wilcoxon 秩和检验。该检验的实现是大多数数学计算程序（如 MATLAB 或 Mathematica）的一部分。3 组或 3 组以上数据的 Mann-Wilcoxon 秩和检验的扩展是 Kruskal-Wallis 单因素方差分析检验。

C.5.3 真假检验的统计学意义

有一些实验没有得出分布，但得出了简单的真假结果。例如，有人可能会问："机器人能正确理解语音指令吗？"这类实验可以采用"女士品茶"示例说明。在这个示例中，一位女士声称能够分辨出一杯茶的冲泡方法的不同：有先加奶的茶，也有后加奶的茶。不幸的是，因为猜对的可能性是 50%，所以很容易作弊。因此，要验证这位女士确实可以区分两种冲泡方法的假设，就需要进行一系列实验,以降低靠猜测获胜的可能性。为了做到这一点,人们需要计算总排列的数量(或整个系列实验的可能结果)。例如,可以给这位女士 8 杯茶,4 杯用一种方式冲泡,4 杯用另一种方式冲泡。人们现在可以列举出这个实验的所有可能结果,从全部猜对到全部猜错,总共有 70 种可能的结果。全部猜对的概率现在是 1/70(约为 1.4%)。猜错一个(本例中有 16 种可能的结果)的可能性约为 23%。

C.5.4 总结

统计显著性检验允许你表达你的实验结果不只是偶然的可能性。对于不同的底层分布,有不同的测试方法。因此,你的第一个任务是令人信服地说明数据的底层分布是什么。可以使用卡方检验来正式测试数据是如何分布的。要确定两组数据是否来自两个不同的分布,可以使用学生 t 检验(如果分布是高斯分布)或 Mann-Wilcoxon 秩和检验(如果概率分布是非参数的)。

附录 D
反向传播

简单的学习算法可以通过将问题的未知参数表示为代价函数，然后沿着其梯度方向最小化代价来实现。如果代价函数是直接可微的，那上述实现就非常简单了。然而，在多层神经网络（见第 10 章）中手动计算误差函数的偏导数并不简单，因为计算图通过一系列乘法和非线性激活函数来对输入 x 进行变换，这需要用到链式法则。

可以通过两种方式应用链式法则：通过计算图向前传播或向后传播。实际上，对一个简单的计算图进行手动计算会发现向后传播的效率要高得多。手动推导各个偏导数还表明许多计算实际上可以循环使用。这种解决方法被称为反向传播（Werbos，1990），这是一种在多个领域被独立发现的技术。由于该技术不仅限于训练人工神经网络，因此在本附录中我们对其进行描述。下面的推导遵循麦戈纳格尔等人在 2020 年发表的文章（McGonagle et al., 2020）。请注意，我们将沿用第 10 章中的符号。

第一步，我们将误差函数表示为所有输入输出对的总和：

$$\frac{\partial E(x, y, w)}{\partial w_{i,j}^k} = \frac{1}{2N} \sum_{d=1}^{N} \frac{\partial}{\partial w_{i,j}^k} (\hat{y}_d - y_d)^2 = \frac{1}{2N} \sum_{d=1}^{N} \frac{\partial E_d}{\partial w_{i,j}^k} \tag{D.1}$$

因此，我们只需要关注一个输入输出对 (x_d, y_d) 并对 $w_{i,j}^k$ 进行求导。（这里选择 d 是为了避免与 i 和 j 混淆。为了简洁起见，后续将省略 d）。

链式法则

理解反向传播算法的关键是正确应用链式法则。具体来说，如果变量 z 依赖于变量 y，而变量 y 又依赖于变量 x，那么

$$\frac{dz}{dx} = \frac{dz}{dy}\frac{dy}{dx} \tag{D.2}$$

对于具有索引 m 和单个输出 a_1^m 的输出层，误差由递归公式计算：

$$E(\boldsymbol{x}, y, w_{i,j}) = \frac{1}{2}(\hat{y} - y)^2 = \frac{1}{2}(g(a_1^m) - y)^2 = \frac{1}{2}\left(g\left(\sum_{l=0}^{r_{m-1}} w_{l,1}^m o_l^{m-1}\right) - y\right)^2 \quad \text{(D.3)}$$

我们可以看到误差函数 E 取决于上一层的输出 o_l^{m-1}，其中 $l = 0, \cdots, r_{m-1}$。回想一下，o_l^{m-1} 只是应用激活函数后的激活值 a_l^{m-1}。$w_{l,1}^m$ 是进入节点 1 的权重。因此 $w_{i,j}$ 的误差取决于先前所有层的所有 a_j^k。这也可以参考图 D-1 中的可视化示例。

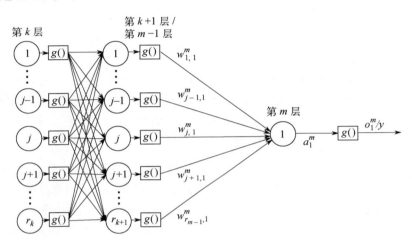

图 D-1
具有单输出神经元的神经网络的最后 3 层，说明了沿计算图向后传播时函数值与输出之间的依赖关系

因此，链式法则可以表述为

$$\frac{\partial E}{\partial w_{i,j}^k} = \frac{\partial E}{\partial a_i^k} \frac{\partial a_i^k}{\partial w_{i,j}^k} \quad \text{(D.4)}$$

第 k 层的误差

在式(D.4)右侧，第一项是第 k 层误差向量的一部分，该向量由第 k 层中所有节点 j 的误差组成，可以表示为

$$\delta_j^k = \frac{\partial E}{\partial a_i^k} \quad \text{(D.5)}$$

第二项可以根据上面 a_i^k 的定义计算：

$$\frac{\partial a_i^k}{\partial w_{i,j}^k} = \frac{\partial}{\partial w_{i,j}^k}\left(\sum_{l=0}^{r_{k-1}} w_{l,j}^k o_l^{k-1}\right) = o_l^{k-1} \quad \text{(D.6)}$$

这是因为只有涉及 o_i^{k-1} 的项是 $l = i$ 的项。如果你希望进一步应用链式法则，请记住 o_i^{k-1} 实际上不

依赖于 $w_{i,j}^k$，所以到这里就结束了。

因此，误差函数 E 关于权重 $w_{i,j}^k$ 的偏导数为

$$\frac{\partial E}{\partial w_{i,j}^k} = \delta_j^k o_i^{k-1} \tag{D.7}$$

我们可以看到，第 k 层中每个权重 $w_{i,j}^k$ 的误差 E 取决于前一层的输出，这很容易理解，因为信息是通过网络传播的。我们现在将证明误差项 δ_j^k 实际上取决于第 k 层之前的误差，它源于我们最终想要的最小化误差 $\hat{y} - y$。

D.1 误差的反向传播

为了说明误差项 δ_i^k 是如何与输出层的误差相关的，我们将开始进行反向推导。设 m 为输出层的索引。我们只考虑具有一个输出神经元的网络，即 $j = 1$。最后一层 m 的误差由下式给出：

$$E = \frac{1}{2}(\hat{y} - y)^2 = \frac{1}{2}(g(a_1^m) - y)^2 \tag{D.8}$$

我们像之前那样使用链式法则 $\frac{\partial E}{\partial w_{i,j}^k} = \frac{\partial E}{\partial a_i^k}\frac{\partial a_i^k}{\partial w_{i,j}^k}$ 得到

$$\delta_1^m = \frac{\partial E}{\partial a_1^m} = (g(a_1^m) - y)g'(a_1^m) = (\hat{y} - y)g'(a_1^m) \tag{D.9}$$

以及

$$\frac{\partial a_1^m}{\partial w_{i,1}^k} = o_i^{m-1} \tag{D.10}$$

将二者结合起来可以得到

$$\frac{\partial E}{\partial w_{i,1}^m} = (\hat{y} - y)g'(a_1^m)o_i^{m-1} \tag{D.11}$$

使用链式法则继续沿着计算图进行反向计算。具体来说，第 k 层节点 j 处的激活值 a_j^k ($1 \leq k < m$) 输送到第 $k+1$ 层所有的节点 $l = 1, \cdots, r^{k+1}$。因此，误差 δ_j^k 可以表示为

$$\delta_j^k = \frac{\partial E}{\partial a_j^k} = \sum_{l=0}^{r^{k+1}} \frac{\partial E}{\partial a_l^{k+1}} \frac{\partial a_l^{k+1}}{\partial a_j^k} \tag{D.12}$$

通过使用 $\delta_l^{k+1} = \dfrac{\partial E}{\partial a_j^{k+1}}$，可将上述等式简化为

$$\delta_j^k = \sum_{l=1}^{r^{k+1}} \delta_l^{k+1} \frac{\partial a_l^{k+1}}{\partial a_j^k} \tag{D.13}$$

我们重新回忆计算图或 a_j^k 的定义，可以想到 a_l^{k+1} 通过第 k 层中的每个节点 $j = 1, \cdots, r^k$ 乘以其权重来接收输出 $g(a_j^k)$，如下式所示：

$$a_l^{k+1} = \sum_{j=1}^{r^k} w_{j,l}^{k+1} g(a_j^k) \tag{D.14}$$

可以由此计算其偏导数

$$\frac{\partial a_l^{k+1}}{\partial a_j^k} = w_{j,l}^{k+1} g'(a_j^k) \tag{D.15}$$

这也使得我们可以计算出第 k 层节点 j 处的误差，下式也称为反向传播公式：

$$\delta_j^k = g'\left(a_j^k\right) \sum_{l=1}^{r^{k+1}} w_{j,l}^{k+1} \delta_l^{k+1} \tag{D.16}$$

通过最后这一部分，我们可以定义一个递推公式来计算神经网络中误差相对于所有权重的梯度：

$$\frac{\partial E}{\partial w_{i,j}^k} = \delta_j^k o_i^{k-1} = g'(a_j^k) o_i^{k-1} \sum_{l=1}^{r^{k+1}} w_{j,l}^{k+1} \delta_l^{k+1} \tag{D.17}$$

该计算公式可以逐层执行，从输出层开始向后计算。这种方式在计算上与前向计算非常相似，并且可以重用所有之前计算过的激活值和输出值。还有一个好处是，sigmoid 函数的导数 $\sigma'(x) = \sigma(x)(1-\sigma(x))$，由此可推出

$$\frac{\partial E}{\partial w_{i,j}^k} = \delta_j^k o_i^{k-1} = g(a_j^k)(1-g(a_j^k)) o_i^{k-1} \sum_{l=1}^{r^{k+1}} w_{j,l}^{k+1} \delta_l^{k+1} \tag{D.18}$$

并可得

$$\frac{\partial E}{\partial w_{i,j}^k} = \delta_j^k o_i^{k-1} = o_j^k(1-o_j^k) o_i^{k-1} \sum_{l=1}^{r^{k+1}} w_{j,l}^{k+1} \delta_l^{k+1} \tag{D.19}$$

因此，我们只需要保存 o_j^k，而不需要保存 a_j^k，这使得算法对于内存的需求将会减少一半。

D.2 反向传播算法

训练一个网络需要遵循以下简单的步骤。

1. 随机初始化网络的权值。
2. 为训练集中的每个样本计算此网络的误差,并存储每个层的输出值(前向传播)。
3. 使用 $\dfrac{\partial E}{\partial w_{i,j}^k}$ 的递推公式和存储的前向传播输出值计算误差函数相对于所有权重的梯度,然后计算整个训练集的输出平均值。
4. 迭代进行第 2 步和第 3 步,直至达到最大迭代次数或误差变得相当小。

幸运的是,在实际情况中计算偏导数并不是一件很难的事,因为在不同的编程语言中有一些工具可以自动地沿着计算图计算梯度(例如 Autograd、PyTorch 等)。这些工具是现代机器学习框架的核心,并且你可以使用这些工具构建任意的网络架构,无须担心在实际中如何计算梯度。然而,如果不了解上述的推导,理解这些工具的工作原理以及它们的局限性就会比较困难。

附录 E
如何书写一篇研究论文

机器人学课程的最终成果通常是一个研究项目的报告，其形式参考工业界或者学术界的研究成果报告。粗略地说，有 3 种类型的论文：

1. 原创研究；
2. 综述；
3. 教程。

这里的目标是提供相关指导：如何将你的项目视为一个研究项目，如何将你的成果总结为原创研究报告。

E.1 原创研究

典型地，一篇科研论文包含以下几个部分：

1. 摘要（abstract）；
2. 引言（introduction）；
3. 材料和方法（materials and methods）；
4. 结果（results）；
5. 讨论（discussion）；
6. 结论（conclusion）。

摘要部分用几句话总结了你的论文：定义了你想要解决的问题，解释了你所采用的方法，你做了什么来评估你的工作，以及你最后的收获是什么。

引言部分描述了你要解决的问题以及为什么它们重要。写出好的引言的方法是回答 Heilmeier 问题。

1. 你尝试做什么？避免用行话来表达你的目标。
2. 现在它是如何解决的？当前实践的限制是什么？

3. 你的方法的创新性在哪儿？为什么你认为它会成功？
4. 谁会关心？
5. 如果你成功了，你的研究成果会带来什么影响？
6. 检验成功与否的中期和期末"考试"是什么？

这些问题最初是由 DARPA 的负责人构想出来的。还有其他问题需要考虑，但为了撰写研究论文，这些问题被忽略了，比如"它会花费多少？""会花多少时间？""风险和回报是什么"。在科学研究情境中，问题"你尝试做什么"最好以假设的形式回答（见附录 E.2 节）。

材料和方法部分描述了解决你的问题需要的所有工具，以及你的原创贡献（比如你提出的算法）。这个部分一般不这样严格标注，但可能包含多个小节，描述了你使用的机器人平台、软件包、流程图和其他解释你的系统如何工作的描述。确保使用明确的语言或实验数据来支持你的设计选择。验证这些设计选择可能是你的首要结果。

结果部分包含关于如何解决你的问题或者为什么它不能被解决的数据或者证明。你的数据必须是确凿的，这很重要。你必须解除你的结果只是巧合的疑虑，因此你需要做多次实验或者用语言/数学来正式地证明你的系统是可以工作的（见附录 C.5 节）。

讨论部分应该涉及你的方法的局限性、结果的确定性，以及读者可能有的一般性关切。把自己视为一个正在评价你工作的外审，你会如何质疑自己的实验？为了让你的工作能在实践中真正应用，你需要克服哪些实际的障碍？批判你的工作并不会削弱它，反而会让它变得更强。这会让你清楚你工作的局限性在哪里，其他人可以从哪里入手继续你未来的工作。

结论部分应该总结你的论文的贡献，概述你或者其他人未来可以做的工作。未来的工作不应该是你能随意想到的一些工作，而应该是来自讨论中你描述的还存在的局限性。在"未来工作"（future work）中总结你的讨论。

不在一篇科研论文中混淆不同的部分很重要。例如，你的结论部分应该集中描述你的观测并且汇报数据（也就是事实），不要在其中推测为什么事情是这个样子的。你可以在假设（你要开展实验的全部原因）中这样做，或者在讨论中这样做。类似地，不要在讨论部分提供额外的结果。

尽量让你的文章更易于被有不同风格和注意力广度的读者接受。这听起来不太可能，解决这个问题的一个好方法是思考读者阅读时可能采取的多种途径。例如，读者可能仅通过读你的论文的摘要、引言，或者所有图的说明文字，就能得到对你所做工作的全面理解（思考可能的途径，因为你想到的每一个都能增强你的论文的可读性）。通常可以通过添加简短的句子来提升这种体验，这些句子可以让人快速了解你工作的主要假设。例如，当在材料和方法部分描述你的机器人平台时，通过陈述如下内容来介绍并没什么坏处："为了展示工作的主要假设，我们选择了……"

同样，你可以尝试遍读你的图注，看它们是否提供了足够的信息，让读者能够理解论文并自己理解主要的结果。对一篇科研论文来说，重复不是问题；在全文中反复强调你的论点或假设实际上是一件好事。

E.2 假设

一般来说，假设是对观测到的现象所提出的一种解释。由此，假设已经成为科学方法的基石，是整理思路和提出对工作的一句话总结的高效方式。你的假设的正确表述应该让你能够直接选择方法来检验你的假设。一个思考你的假设的良好方法是回答几个问题："你想学到什么？""我们从这项工作中学到了什么？"

把你的工作总结成一句话可能确实比较难。如果一个假设似乎不适用怎么办？这可能是因为你试图完成太多工作。你可以在 6 页的文档中深度地描述它们吗？如果可以，可能有一些部分相对其他部分来说比较次要。在这种情况下，它们要么支持你的主要想法，并可以被纳入这项更大的工作中，要么它们完全脱节。如果它们脱节了，为了提高你想传达的主要信息的简洁性，可以舍弃它们。最后，你可能认为自己没有传达主要信息，但是又觉得自己做的都是有价值的，并且在不超过 3 页的情况下回答了 Heilmeier 的问题。在这种情况下，你可能需要选择一种方法，并通过将其与不同的方法进行比较来深入研究。

把假设总结成一句话的"电梯游说"，能够帮助你确定研究或者课堂项目所需的工作范围。你可以实现、设计或描述项目的某个组件到什么程度？它必须足够好才能完成你的研究目标。

E.3 综述及教程

综述的目的是提供一系列工作（可能涉及不同的领域）的概述，然后把它们用通用语言分成不同的类。按这样的方法写的综述可作为一项独立研究或者是博士预备课程的成果，但它不适合描述你在一个目标明确的研究项目上的工作。这可能是因为你参与了一个较新的领域，在这个领域中，你觉得分立的领域尚未找到和其他领域的联系。

另一类综述批判性地审视解决同一特定问题的不同方法。例如，你可能已经决定研究操作，但是困在了如何从很多可行的传感器中找到最合适的。对完成一项任务来说，什么样的传感器是最好的选择？从实验的角度回答这个问题的综述的结构和一篇科研论文的结构是一样的。

教程和综述很相似，但是更集中于描述某些特定的技术内容（例如，一类特定算法或工具的工作机制），经常会在一个社区使用。教程可能是描述你在研究项目中所做工作的合适的方法，它可以解释你使用的特定方法的工作流程。

E.4 写出来！

撰写包括公式、图片和参考文献的研究论文需要烦琐的记录工作。尽管技术上可行，但是文字处理软件很快就达到它的极限，并且会令人沮丧。在科研领域，LaTeX 已经成为排版研究文献的一个准标准。LaTeX 是一种严格划分功能和布局的标记语言，它不是将单个项目格式化为粗体、斜体等，而是将它们标记为强调、章节标题等，并指定其他地方的相关格式等情况。这通常已经被出版商（或你自己）通过模板提供。尽管与其他的文字处理软件相比，LaTeX 的学习曲线较为陡峭，但一旦你需要开始处理参考文献、图表甚至是索引，它的价值很快就会显现。

给写研究报告的你推荐两个有用的资源。

- W. Strunk and E. White, The Elements of Style, 4th ed. (Longan, 1999).
- T. Oetiker, H. Partl, I. Hyna and E. Schlegl, The Not So Short Introduction to LATEX2ε.

附录 F

示例课程

本书旨在涵盖本科阶段两个完整学期的课程，即科罗拉多大学博尔德分校（CU Boulder）的 CSCI 3302 和 CSCI 4302，或研究生阶段的一个学期的"速成课程"。教师可以采用多种途径教授课程，每种途径都有独特的主题，并且要求学生有不同的基础。本书中的内容刻意保持与特定的机器人平台、编程语言或模拟环境无关，使教师能够选择合适的平台。

F.1 自主移动机器人导论

这门可能的一学期课程旨在让学生对从差速轮平台的运动学到 SLAM 有基本的理解。本课程要求在三角学、概率论和线性代数等方面有扎实的背景知识。这对于计算机科学（computer science，CS）专业三年级的学生来说可能过于困难，但对于航空航天和电气工程专业的学生来说却很容易，因为他们通常拥有更强的数学背景。因此，本课程也非常适合作为"高级课程"（例如，在学习 CS 专业的第四年）开设。

F.1.1 概述

本课程的设计灵感源自 1.3 节中描述的迷宫比赛。这个比赛可以使用各种算法来完成，从墙跟随（需要简单的比例控制）到迷宫深度优先搜索，再到完全使用 SLAM 算法。从长远来看，规则的设计使得创建环境地图具备竞争优势。

F.1.2 内容

在利用第 1 章（引言）介绍机器人领域和课程之后，可以再花一周时间介绍第 2 章（运动、操作及其表现形式）中的基本概念，其中包括静态和动态稳定性以及自由度等概念。此时可以使用课程的实验部分来介绍比赛中使用的软件和硬件。例如，学生可以在真实机器人的编程环境中进行实验，或者自己在模拟器中搭建一个简单的世界。

本课程可以从第 2 章和第 3 章开始讲授。其中，坐标系和参考系、差速轮式机器人的正向运动学、移动机器人的逆向运动学等都是必选的，而第 3 章中的其他部分是可选的。值得一提的是，非完整平台的正向运动学的处理并不简单，尤其是在速度空间而非位置空间中，因此，至少需要对机械臂运动学进行一些讲解。在实验期间，这些概念可以很容易地转化为实践经验。

在构型空间中实现点对点运动的能力要归功于逆向运动学的知识，它直接适用于第 13 章中讨论的地图表示和路径规划。解决迷宫问题，像迪杰斯特拉和 A*这样的简单路径规划算法就足够了，可以跳过基于采样的路径规划算法。在模拟和真实机器人上实施路径规划算法将会获得不确定性的第一手经验。

然后可以继续讲授第 7 章（传感器），通过使用准确度和精确度等概念来介绍不确定性概念。这些概念可以使用附录 C 中关于统计学的材料进行形式化，并在实验中进行量化。在这里，让学生记录传感器噪声分布的直方图是一项有价值的练习。

第 8 章和第 9 章分别是关于视觉和特征提取的，不需要进一步扩展，只需要讲解和实现用于检测迷宫环境中独特特征的简单算法。在实践中，通常可以使用第 8 章中的基于卷积的基本滤波器和简单的后期处理来检测这些特征，目的是引入"特征"的概念，但无须介绍更复杂的图像特征检测器。此时的实验部分应以识别环境中的标记为目标，并且可以根据需要搭建尽可能多的框架。

对传感器（包括视觉传感器）的深入实验，是第 15 章（不确定性和误差传播）中更正式地处理不确定性的基础。考虑线拟合示例是否已在第 9 章中介绍，若已介绍，它可以在此处用于演示传感器不确定性引起的误差传播，否则应予以简化。在实验室中，学生实际上可以测量机器人位置在数百个单独试验中的分布（如果有足够的硬件可用，这是一个可以集体完成的练习）并使用这些观测值来验证他们的数学理论。或者，可以提供执行这些实验的代码，让学生有更多时间赶上进度。

第 16 章介绍的定位问题最好使用马尔可夫定位来引入，从中可以推导出更高级的概念，例如粒子滤波器和卡尔曼滤波器。在实验室中进行这些实验比较复杂，最好在模拟环境中完成，这样可以以简洁的方式可视化概率分布的变化。

课程可以第 17 章中的 EKF SLAM 作为结束。实际上，实现 EKF SLAM 超出了本科阶段机器人课程的范围，并且只有极少数能够拓展学习范围的学生才能实现。相反，学生应该能够在导师提供的模拟或实验平台上体验算法的工作原理。

本课程的实验部分可以通过学生团队进行比赛来结束。在实践中，获胜团队通过最严谨的实现脱颖而出，通常使用一种不太复杂的算法（例如，墙跟随或简单探索）。在这里，由教师来决定激励方法。

根据授课的节奏以及教师希望为实施最终项目所预留的时间，授课可以通过辩论来进行，如附录 F.4 节所述。

F.1.3 实施建议

使用硬纸板（或乐高积木）和任何配备摄像头以识别环境中的简单标记（作为 SLAM 的地标）的微型差速轮平台，可以轻松重建有趣的比赛环境。该比赛环境还可以在基于物理的模拟环境中轻松模拟，这使得课程可以扩展到大量参与者。在 CU Boulder 使用 e-Puck 机器人和开源 Webots 模拟器实现的设置如图 F-1 所示。

图 F-1
由乐高积木和 e-Puck 机器人创建的 "Ratslife" 迷宫比赛（左），以及在 Webots 中模拟的相同环境（右）

可以使用基于 Arduino 的基本平台（例如 "Sparki"）实现本课程的变体。Sparki 配备了可旋转的超声波扫描仪，可用于模拟激光测距仪，并允许学生提取环境中的锥体、角或门等简单特征，并使用它们进行定位。蓝牙模块允许远程控制该机器人；教师可以从 Arduino 语言（C）和计算限制转向功能齐全的台式计算机。

该课程也可以使用基于 "树莓派" 的平台进行教学，该平台可以配备网络摄像头和运行 Linux，并允许学生使用 OpenCV 和其他工具执行基本的计算机视觉操作。在这里，Python 语言和 Jupyter Lab 提供了一个低门槛的编程环境，并且最近已经出现了一些使用这种架构的教育机器人，有些甚至支持 GPU。

本课程还可以使用改装的遥控车进行教学，配备扫描激光、立体相机和强大的机载计算功能。学生之间的比赛可以涉及如何通过识别地标来避开障碍物或沿着之前未知的路线进行决策。这些遥控车（例如 "MIT Racecar"）的描述和零件可在网上获取。在这里，重点需要从差速轮运动学转变为用于里程计和规划的阿克曼运动学。

最后，该课程的变体甚至可以使用无人机进行教学，例如 Parrot 无人机，它配备了摄像头和无线设备，用于在台式计算机上执行控制算法。在这种情况下，可以在整个环境中部署地标，将重点从运动学转移到计算机视觉。

F.2 机器人操作概论

在讲授移动机器人入门课程之后，机器人操作课程可以作为入门级别或高级课程进行讲授。虽然机器人操作的教学内容需要学生有扎实的线性代数和视觉特征检测的基础，但是这个课程实践性很强，可以让学生将从计算机中掌握的经验应用到机器人中。

F.2.1 概述

讲授机器人操作课程可以从图 14-1 所示的概述中获得启发，让学生从基本的机械臂逆向运动学学习开始，之后进行点云处理、综合任务以及运动规划的学习。通过将课程内容集中在 3D 感知和逆向运动学上，可以在模拟环境中实现大多数的教学内容，这使得硬件资源的使用可以不作为该课程的必选项。或者该课程可以在没有任何计算机硬件的情况下进行教学，但这就要求学生搭建自己的硬件设备。

F.2.2 内容

按照本书的大纲，该课程可以从机构开始讲授。其中，相关机器人典型案例的关键作用应该在课程早期加以强调。第 3 章的重点是操作机械臂，包括 Denavit-Hartenberg 表示法以及逆向运动学的数值方法，在这里，不一定需要讲解差速轮式机器人的正向运动学和移动机器人的逆向运动学。使用简单的抽象（MATLAB/Mathematica/Python）或模拟机械臂（Webots），可以轻松地将正逆向运动学的内容转化为实验场景。如果课程中使用了更复杂的或者工业的机器人手臂，一种可选的方法是在机器人操作系统（ROS）包中记录关节轨迹，并让学生探索这些数据（例如，绘制机器人记录的轨迹以猜测它做了什么），再进行逆向运动学学习。

按照第 4 章介绍完力学的相关知识之后，可以按照第 5 章中的大纲介绍抓取相关的理论与实践知识。

如果该课程的目标是实现自主解决方案，那么后续可以继续介绍传感器相关的知识，包括基本本体传感器、距离传感器，最后使用视觉进行结构提取。执行器章节可以根据需要进行按排，执行器章节中的无刷直流电动机和伺服电动机是高性能操作系统的标准部件。此外，教师还可以介绍气动和"软"机器人，这对操作某些物体很有帮助。

对于综合任务和运动规划问题的相关操作，第 11 章的内容将成为机器人操作课程的重要组成部分。

该课程后续可以继续讲授视觉和特征检测内容，在专注于操作的课程中，可以跳过诸如不确定性和误差传播之类的主题。如果需要，可以在对象识别和任务执行中的"假正"内容中引入贝叶斯法则，从而允许教师在任务规划框架中引入推理等概念。

F.2.3 实施建议

除非机器人的夹爪是已经准备好的，否则在机器人模拟器中对机器人夹爪进行设计和建模将是一项很有价值的锻炼。或者，学生可以设计自己的硬件，3D打印所设计的末端执行器，并通过手动驱动其机构来尝试用多种解决方案解决一系列的操作难题，如 Patel、Segil 和 Correll（2016）所述。在学生设计夹爪的过程中没有任何限制，特别是当"软"执行器已经被引入后，可以鼓励学生将传统机构与吸力夹爪和卡紧夹爪进行比较。

如何讲授特征提取和地图构建方面的内容主要取决于整个课程的总体操作目标。当课程内容集中在简单的盒子抓取任务时，可以在识别盒子和盒子中的对象的内容中引入线识别以及RANSAC算法。在这种情况下，路径规划可以以简单的逆向运动学代替。当课程内容集中在抓取和放置时，路径规划可以通过躲避简单障碍物的规划来解释，重点是快速探索随机树。实验室和实验可以很容易地在模拟环境中实现，最初可以将内容集中于感知，之后再引入抓取规划。

讲授对象的识别和分割是引入卷积神经网络（见第10章）以及适当的开源工具的一个很好的时机，学生可以以黑盒的方式使用它们。Webots等模拟器还提供对象检测和分割功能，这让教师可以只关注自主机器人的运动学方面的内容。

在装配和构造等涉及大量接触的任务中，模拟环境将会达到其极限。虽然在更倾向于感知的课程中可以跳过这种实验，但模拟可以通过简单的实验来补充，其中学生可以在实验中创建自己的硬件。最理想的情况是，提供一个共享资源（如装配任务板），以便在模拟环境中演示某些基本功能后，学生们可以继续学习。

F.3 机器人系统概论

机器人系统课程可以作为高级课程提供，该课程可以让学生将理论概念付诸实践。但该课程也可以作为独立课程进行教学，在该课程中，高级概念可以被抽象为"黑盒"形式。

F.3.1 概述

机器人系统课程可以以"大挑战赛"中的任务为出发点，例如机器人农业操作、机器人建造或者生活辅助任务，这些任务都需要解决机动性问题和机器人操作问题。尽管课堂项目可能仅限于玩具级别的示例，但利用现代运动规划框架和可视化工具，如 ROS/Moveit!（Coleman et al., 2014），可以让学生轻松地将课程内容融入行业相关框架中，同时让学生接触到先进的模拟平台。可能的课程项目包括"机器人园艺"或"用机器人构建机器人"，这些项目的配置可以很容易地创建。这些课程项目的环境配置示例中包括真实或塑料的樱桃、番茄或草莓等，以及模块化机器人"Cubelets"等机器人构建套件，它们很容易拼接在一起形成机器人本体的结构，从而使学生增加了额外的学习动力。

F.3.2 内容

本课程的前两周授课内容基本上与附录 F.1.2 节所述相同。如果使用 ROS 这样的消息传递系统，一个很好的练习是记录消息传递时间的直方图，以便学生熟悉软件。

然后，教师可以选择是更专注于机械臂的运动学还是移动平台的微分运动学。如果机器人系统课程是入门形式的，那么介绍机械臂的基本正向运动学就足够了。在高级课程中，教师可以介绍力学中的微分运动学。

如果有更先进的平台可用，可以在末端执行器上或其上方安装深度相机，那么可以引入视觉（第 8 章）、特征提取（第 9 章）和抓取（第 5 章）等主题。

F.3.3 实施建议

一个简单的基于伺服控制的机械臂可以安装在包含一组固定（3D）相机的便携式结构上。为了让大量学生熟悉必要的软件和硬件，教师可提供一个预安装了 Linux 环境和模拟工具的虚拟机，特别是其中的 ROS 包含记录传感器值的"包"文件，这包括整个关节记录的序列和 RGB-D（颜色加深度）的视频信息。通过这种方式，学生可以在计算机实验室或在家里完成大部分的家庭作业和项目准备，从而最大限度地利用真实的硬件。

如果有集成 Intel RealSense 的 Kinova 机械臂或 UR 机械臂等硬件可用，学生可以通过使用预制的数据和模拟环境来为使用共享硬件资源做准备。这对于教授学生抓取任务相关的知识并不理想，在非实验环境中，抓取任务不仅难以模拟，而且也较难理解。教师可以通过让学生使用 3D 打印技术设计自己的末端执行器，或者增加简单带衬垫的双杆联动夹具（本书中没有明确提及的选项），来弥补这一差距。在远程控制的环境下使用这些设备进行实验，就像学生手动启动夹爪一样简单，这将加深学生对一些具有挑战性的抓取和操作问题的理解。然后，学生可以使用共享的机器人资源测试他们设计的末端执行器，同时教师可以展示机构和感知代码设计的重要性。

F.4 课堂辩论

辩论是一种解压的好方式，可以为学生在课程学习和应用所学知识准备期末项目之间创造缓冲，这要求学生将所学知识融入更广阔的背景中。不同的学生团队分别准备对当前某些技术或社会问题的赞成论点和反对论点，这可以提升他们的演讲和研究技能。示例辩论主题可以包括以下内容。

❏ 机器人让人类失业的风险需要降低。

- ❏ 机器人不应具有自动发射武器/在城市中行驶的能力（自动驾驶汽车）。
- ❏ 为达到人类的敏捷性，仅由连杆、关节和齿轮构成机器人是不够的。

可以指导学生尽可能多地利用来源于课程材料和其他文献的技术论点。例如，学生可以利用传感器固有的不确定性来支持或反对机器人使用致命武器。类似地，当面对机器人使人类失业的风险时，学生们可以将当前机器人技术发展的重要性和影响与导致工业化的早期发明联系起来。

尽管一开始可能会怀疑，但学生们通常会很好地接受这种形式。虽然大家一致认为，辩论有助于提升学生的演讲技巧，并促使他们思考社会中对某些最新问题的观点，从而为他们进入工程行业做好准备，但似乎辩论对改变学生对某个问题的实际看法影响不大。例如，在课后进行的问卷调查中，只有两名学生做出了积极的回答。学生们不确定辩论是否有助于他们更深入地理解课程的技术内容。但是学生们发现辩论的概念非常重要，相比更深入地理解课堂上的技术内容，他们更喜欢辩论，他们不同意在课堂上减少辩论的时间。然而，学生们也不确定辩论是否足够重要，是否应该尽早纳入课程，或者是否应该成为工程课程的一部分。

关于辩论的整体形式，学生们发现按照给学生团队的每位成员分配 10 分钟，再分配 15 分钟进行讨论和反驳的这种形式，讨论时间太短。此外，学生们倾向于认为辩论是一个解压（"放松"）的机会，这在结束课程项目时是可取的。

参考文献

Arkin, R. C. 1989. "Motor schema-based mobile robot navigation." *International Journal of Robotics Research* 8(4): 92–112.

Bay, H., T. Tuytelaars, and L. Van Gool. 2006. "SURF: Speeded up robust features." In *European Conference on Computer Vision*, 404–417. Springer.

Blum, A. L., and R. L. Rivest. 1992. "Training a 3-node neural network is np-complete." *Neural Networks* 5(1): 117–127.

Braitenberg, V. 1986. *Vehicles: Experiments in Synthetic Psychology*. MIT Press.

Brooks, R. A. 1990. "Elephants don't play chess." *Robotics and Autonomous Systems* 6(1–2): 3–15.

Coleman, D., I. Sucan, S. Chitta, and N. Correll. 2014. "Reducing the barrier to entry of complex robotic software: A Moveit! case study." https://doi.org/10.48550/arXiv.1404.3785.

Colledanchise, M., and P. Ögren. 2018. *Behavior Trees in Robotics and AI: An Introduction*. CRC Press.

Correll, N., K. E. Bekris, D. Berenson, O. Brock, A. Causo, K. Hauser, K. Okada, A. Rodriguez, J. M. Romano, and P. R. Wurman. 2016. "Analysis and observations from the first Amazon picking challenge." *IEEE Transactions on Automation Science and Engineering* 15(1): 172–188.

Craig, J. J. 2009. *Introduction to Robotics: Mechanics and Control, 3/E*. Pearson Education India.

Deimel, R., and O. Brock. 2016. "A novel type of compliant and underactuated robotic hand for dexterous grasping." *International Journal of Robotics Research* 35(1–3): 161–185.

Dijkstra, E. W. 1959. "A note on two problems in connexion with graphs." *Numerische Mathematik* 1(1): 269–271.

Dua, D., and C. Graf. 2019. UCI Machine Learning Repository. University of California, School of Information and Computer Science. http://archive.ics.uci.edu/ml.

Duda, R. O., and P. E. Hart. 1972. "Use of the Hough transformation to detect lines and curves in pictures." *Communications of the ACM* 15(1): 11–15.

Ester, M., H.-P. Kriegel, J. Sander, and X. Xu. 1996. "A density-based algorithm for discovering clusters in large spatial databases with noise." In *Kdd-96 Proceedings*, 226–231. Association for the Advancement of Artificial Intelligence (AAAI).

Fikes, R. E., and N. J. Nilsson. 1971. "Strips: A new approach to the application of theorem proving to problem solving." *Artificial Intelligence* 2 (3–4): 189–208.

Floreano, D., and F. Mondada. 1998. "Evolutionary neurocontrollers for autonomous mobile robots." *Neural Networks* 11(7–8): 1461–1478.

Grisetti, G., R. Kummerle, C. Stachniss, and W. Burgard. 2010. "A tutorial on graph-based slam." *IEEE Intelligent Transportation Systems Magazine* 2(4): 31–43.

Harel, D. 1987. "Statecharts: A visual formalism for complex systems." *Science of Computer Programming* 8(3): 231–274.

Hart, P. E., N. J. Nilsson, and B. Raphael. 1968. "A formal basis for the heuristic determination of minimum cost paths." *IEEE Transactions on Systems Science and Cybernetics* 4(2): 100–107.

Hartenberg, R. S., and J. Denavit. 1955. "A kinematic notation for lower pair mechanisms based on matrices." *Journal of Applied Mechanics* 77(2):215–221.

Henry, P., M. Krainin, E. Herbst, X. Ren, and D. Fox. 2010. "RGB-D mapping: Using depth cameras for dense 3D modeling of indoor environments." In *12th International Symposium on Experimental Robotics*. International Symposium on Experimental Robotics (ISER).

Hughes, A., B. Drury. 2019. *Electric Motors and Drives: Fundamentals, Types and Applications*. Newnes.

Hughes, D., and N. Correll. 2015. "Texture recognition and localization in amorphous robotic skin." *Bioinspiration & Biomimetics* 10(5): 055002.

Katzschmann, R. K., J. DelPreto, R. MacCurdy, and D. Rus. 2018. "Exploration of underwater life with an acoustically controlled soft robotic fish." *Science Robotics* 3(16).

Kavraki, L. E., P. Svestka, J.-C. Latombe, and M. H. Overmars. 1996. "Probabilistic roadmaps for path planning in high-dimensional configuration spaces." *IEEE Transactions on Robotics and Automation* 12(4): 566–580.

Keivan, N., and G. Sibley. 2013. "Realtime simulation-in-the-loop control for agile ground vehicles." In *Conference towards Autonomous Robotic Systems*, 276–287. Springer.

LaValle, S. M. 1998. "Rapidly-exploring random trees a new tool for path planning." Technical Report 98-11. Iowa State University, 1998.

Lowe, D. G. 1999. "Object recognition from local scale-invariant features." In *Proceedings of the Seventh IEEE International Conference on Computer Vision*, vol. 2, 1150–1157. IEEE.

Maulana, E., M. A. Muslim, and V. Hendrayawan. 2015. "Inverse kinematic implementation of four-wheels Mecanum drive mobile robot using stepper motors." In *2025 International Seminar on Intelligent Technology and Its Applications (ISITIA)*, 51–56. IEEE.

Newell, A., J. C. Shaw, and H. A. Simon. 1959. "Report on a general problem solving program." In *IFIP Congress*, 256–264. International Federation for Information Processing (IFIP).

McGonagle, J., G. Shaikouski, C. Williams, A. Hsu, J. Khim, and A. Miller. 2020. "Backpropagation." *Brilliant.org*. https://brilliant.org/wiki/backpropagation.

Nourbakhsh, I., R. Powers, and S. Birchfield. 1995. "Dervish an office-navigating robot." *AI Magazine* 16(2): 53–53.

Otte, M., N. Correll. 2013. "C-forest: Parallel shortest-path planning with super linear speedup." *IEEE Transaction on Robotics* 29(3): 798–806.

Patel, R., R. Cox, and N. Correll. 2018. "Integrated proximity, contact and force sensing using elastomer- embedded commodity proximity sensors." *Autonomous Robots* 42(7): 1443–1458.

Patel, R., J. Segil, and N. Correll. 2016. "Manipulation using the 'Utah' prosthetic hand: The role of stiffness in manipulation. In *Robotic Grasping and Manipulation Challenge*, 107–116. Springer.

Polygerinos, P., N. Correll, S. A. Morin, B. Mosadegh, C. D. Onal, K. Petersen, M. Cianchetti, M. T. Tolley, and R. F. Shepherd. 2017. "Soft robotics: Review of fluid-driven intrinsically soft devices; manufacturing, sensing, control, and applications in human-robot interaction." *Advanced Engineering Materials* 19(12): 1700016.

Pratt, G. A., and M. M. Williamson. 1995. "Series elastic actuators." In *Proceedings 1995 IEEE/RSJ International Conference on Intelligent Robots and Systems. Human Robot Interaction and Cooperative Robots*, vol. 1, 399–406. IEEE.

Rimon, E., and J. Burdick. 2019. *The Mechanics of Robot Grasping*. Cambridge University Press.

Rublee, E., V. Rabaud, K. Konolige, and G. Bradski. 2011. "ORB: An effcient alternative to SIFT or SURF." In *Proceedings of the International Conference on Computer Vision*, 2564–2571. IEEE.

Rusinkiewicz, S., and M. Levoy. 2001. "Efficient variants of the ICP algorithm." In *Third International Conference on 3D Digital Imaging and Modeling (3DIM)*, 145–152. IEEE/RSJ.

Saito, M., H. Chen, K. Okada, M. Inaba, L. Kunze, and M. Beetz. 2011. "Semantic object search in large-scale indoor environments." In *Proceedings of IROS 2012 Workshop on Active Semantic Perception and Object Search in the Real World*. IEEE.

Sibley, G., L. Matthies, and G. Sukhatme. 2010. "Sliding window filter with application to planetary landing." *Journal of Field Robotics* 27(5): 587–608.

Siegwart, R., I. R. Nourbakhsh, and D. Scaramuzza. 2011. *Introduction to Autonomous Mobile Robots*. MIT Press.

Stentz, A. 1994. "Optimal and efficient path planning for partially-known environments." In *Proceedings of the IEEE International Conference on Robotics and Automation*, 3310–3317. IEEE.

Todd, D. J. 1985. *Walking Machines: An Introduction to Legged Robots*. Chapman & Hall.

Van Der Schaft, A. J., and J. M. Schumacher. 2000. *An Introduction to Hybrid Dynamical Systems*, vol. 251. Springer London.

Walter, W. G. 1953. *The Living Brain*. W. W. Norton& Company.

Watson, J., A. Miller, and N. Correll. 2020. "Autonomous industrial assembly using force, torque, and RGB-D sensing." *Advanced Robotics* 34(7–8): 546–559.

Werbos, P. J. 1990. "Backpropagation through time: What it does and how to do it." *Proceedings of the IEEE* 78(10): 1550–1560.

Whelan, T., H. Johannsson, M. Kaess, J. J. Leonard, and J. McDonald. 2013. "Robust real-time visual odometry for dense RGB-D mapping." In *IEEE International Conference on Robotics and Automation (ICRA)*, 5724–5731. IEEE.

Youssefian, S., N. Rahbar, and E. Torres-Jara. 2013. "Contact behavior of soft spherical tactile sensors." *IEEE Sensors Journal* 14(5): 1435–1442.

Zhang, L., B. Curless, and S. M. Seitz. 2002. "Rapid shape acquisition using color structured light and multi- pass dynamic programming." In *Proceedings of the First International Symposium on 3D Data Processing Visualization and Transmission*, 24–36. IEEE.